ライプニッツの
数理哲学

空間・幾何学・実体をめぐって

稲岡大志

昭和堂

ライプニッツの数理哲学

空間・幾何学・実体をめぐって

稲岡大志

何もしないよりは、同じことを二度することを私は好む。

Malo enim bis idem agere, quam semel nihil.

1678-9 年『数列の和と求積について・第 14 部』（A. VII. 3, 537）

はじめに

　簡単な幾何学の問題を考えてみたい。角の等しい二つの三角形は相似であることはどうやって証明できるだろうか。二つの三角形が相似であるとは、形が同じであること、つまり、片方を拡大ないし縮小すると他方と重なる、ということである。時間に余裕のある方は、実際に証明を試みてほしい。おそらく、「2組の角がそれぞれ等しい三角形は相似である」という三角形の相似条件を用いれば即座に証明できるとお考えの方が多いのではないだろうか。しかし、この条件は、三角形の相似の定義ではなく、この条件を満たす二つの三角形は相似である、ということを主張しているにすぎない。つまり、本来であれば、「2組の角がそれぞれ等しい三角形」が相似の定義（片方を拡大ないし縮小すると他方と重なる）を満たすことを示す必要がある。では、どうやって示せばよいのだろう。以下は紀元前3世紀頃に活躍した古代ギリシアの数学者ユークリッド（エウクレイデス）の著作『原論』に登場する「角の等しい二つの三角形は辺の長さが比例している」という定理の証明である（第 VI 巻命題 4）。

　等角な三角形を ABG、DGE とし、まず角 ABG が角 DGE に等しく、また角 BAG が角 GDE に、そしてさらに角 AGB が角 GED に等しいとしよう。私は言う、三角形 ABG、DGE の等しい角の周りの辺は比例し、等しい角に向かい合う辺が対応する。

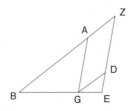

　というのは、BG が GE と一直線をなして置かれたとしよう。すると、角

i

ABG、AGB の和は 2 直角より小さく、また角 AGB は角 DEG に等しいから、ゆえに角 ABG、DEG の和は 2 直角より小さい。ゆえに BA、ED は延長されると出会うことになる。延長されたとして、Z で出会うとしよう。

すると、角 DGE は角 ABG に等しいから、BZ は GD に平行である。一方、角 AGB は角 DEG に等しいから、AG は ZE に平行である。ゆえに ZAGD は平行四辺形である。ゆえに、まず ZA は DG に等しく、また AG は ZD に等しい。そして、三角形 ZBE の 1 辺 ZE に平行に AG が引かれているから、ゆえに BA が AZ に対するように、BG が GE に対する。交換されても、AB が BG に対するように、DG が GE に対する。一方、GD は BZ に平行であるから、ゆえに BG が GE に対するように、ZD が DE に対する。また ZD は AG に等しい。ゆえに BG が GE に対するように、AG が DE に対する。交換されても、BG が GA に対するように、GE が ED に対する。すると、まず AB が BG に対するように、DG が GE に対し、また BG が GA に対するように、GE が ED に対することが証明されたから、ゆえに等順位において、BA が AG に対するように、GD が DE に対する。

等角な三角形の、等しい角の周りの辺は比例し、等しい角に向かい合う辺が対応する。これが証明されるべきことだった。(エウクレイデス [2008 415-6 頁])

これによって角の等しい二つの三角形は辺の長さが比例していることが示された。この定理と『原論』第 VI 巻の定義 1 である、対応する角が等しく、辺が比例する図形は相似であるという定義から、二つの等角三角形が相似であることが導かれるのである。

さて、本書の主人公である 17 世紀ドイツの数学者・哲学者ゴットフリート・ヴィルヘルム・ライプニッツ (1648-1716) は、この定理はもっと簡単に証明できると考え、以下のような証明を与えている。

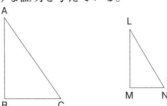

三角形 ABC があり、また別の三角形 LMN があって、角 A、B、C はそれぞれ角 L、M、N に等しいとすれば両三角形は相似すると私は言う。ところで、私は次の新しい公理を使う。いわく、決定方法（つまり十分条件）によって区別できないものはまったく区別できない。決定方法から他のすべてが生じるからである。さて今は、底辺 BC が与えられ、また角 B と C（したがってまた角 A）が与えられれば、三角形 ABC が与えられる。同様に、底辺 MN が与えられ、また角 M、N（したがってまた角 L）が与えられれば、三角形 LMN が与えられる。しかし、個々に眺められた場合、これら十分条件からは両三角形は区別できない。実際、どちらも底辺とその両端の角が与えられているが、底辺は角に変換できず、ゆえに、個々に見られた各三角形において、十分条件の中で検討可能なものは、与えられた各々の角が直角または 2 直角に対して持つ比、すなわち、それらの角の大きさしか残っていないからである。そして、この大きさ自体は双方で同じものとして見出されるから、両三角形は個々には区別できず、したがって相似していなければならないのである。　　　　(GM. V, 181 = I, 3, 52)

これに続けてライプニッツは、相似する二つの三角形は辺の長さが比例することも証明しており、実質的にユークリッドと同じこと（二つの三角形について、三つの角が等しいことと三つの辺が比例していることと相似していることが同値であること）を証明したことになる。

　ライプニッツは相似を、「個別に見た場合区別できない図形」と定義しており、ユークリッドの定義とは異なっている（ライプニッツがこのように相似を定義した理由は、今は気にしないでおく）。両者の相似の定義が異なることに注意された上で、この二つの証明を見比べていただきたい。ユークリッドの証明を理解するためには図形と文とを注意深く何度も行ったり来たりしなければならないが、ライプニッツの証明はずいぶんとあっさりしているという印象を受けた方もおられるのではないだろうか。また、あっさりしているのでライプニッツの証明は本当に幾何学の証明としてうまくいっているのか、疑問に感じた方もおられよう。どちらの証明にも既に証明された定理に依拠している部分があるので（引用では省略している）、証明の容易さを単純に書かれた証明だけで比較することはできないだろう。とは言え、ユークリッドとライプニッツの証明

はじめに　　iii

を比べると、確かに後者の証明は前者の証明よりも簡潔であるという印象は受けるだろう。実際、ライプニッツ自身もユークリッドよりも簡潔な証明を与えることを目指しているのである。また、ユークリッドとライプニッツとでは「どうやって定理を証明するか」という、幾何学の証明に関する基本的な考え方自体がまったく異なっているようにも思えてくるだろう。ユークリッドの証明は、図形上で成り立つことを一つ一つ確かめながら慎重に進められているのに対して、ライプニッツの証明は、ユークリッドほど図形に基づいてはおらず、「決定方法」という見慣れない概念を使って魔法のように一気に証明している。

　ライプニッツは他にもユークリッドの証明のいくつかをやり直して、より容易な証明を与えている。そして、証明をより容易なものに書き換えるためには、ユークリッド幾何学全体を作り直す必要があるとライプニッツは考えていた。さらに、ライプニッツの目論見では、そうした再構築された幾何学は、ユークリッドのように注意深く図形を見なくとも定理が証明できる幾何学でなければならないのである。

　では、なぜ、ライプニッツはユークリッド幾何学を再構築して、図形に頼らない幾何学という語義矛盾とも思えるような幾何学を作る必要があると考えたのだろう。そして、そもそも、そのような幾何学は本当に可能なのだろうか。また、ライプニッツはどのようにして再構築を行ったのだろう。数学者としてライプニッツが歴史に名を残すのは、現代の微分積分学の基盤を築いたという点においてであることは多くの人に知られている。しかし、ユークリッド幾何学を再構築しようとしたということはそれほど知られているわけではない。そして、そうした幾何学の再構築は、無限小解析といったライプニッツが歴史に名を残すことになる数学領域とどのように関連しているのだろう。

　誰もが一度はどこかで学ぶ数学、特に、図形や数式を共に用いて定理を証明する幾何学と呼ばれる分野で、ライプニッツがどういった動機でどういった仕事を行ったのか、詳しいことは長い間よくわからなかった。しかし、近年の研究により、その全貌が少しずつ解明されつつある。そして、実は、ライプニッツにとって、新しい幾何学を作ることは、幾何学の研究対象である図形についての考察に留まらず、空間はどのような構造を持つのか、この世界の構成要素は何か、といった哲学の問題と密接に関連しているのである。つまり、ライプ

ニッツにとって幾何学を作り直すことは、図形の数学的性質の探求としての科学という意味合いを超えて、数学と哲学という枠組みのもとでこの世界そのものについて考えるという意味を持つのである。数学と哲学の関わりについての探求は「数理哲学（数学の哲学）」と呼ばれるが、本書は、前段落で挙げた疑問に答えを与え、幾何学や空間を中心としたライプニッツの数理哲学の世界を描き出すことを目指している。

目　　次

はじめに ……………………………………………………………………… i

凡例／略記法 ………………………………………………………………… ix

序　章　哲学と数学の交差点に立つライプニッツ ……………………… 1

第Ⅰ部　幾何学的記号法の数理哲学

第1章　ライプニッツにおけるユークリッド幾何学の基礎 …………… 15
　　1.1　永遠真理の条件　17
　　1.2　幾何学的概念の獲得について　23
　　1.3　ユークリッド幾何学の認識論的基礎　26
　　1.4　ユークリッド幾何学から幾何学的記号法へ　41
　　1.5　本章のまとめ　46

第2章　幾何学的記号法における対象の導入 ……………………………… 49
　　2.1　ライプニッツの概念構成論　50
　　2.2　幾何学における直観と抽象のジレンマ　56
　　2.3　幾何学的記号法における対象導入　66
　　　　2.3.1　非想像的な概念理解　66
　　　　2.3.2　超越論的論証としての
　　　　　　　幾何学的記号法における対象導入法　70
　　　　2.3.3　直線の分析　74
　　2.4　幾何学的記号法における関係概念の役割　78
　　2.5　非ユークリッド幾何学の可能性　86
　　2.6　本章のまとめ　97

第3章　幾何学的記号法とはどのような幾何学か ································· 99

3.1　幾何学的記号法の概念構成　99

3.2　変換概念について　107

　　3.2.1　1679年期の連続変換概念　108

　　3.2.2　『数学の形而上学的基礎』における変換概念　111

3.3　決定方法概念について　113

3.4　幾何学的記号法の数学史的評価　117

3.5　本章のまとめ　119

第4章　無限小解析から幾何学的記号法へ ···································· 121

4.1　『光り輝く幾何学の範例』における変換概念　124

4.2　幾何学的記号法における二種類の点　133

4.3　幾何学的記号法における点と空間　137

4.4　無限小・最小者・点　140

4.5　変換概念の連続性　149

　　4.5.1　1679年期の幾何学的記号法における連続性概念　151

　　4.5.2　1695年期以降の連続性概念　153

4.6　本章のまとめ　158

第5章　幾何学の哲学としての幾何学的記号法 ··························· 159

5.1　数学史の観点から見た幾何学的記号法　161

5.2　幾何学の哲学としての幾何学的記号法　166

5.3　本章のまとめ　172

第Ⅱ部　空間とモナドロジー

第6章　実体の位置と空間の構成

　　　　空間論と実体論はどのような関係を持つか？ ·························· 177

6.1　モナドによる空間構成　179

6.2　中期哲学の空間構成論　181

6.3　実体の構成と分解　185

6.4　本章のまとめ　190

第7章　モナドロジー前史

ライプニッツはなぜモナドという概念を必要としたのか？ ……… 191

7.1　モナド概念の登場——第三の点としてのモナド　194

7.2　モナドと身体的部分　197

7.3　一性の原理としてのモナド　202

7.4　単純実体としてのモナドと合成実体　206

7.5　本章のまとめ　209

第8章　モナドロジーとはどのような哲学なのか？

世界の存在論的構造の探究としてのモナドロジー ……………… 211

8.1　一性の論証　212

8.2　単純性の論証　216

8.3　そもそもライプニッツは

単純実体の存在論証を必要としたか？　220

8.4　何を何に還元するのか？　225

8.5　本章のまとめ　232

終　章　哲学と数学の交差点の先へ ……………………………………… 235

おわりに ……………………………………………………………… 239

文　献　表 ……………………………………………………………… 245

ライプニッツの著作・書簡の索引 ………………………………… 255

事項索引 ……………………………………………………………… 263

人名索引 ……………………………………………………………… 268

凡　例

1. ライプニッツのテキストからの引用において、［　］は引用者による補足であり、（　）は原典による。
2. 引用文における傍点は、断りのない限り原典による。
3. 引用文において原文を挿入する場合、（　）を用いている。
4. ライプニッツの原典への参照は略記を用いている。

略 記 法

1. ライプニッツのテキストからの引用については以下の略号を用いて示す。
2. 原典の指示は、系列（アカデミー版全集のみ）、巻（アカデミー版全集、ゲルハルト版哲学著作集、ゲルハルト版数学著作集）、ページ数の順に示している。
3. 邦訳の指示は、期、巻、ページ数、の順に、それぞれ示している。また、『人間知性新論』は部、章、節の順に示している。（たとえば、NE4-11-13 = A. VI, 6, 446-7 = I, 5, 245-6 は、『人間知性新論』第 4 部第 11 章 13 節、アカデミー版全集第 6 系列第 6 巻 446-7 ページ、工作舎版著作集第 I 期第 5 巻 245-6 ページを示している）
4. 邦訳は工作舎版『ライプニッツ著作集』（第 I 期全 10 巻, 1988-99 年．第 II 期全 3 巻, 2015-8 年）を参照させていただいた（ただし著者の判断で訳文を変更した箇所もある）。

A = *Sämtliche Schriften und Briefe*, herausgegeben von der Deutschen Akademie der Wissenschaften, Darmstadt, 1923-.（アカデミー版全集）

C = *Opuscules et fragments inedits de Leibniz*, ed. Louis Couturat, Paris, 1903; reprint: Georg Olms, 1961.（クーチュラ版論理学断片集）

CG = *La caractéristique géométrique*, texte etabli, introduit et annote par Javier Echeverría ; traduit, annote et postface par Marc Parmentier, J. Vrin, 1995.（エチェヴェリア・パルマンティエ版幾何学的記号法断片集）

GM = *Leibnizens mathematische Schriften*, herausgegeben von C. I. Gerhardt, 7 Bde., 1849-63; Nachdruck: Berlin, Georg Olms, 1971.（ゲルハルト版数学著作集）

GP = *Die philosophischen Schriften von G. W. Leibniz*, herausgegeben von C. I. Gerhardt, 7 Bde., Berlin 1875-1890; Nachdruck: Hildesheim, 1965.（ゲルハルト版哲

学著作集）

Grua = *Textes inédits: d'aprés les manuscrits de la bibliothéque provinciale de Hanovre*, publiés et annotés par Gaston Grua, Presses universitaires de France, 2e éd, 1998. （グリュア版著作集）

HD = *Die Hauptschriften zur Dyadik von Leibniz: Ein Beitrag zur Geschichte des binaren Zahlensystems*, Hans J Zacher, Vittorio Klostermann,1973. （二進法に関する資料集）

LB = *The Leibniz-Des Bosses Correspondence*, translated by Look, Brandon C, Rutherford. Donald. Yale University Press, 2007. （ライプニッツとデ・ボスの往復書簡の羅英対訳版）

NE = *Nouveaux essais sur l'entendement humain*, 1704, published in 1765. （『人間知性新論』）

序 章

哲学と数学の交差点に立つライプニッツ

　「はじめに」でも述べたように、本書はライプニッツの幾何学研究を数理哲学（数学の哲学）という観点から検討し、ライプニッツの幾何学の哲学を描き出すこと、および、ライプニッツ哲学における空間概念と実体概念の関連を明らかにすることを通して、空間概念と幾何学研究の展開をライプニッツの業績全体に位置付ける見通しを与えることを目的としている。数学者としてのライプニッツは解析学や代数学だけではなく、幾何学についても熱心に研究していた。ユークリッド幾何学の批判的研究を通じて、ライプニッツは「位置解析（Analysis Situs）」や「幾何学的記号法（Characteristica Geometrica）[1]」などと呼ばれる独自の幾何学の構想を抱くようになる。外交官としてパリに滞在した時期（1672-76 年）に解析学における求積問題や接線問題などのような難問に積極的に取り組み、一定の成果を上げたライプニッツは、ハノーヴァーに移った後は幾何学研究に本格的に取り掛かる。ライプニッツはユークリッドの『原論』には若い頃から親しんでいたが、伝統的な幾何学であるユークリッド幾何学の不備を乗り越えて、新しい幾何学を開発することを試み始めるのである。

　ライプニッツがユークリッド幾何学を批判するのは、主として、公理が証明されないまま用いられているという点と、図形の使用により誤謬が生じる余地があるという点においてである。ユークリッドの『原論』の論理的不備を補完する試みはライプニッツ以前にもなされているが（近藤 [2008]，De Risi

---

　1　ライプニッツにより構想された新しい幾何学には他にも「位置記号法（Characteristica Situs）」、「記号計算（Calculum Situs）」などの名称がライプニッツ自身によって与えられているが、本書では原則として「幾何学的記号法」の名を用いる。

［2016b］)、公理にも証明を要求するというこのような徹底した態度自体をライプニッツは若い頃から一貫して保持していた[2]。また、すべての学問を記号法として整備するという普遍記号法の構想からも、幾何学を記号法の体系として再構築することは必須であった。普遍記号法とはすべての学問分野を記号法によって再構築したものである。各学問分野において用いられている概念を分析し、それよりさらなる分析ができないような原子単純概念を見出し、それらに記号を割り当て、あらゆる概念が記号によって表現され、推論はすべて記号の操作として行われる。記号操作は論理法則としての同一律と推論規則としての置換則を用いて行われるので、理想的には、規則を機械的に適用すれば、有限回のステップで命題の証明が完了する。ライプニッツにとっては学問的推論とは記号操作に他ならず、代数方程式を解の公式を用いて解くように学問の推進が可能となるような記号法を構想することは、ライプニッツが生涯抱いた夢であった。1677 年の『真の方法（La vraie méthode)』で強調されるように、真の記号法が確立されたならば、定理の正しさは実験によってではなく、「インクと紙」（A. VI, 4, 4）のみを用いる計算によって確証される。記号を用いた認識は「盲目的認識（cogitatio caeca)」とも呼ばれるように、記号が意味する内容や記号が指示するであろうと想定されている対象についての理解を差し挟むことなく、純粋な記号操作のみで対象についての認識が得られるのである。幾何学的記号法はこうした普遍記号法の一部門を担うものであった。

　こうしたライプニッツの幾何学的記号法の概要や動機が簡潔に表明されている 1679 年 9 月 18 日のクリスティアーン・ホイヘンス（Christiaan Huygens）宛書簡（A. III, 2, 851-60）を参照しておこう[3]。ホイヘンスは数学や自然学の分野においてライプニッツの師としての役割を持っていた。このホイヘンスに対し、ライプニッツは、幾何学的記号法の構想を伝える。彼は代数学のような記号法は不定数ないし量を扱うにとどまっており、位置、角、運動を直接表現することはできないとする。したがって、図形が持つ性質を計算に還元すること

2　1671-2 年の草稿『第一命題の証明（Demonstratio Propositionum Primarum)』（A. VI, 1, 479-86）において既にライプニッツはユークリッド幾何学の公理の証明を試みている。

3　ライプニッツとホイヘンスの幾何学的記号法をめぐる書簡の内容については林［2003 120-3 頁］を参照。

は難しい。代数学が何らかの定理を証明できるとしても、それは幾何学の原理を前提としているからでしかない。これに対して、ライプニッツが構想する新しい記号法は、解析を徹底して進めるため、そうした原理に依拠する必要がないと言うのである。

　さらに、ライプニッツの診断では、伝統的な幾何学であるユークリッド幾何学もまた理想となる記号法には程遠い。幾何学の定理は、定理において述べられている図形に補助図形を書き加えることで、求める図形が作図されたことが、あるいは、求める性質が実際に成立することが示されるというプロセスを経て証明される。多くの場合において、こうした操作自体は何らかの規則にしたがってなされるものではなく、むしろ、証明を行う者の直観や経験に依存する部分が大きい。幾何学の証明に慣れれば試行錯誤することもないだろうが、それにしたがえばどんな者でも自動的に定理の証明ができるという意味での補助図形の作図アルゴリズムはいまだ存在しない。ライプニッツはこの点こそが幾何学の欠陥であると考えるのである。すべての知識を統一的に扱うことができる普遍記号法を構想するライプニッツにとっては、当然幾何学もまたその一部門として組み入れられるべきである。かくしてライプニッツは、証明の遂行に必要な作図を試行錯誤の末に生み出すしかない幾何学にとどまるのではなく、規則に従った代数的記号操作によって適切な作図法が導き出せるような幾何学こそが望ましいと考えるのである。そのためには、デカルト流の代数幾何学がそうであるように、図形の量（大きさ）のみを扱い、質（形）を扱わない幾何学では不十分である。かくしてライプニッツは、図形の質も研究対象となるような幾何学の構想を抱くようになる。

　その結果、「形が同じ」ことを意味する相似概念が基本概念として導入され、これに基づき、一致、合同といった図形同士の関係に関する概念が幾何学的記号法に導入されることになる。さらに、こうした記号法は数学にとどまらない用途を持つことをライプニッツは強調する。

　　記号法が私が考えるとおりにできあがったとすると、アルファベットの文字でしかない記号を使って、どんなに複雑な機械であっても描写することができます。そうなると、図形やモデルを使ったり想像力を労したりすることなく、そ

序　章　哲学と数学の交差点に立つライプニッツ　　3

の機械を判明に、また容易に、あらゆる成分にわたって、しかも、その機械の働き方や動き方の面でも理解することができるようになります。そうなると、記号を解釈するだけで、図形が精神に現前せずにはいられないことになります。

(A. III, 2, 852)

　もちろん、幾何学的記号法が自然学へも応用可能であるという主張は、当時の大数学者であるホイヘンスに対して自分の記号法の独自性をより印象的に伝えるための誇張表現であると考えることもできるだろう。しかし、こうしたことからも、ライプニッツ自身がこの新しい記号法の開発に相当の意気込みを持っていたことが伺える。

　ライプニッツが幾何学的記号法の開発に取りかかるのは 1679 年頃である。この年に、先に参照した、幾何学的記号法の構想を誇らしげに語る書簡を数学上の師であるホイヘンスに対して送るが、ホイヘンスの理解は得られず、結果としてライプニッツの幾何学的記号法への取り組みは次第に減衰するようになる。しかし、幾何学研究それ自体への関心をライプニッツは生涯継続して保持していた。このことは、アルノー、ベルヌイ、ロピタルといった、ライプニッツが長く書簡を交わしたヨーロッパを代表する知識人たちに幾何学的記号法のアイデアを披露していることからも裏付けられる。さらに、1690 年代の終わりには中国にまで幾何学的記号法の噂が広まり、宣教師が当時の清の皇帝である康熙帝から幾何学的記号法について説明するように求められたというエピソードも伝えられている（De Risi [2007 p.83]）。ただ、ライプニッツは基本的なアイデアを述べるばかりで、公表するに足る成果を得ることができなかったのである。

　こうした事情を示す例として、1694 年 12 月 27 日のロピタル宛書簡を参照しよう。この書簡でライプニッツは、幾何学的記号法に関心を持つロピタルに対して、「位置記号法（characteristica situs）のプロジェクトを公刊するつもりはありません。なぜなら、この記号法を信頼できるものにする重要な事例がないため、単なる夢（vision）にとどまっているからです。しかし、申し上げておきますが、この記号法は失敗することはないと思います」と述べている（A. III, 6, 253）。この時期になっても幾何学的記号法の構想自体の重要性について

は一貫した見解を保持しているが、その重要性を説得力あるものにするための事例を見つけることがまだできないことを自覚していることが見て取れる。1698年の終わりにイエズス会の宣教師であるアントワーヌ・ヴェルジュに対して、「これ［位置計算］のため神が私に十分な人生と余暇と助けを与えてくださるならば、私はもっと先に進めるでしょう」と書き送っている（A. I, 16, 375-6）。また、1701年2月26日にパリ王立科学アカデミーに提出された二進法についての論文『数についての新しい学問試論』の冒頭箇所において、ライプニッツは、新しい幾何学である位置解析を作り上げる仕事が残っていると書き記している（HD, 251）。1699年に正式に王立として認定されたこの科学アカデミーに投稿する論文に、二進法とは直接的には関連しない幾何学的記号法の研究についての抱負をわざわざ記す程度には、ライプニッツにとって幾何学的記号法は重要であり続けたことが推察できる。幾何学的記号法の意義がホイヘンスに認められなかったように、数字が続くだけで実用性に欠けると二進法計算の重要性もアカデミーからは認められず、結果としてこの論文はアカデミーの年報『歴史』には掲載されないことになった（経緯の詳細は I, 3, 191-7 を参照）。しかし、二進法計算が普遍記号法の構想においては重要な役割を担うとライプニッツが考えていたように、幾何学的記号法もまたライプニッツ哲学において何かしらの役割を持つはずである。こうした歴史的事実は、ライプニッツにとって幾何学的記号法が周辺的分野であることまでを意味するものではないし、さらに、ライプニッツの取り組みが哲学的にも意義を持たないものであることを意味するものでもない。このことを数理哲学の観点から示すことが本書の目的の一つである。

　幾何学的記号法に関するまとまった著作をライプニッツは生前刊行してはいない。しかし、19世紀になってゲルハルトによって編纂された数学著作集に草稿がいくつか収録され、これが幾何学的記号法が世に姿を現す初めての機会となった。われわれにはそのアイデアを練り上げている書簡や遺稿が多く残されている。これらの遺稿は、現時点ではまだすべてを見ることはできず、ゲルハルト版数学著作集（主に5巻と7巻）、クーチュラ版断片集、アカデミー版全集（主に第6系列の4巻）に散らばって収録されている。また、1995年にエチェヴェリアとパルマンティエにより未公刊の遺稿の一部の羅仏対訳版が公刊され

序　章　哲学と数学の交差点に立つライプニッツ　　5

たり（CG）、以下で述べるデ・リージが主に 1700 年以降の未公刊遺稿のトランスクリプションを自著に収録したりと（De Risi [2007]）、多少の進展は見られるものの、依然として多くの遺稿は未公刊のままであるため、ライプニッツの幾何学研究の全貌を解明するには至っていない。そこで、本書では、現在アクセス可能な遺稿群に従って、以下のような大まかな時期区分を設けることにする。[4]

1679 年期（初期）：
『幾何学的記号法（Characteristica Geometrica)』（1679 年：GM. V, 140-71 = I, 1, 317-62)、『ユークリッドの公理の証明（Demonstratio Axiomatum Euclidis)』（1679 年：A. VI, 4, 165-79)、『幾何学一般について（Circa Geometrica Generalia)』（1679-80 年：Mugnai [1992 pp.139-47])、ホイヘンス宛書簡の補遺（1679 年：A. III, 2, 851-60)、『計算と図形なしの数学の基礎についての範例（Specimen Ratiocinationum Mathematicarum sine Calculo et Figuri)』（1680-4 年：A. VI, 4, 417-23)

1695 年期（中期）：
『位置解析について（De Analysi Situs)』（1693 年：GM. V, 178-83 = I, 3, 47-54)、『光り輝く幾何学の範例（Specimen Geometriae Luciferae)』（1695 年頃：GM. VII, 260-99)、『真の幾何学的解析（Analysis Geometrica Propria)』（1698 年：GM. V, 172-8 = I, 3, 166-75)

1700 年期（後期）：
『ユークリッドの基礎について（In Euclidis Π PΩTA)』（1712 年：GM. V, 183-211 = I, 3, 245-93)、『位置計算について（De Calculo Situum)』（1715-6 年：C. 548-56)、『数学の形而上学的基礎（Initia Rerum Mathematicarum Metaphysica)』（1715 年：GM. VII, 17-29 = I, 2, 67-84)

この区分はあくまでも年代のみに着目したものであり、したがって便宜的なも

―――――――――

4　より詳細な資料の一覧はデ・リージが整理して提示している（De Risi [2007 pp.122-6])。

のであるが、当面の研究上の見取り図としては有効であろうと思われる。本書では、幾何学的記号法のライプニッツ哲学における位置付け、具体的には、空間概念や実体概念との関連を明らかにすることを目指すため、これらの幾何学的記号法に関する遺稿だけではなく、その他の遺稿や書簡も考察対象とする。

　次に、幾何学的記号法に関する先行研究を概観しておこう。遺稿の刊行状況を反映してか、解析学や代数学など他の数学分野と比べて、ライプニッツの幾何学的記号法に関する先行研究は質、量ともに十分なものとは言えない状況が長く続いていた。古くは、ライプニッツの論理学研究で知られるクーチュラがそのモノグラフ『ライプニッツの論理学』の１章を割いて幾何学的記号法について論じているが（Couturat［1901 第 9 章］）、代表的な研究としてはエチェヴェリアによる一連の研究を挙げなくてはならない。幾何学的記号法に関する草稿研究により博士号を取得したエチェヴェリアは、先述のように未公刊の草稿の羅仏対訳書をパルマンティエと共同で公刊したり、数学史の観点から、射影幾何学からライプニッツが受けた影響や、ヘルマン・グラスマンの広延論（Ausdehnunglehre）に対するライプニッツの影響を詳細に論じたり（Echeverría ［1979, 1983］また、Otte ［1989］）、未公刊の草稿と現代の位相幾何学との関連を報告したり（Echeverría ［1987］）と、長らく幾何学的記号法に関するほぼ唯一の代表的研究者であった。しかしながら、ライプニッツの幾何学的記号法の研究はその哲学的内容と数学的内容の両者（および両者の連関）を検討することが必要なのに対して、エチェヴェリアらの研究はライプニッツによるユークリッド幾何学批判という前者の観点を強調するにとどまる傾向があった（Echeverría ［1972, 1997］, Knecht ［1974］）。また、幾何学的記号法の数学的内容についても、従来は、幾何学的記号法が位置解析とも呼ばれる所以である図形同士の位置関係を基盤とする代数演算としての性質を強調したり（Freudenthal ［1972］, Munzenmayer ［1979］, Alcantara ［2003］）、位相幾何学との発想上の類似点ないしその先駆としての数学史上の位置付けを指摘する程

5　厳密にはライプニッツが「幾何学的記号法」と冠された草稿を初めて書いたのは 1673 年である（A. VII, 1, 109-19）。しかし、この遺稿はライプニッツがファブリの『幾何学要綱（Synopsis Geometrica）』を読んで書いた覚書きであり、位置概念や空間概念の探求を含むものではなく、1679 年以降の幾何学的記号法の取り組みに含めることはできない。

序　章　哲学と数学の交差点に立つライプニッツ　　7

度にとどまっていた（Echeverría［1988］, Martin［1983］, Solomon［1990, 1995］）。

　ところが、2007 年にデ・リージの大著『幾何学とモナドロジー：ライプニッツの位置解析と空間の哲学』（De Risi［2007］）が出版され、このような索漠とした研究状況は一変したと言ってよい。ピサ高等師範学校に提出されたイタリア語で書かれた博士論文の英訳であるこの書は、ライプニッツの位置解析（幾何学的記号法）を数学史的かつ哲学的問題関心で読み解くもので、ライプニッツは生涯を通して幾何学研究に真剣に取り組み、質的にも晩年の研究が到達点であるとする。かくして、ライプニッツの幾何学的記号法は 1679 年期のものが頂点であるというエチェヴェリアの主張とは真っ向から異なる見通しのもと、デ・リージはエチェヴェリアたちの先行研究がその立場ゆえに看過してきた、幾何学的記号法とモナドロジーやクラークとの往復書簡で論じられる空間論といった後期哲学との関連を、カントの超越論的観念論を視野に入れながら考察の主題に据えるのである。デ・リージの研究は、その歴史的知識の豊かさと数学的素養の確かさも合わせて、ライプニッツの幾何学的記号法の研究が今後要求される水準を一人で一気に引き上げたと言ってよいだろう。ライプニッツの空間論にカント哲学の超越論的感性論を読み込む手法や現象主義的なライプニッツ解釈には、十分な注意が払われるべきであるが、ライプニッツの幾何学的記号法の発展史に関して、公刊されている関連遺稿のほぼすべてを調査した結果、最晩年に至るまでの段階的発展を認めるデ・リージは、1679 年代以降の研究にさしたる進展を認めないエチェヴェリアの解釈を批判的に更新するものである。[6]

　本書はこうした先行研究の諸成果を取り入れながら、ライプニッツの幾何学

6　ライプニッツの幾何学研究に関する日本国内の研究についても簡単に触れておきたい。もっとも古い論文は、1950 年の永井によるものである（永井［1950］）。清水は、ホイヘンス宛書簡の補遺を中心に幾何学的記号法の概略を整理した上で、それが普遍学の理念を体現するものと位置付ける。また、清水はカッシーラーを参照して、実体論と位置解析の関連を探る必要があることを強調している。これは本書第 II 部で主題となる論点である（清水［1954］）。そのおよそ 20 年後には園田が位置解析の概略をまとめている（園田［1976］）。2003 年には、数学史研究者の林が当時参照可能な草稿に基づいて位置解析を検討している（林［2003 114-32 頁］）。2015 年には、阿部が、ライプニッツが幾何学研究を始める以前の時期の記号法の特徴を検討し、その後の幾何学研究との関連を探る準備作業を行っている（阿部［2015］）。2016 年には、デ・リージの研究を受けて、内井が、独自の「情報論的解釈」を提示する著作を刊行している（内井［2016］）。

8

的記号法を幾何学の哲学として解釈すること、および、幾何学的記号法と空間概念や実体概念との関連の解明を試みるものである。そこで、本書全体の構成を以下に示そう。第1章では、ユークリッド幾何学がライプニッツ哲学ではどのように考えられているのかを検討する。批判対象であるユークリッド幾何学の特質を十分に把握した上で、ライプニッツは幾何学的記号法の構築に向かったと考えられるのである。第2章では、ライプニッツのユークリッド幾何学批判と幾何学的記号法によるその克服の要点が明らかにされる。第3章では、幾何学的記号法の形式的側面が検討される。第4章では、無限小解析が幾何学的記号法に与えた影響を、1695年期の草稿の分析を通じて明らかにする。第5章では、ライプニッツの幾何学的記号法を「幾何学の哲学」として解釈する見通しが述べられる。第6章では、最晩年のクラーク宛書簡における空間論と幾何学研究との内容上の繋がりを示す先行研究や、幾何学的記号法が最晩年の関係空間説に至る以前の時期の空間論と関連を持つと主張する先行研究を批判的に検討し、中期（1695年期）ライプニッツの空間論に幾何学的記号法との関連を読み込むことが正当であるかどうかが検討される。第7章では、ライプニッツが単純実体であるモナド概念に明示的にコミットする1695年から、最晩年（1714年）の『モナドロジー』に至るまでのモナド概念の変遷が、モナドと身体的部分、一性の原理としてのモナド、モナドと合成実体という観点から、近年の研究を批判的に検討しつつ、解明される。第8章では、ライプニッツによる単純実体としてのモナドの存在論証を再構成し、その妥当性を検討することを通じて、解釈上問題とされてきた、単純実体のみの存在論と合成実体へのコミットメントの調停という問題に対して、独自の解釈が与えられる。

　第1章から第5章までは幾何学的記号法を検討したものであり、第6章から第8章まではライプニッツの業績全体に幾何学的記号法を適切に位置付けるための予備作業として、実体論と空間論との関連を探る役割を担っている。これら大きく二つに分かれた課題を遂行することで、本書は、ライプニッツは空間に関する議論を実体に関する議論と関連させて考察していたという解釈を提示し、それゆえに、幾何学研究を十全に理解するためにはいわゆるモナドロジーと呼ばれるライプニッツの実体に関する議論についての考察が不可欠であることを示すことになるだろう。ライプニッツの幾何学研究は、狭義の数学研究に

とどまらず、時間・空間論や実体論といった哲学や形而上学にも関連する内容を持つという点で、今後のライプニッツ研究にとっては無限小解析研究と並ぶ重要性を持つこと、および、それ自体が現代の視点から見ても興味深い試みを含むものであること、本書で主張したいことはこの二点に集約される。

　本論に入る前に、本書全体の議論の補助線として参照する 20 世紀前半のフランスの数理哲学者レオン・ブランシュヴィクの議論に触れておきたい。古代エジプト、ギリシアから 20 世紀初頭までの数理哲学の展開を追う書である『数理哲学の諸段階（*Les etapes de la philosophie mathematique*）』（1912 年）においてユークリッド幾何学を論じるくだりで、ブランシュヴィクは「幾何学の諸原理の練り上げとは、ただ、空間的表象の単純性と論理的連関の明晰さとが釣り合う均衡点を見出すという点のみにある」と指摘する（Brunschvicg [1912 p.97]）。古代ギリシアの幾何学は、経験に直接与えられたものを扱うのではない。それらを知性の作用の本性に類似するものに変形した上で、幾何学のモデルが構築されるのである。したがって、古代ギリシアの幾何学は素朴な科学的実在論とは反する。かくして、経験に与えられる空間をモデル化する仕方が問われなくてはならない。空間的表象の単純さと論理的連関の明晰さは、前者を精密にすれば後者は複雑になり、後者を単純にすれば前者は粗雑なものになるだろう。求められるべき理想的な両者の間の均衡点とは、まさにカントが趣味判断の分析において試みたような、構想力の機能と悟性の機能の予定調和のようなものである（ibid.）。

　ブランシュヴィクによるこの指摘はライプニッツの幾何学的記号法を捉えるに際して重要な示唆を持つ。ブランシュヴィクは、幾何学的対象が具体的な図形の抽象から構成されると素朴に捉えてはおらず、むしろ、空間をより単純に表象することと、表象された対象同士の連関との間のバランスを保ちつつ空間の諸性質を調べるとことの二点に幾何学の発展を見出しているからである。実際、ブランシュヴィクは古代ギリシアの幾何学は「量の質的研究（une étude qualitative de la quantité）」にとどまっており、「質の量的研究（l'étude quantitative des qualités）」には至っていないと評価する。後者の研究こそライプニッツが自分の幾何学として目指すものであった。ブランシュヴィクの著書が書かれたのは 20 世紀初頭だが、このテーゼを敷衍してライプニッツの幾何学的記号法の理

解の手がかりとすることができる。本書を通じて、ブランシュヴィクが提示した「空間的表象と論理的連関の釣り合いの探求」としての幾何学という視点こそが、ライプニッツの幾何学的記号法がどのような数学理論であろうとしたかを理解するに際して一つの鍵となるだろう。

第 I 部

幾何学的記号法の数理哲学

第1章

ライプニッツにおける
ユークリッド幾何学の基礎

　序章で述べたように、ライプニッツがユークリッド幾何学を批判的に検討してその代替物となる幾何学的記号法の開発に着手し、具体的な考察を本格的に書き始めるのは1679年前後である。この時期の草稿から読み取れることは、ライプニッツ自身が幾何学的記号法をユークリッド幾何学の不備を補完するために考案された記号法として捉えてはいるものの、前者の決定的な優位点を自覚した上で記号法を洗練させるに至ってはいなかったということである。たとえば、序章でも参照したホイヘンス宛書簡などにおいても、ライプニッツは自らの幾何学的記号法の利点を純粋に技術的観点に限定して考えており、そこに含まれる数理哲学に関する論点について彼がはっきりと意識していたとは言い難い。ユークリッド幾何学に登場する諸定義の練り直しと『原論』の公理の証明という計画は単に技術的改良のみならず、幾何学についての見方の更新をライプニッツにもたらしたというのが本書の基本的主張であるが、ユークリッド幾何学の批判的検討とその克服という動機から考えても、幾何学的記号法と名指されるべき体系がその名に相応しい自立／自律した内容を持つには一定の時間が必要であったと判断することは妥当であり、それゆえに、幾何学的記号法について述べられている哲学的考察の多くが実質的にはユークリッド幾何学について向けられたものであると考えることには十分な根拠がある。

　このような事情を勘案すると、幾何学について書かれたものとさしあたりは分類できる草稿のそれぞれについて、その議論対象がユークリッド幾何学か幾何学的記号法かを特定するという作業は困難である、ないし、実りが少ないと判断することができるだろう。もちろん、ユークリッド幾何学と幾何学的記号

法の決定的な相違点の在処を明らかにする作業自体はライプニッツの幾何学研究を理解するためには不可欠である。そこで、ユークリッド幾何学と幾何学的記号法の差異を見定めるためにも、まず、図形を扱う数学の一分野としての幾何学に対するライプニッツの思考を取り出しておく作業が必要であると思われる。ライプニッツの幾何学的記号法に関するこれまでの研究の中で、両者の相違点を解明した上でライプニッツに固有の「幾何学の哲学」を見出し、競合する他の立場と摺り合わせて数学に関する哲学的思考の一つのあり方として洗練させるという本書の問題関心を共有するものは少ない。[1]本章では、ユークリッド幾何学と幾何学的記号法との違いを過度に意識することなく、ライプニッツにとっての幾何学についての最大公約数的思考を提示すること努め、続く章において幾何学的記号法に特化した議論を行い、ライプニッツの「幾何学の哲学」を解明するための準備とすることを目指す。具体的には、幾何学的真理と他の数学的真理との相違点、幾何学的概念の獲得過程、および幾何学的対象の正当化と作図との関連が本章の主な議論の対象となる。こうした作業の成果として、ユークリッド幾何学であれ幾何学的記号法であれその他の幾何学であれ、およそ幾何学の名を持つ数学の一分野に関するライプニッツの思考が取り出される。その上で、ユークリッド幾何学に特有の論点を抽出しそれに対するライプニッツの批判を明らかにする作業がなされる。

　本章は大きく二つに分かれる。前半ではライプニッツ哲学におけるユークリッド幾何学の認識論的基礎（すなわち、ユークリッド幾何学の概念や真理を人間精神はどのようにして知るのかという問題）に関する議論が再構成される。まず、永遠真理の成立にはある条件が必要であるとライプニッツが考えていたことをロック的経験主義の哲学との対比において明らかにし、その条件が永遠真理を構成する観念が神の知性において存在することであることを示す（1節）。そして、幾何学的概念の認識についてのライプニッツの考えに触れて（2節）、人間精神と神の知性を媒介する記号的認識がユークリッド幾何学においてはどのように機能するのかを明確にする（3節）。後半では、ユークリッド幾何学の

1　例外的にエチェヴェリアはライプニッツの幾何学的記号法は「幾何学の哲学」として読めると述べているが（Echeverría [1997 p.365]）、具体的な読み方の提示までは行ってはいない。

批判的検討から幾何学的記号法の着想へと移行するライプニッツの思考を再構成し、次章以降でユークリッド幾何学の限界とライプニッツによるその克服の子細を明らかにするための準備とする（4節）。

ここで二点注意しておきたい。まず、ライプニッツが生きた17世紀では「幾何学」と「解析」という用語が、現在のように数学の独立した分野を指すものとして用いられてはいない。実際、「無限小幾何学」とは実質的には微分積分学のことを指す。したがって、ライプニッツのテキストを読む際にも、こうした用語上の注意を常に念頭に置く必要がある。

二点目はこれに関連して、ライプニッツ自身が、幾何学や解析や数論といった数学の諸分野を区別して捉えていたかどうかという点である。現代のわれわれには自明であるこれらの区分が、この時代の数学者にとっても同様に当てはまるものであるとは素朴には断定できない。しかし、本章の後半で議論する、ライプニッツが幾何図形を用いた推論に対して敏感であったという事実と想像力の規定の多義性を彼の哲学体系において根拠付けるために、ライプニッツ自身がそれを意図していたかどうかはともかくも、彼の遺したテキストから読み取ることのできるかぎりで数学の諸分野を区別して考察することにする。

1.1　永遠真理の条件

幾何学的真理は数学的真理であり、したがって永遠真理ないし必然的真理に分類される。一方で、歴史的事実などの経験的真理は事実の真理ないし偶然的真理に分類される。ライプニッツは命題の真理性の基準を述語概念の主語概念への包含として捉えるが、真理概念の様相の規定については以下の2種類のものを与えている。一つは必然的真理で、これは、真理を表現する命題に登場する概念項（conceptus, terminus）の分析を行い、有限回数の分析で同一律に到達するような真理であり、その反対が矛盾を含むようなものである。数学や論理学の真理がこれに該当する。一方、偶然的真理はこうした分析を無限回行わなければ真理性が明らかにならないような命題であり、その反対は矛盾を含まない（A. VI, 4, 758 = I, 1, 170-1, A. VI, 4, 1644-5）。この分析を最後まで遂行することは神のみが可能とする。もう一つの規定は現代の可能世界意味論の源流と

第1章　ライプニッツにおけるユークリッド幾何学の基礎　　17

も言えるものである。すなわち、必然的真理はすべての可能世界において真である命題であり、偶然的真理は少なくともこの現実世界において真である命題である、とするものである。

この枠組み自体はライプニッツの生涯を通じて維持されている。その上で、ライプニッツに、幾何学、算術、代数という数学の各分野における真理の特性についての考察を読み取ることは可能であるように思われる。実際、1705年に書かれたジョン・ロックの経験主義の哲学との全面対決の書である『人間知性新論（*Nouveaux essais sur l'entendement humain*)』において、以下のようにテオフィル（ライプニッツの代弁者）が永遠真理は条件的なものであると述べていることは注目に値する。

> 永遠真理について言えば、それらは、根底においては、すべて条件的（conditionnelles）であることに着目しなければなりません。実際、それらが言っているのは、これこれのものが措定されるならば、かくかくである、ということです。たとえば、三つの辺を持つ図形はまた三つの角を持つだろう、と私が言うとき、三つの辺を持つ図形があると仮定すれば、その同じ図形は三つの角を持つだろう、ということを言っているに他ならないのです。
>
> （NE4-11-13 = A. VI, 6, 446-7 = I, 5, 245-6)

一見すると、この発言を文字通り受け取ることは難しいように思われる。なぜなら、永遠真理が「条件的」であることとそれが必然的であることとは整合するようには考えられないからである。ではこの発言はどのように解釈されるべきなのか。三角形の例が挙げられていることから、この発言内容はさしあたり幾何学的真理に関するものであると捉えることができる。[2] この発言の背後

2　この箇所に付けられた工作舎版著作集の訳註（I, 5, 246, n.420）には、あらゆる真理は同一律に帰着するとの立場にあるライプニッツが、肝心の同一律自体の正当化には限界があることに気付いており、それゆえに、同一律に基礎付けられる永遠真理はこの意味で条件的であると見なさざるを得なかったとする解釈が提示されている。しかし、この解釈は、テオフィルの発言が三角形の例と共に表明されているということを考慮に入れていない。パシーニもまたこの箇所に言及し、永遠真理が条件的な形式を持つのは、可能的な存在者や出来事、神の観念や範型が条件的な永遠真理によって記述できるという意味であるとするが、その言わんとするところはさらなる明確化を必要とするだろう（Pasini[2010 p.231. n.5]）。

18

にあろうと思われる幾何学に対するライプニッツの思考を明らかにすることが本章の課題の一つである。

　まず、テオフィルの発言が置かれている文脈を簡単に確認する必要がある。軸となるのは、真理の認識の起源という問題をめぐる、経験主義の立場から生得観念説を批判するロックと、真理を認識する能力としての理性（raison, ratio）を生得観念として認めるライプニッツとの対立という構図である[3]。「一般的であり確実である」（ibid.）永遠真理の根拠を、フィラレート（ロックの代弁者）は、視覚的認識に依拠した人間の推論能力に求める。たとえば、幾何学的真理は感覚経験によって知られる類のものではないが、図形を用いることによって、すなわち、幾何学的真理を述べる命題の意味内容を視覚的に認知可能な状態に翻訳することで、その命題の真理の明証性を確証することができると考える（NE4-11-10 = A. VI, 6, 444-5 = I, 5, 244）。図形を記号や数式に置き換えて考えれば、この見解は数学や論理学の真理一般についても当てはまるだろう。また、ロックにとってはどのような種類の真理も、感覚経験が基盤となって認識され、それゆえに真理の様相は、真理の明証性の度合いに帰着される。すなわち、観念間の結びつきは感覚経験を経ることなしには担保されず、真理様相が見出されるのはあくまでも人間知性による認識過程においてでしかない。真理様相は真理自体に帰属する性質であるとはされず、人間の精神による推論活動が常に真理における観念間の連結を認識する場合、その真理は必然的であるとされ、観察などによってそうであることが知られる場合は、偶然的であるとされるのである。ここから、必然的真理を偶然性の度合いが高い偶然的真理と同一視するヒューム的主張が帰結することになる。

　他方、ライプニッツは、命題の真理はいかなる種類であれ、命題内に現れる観念間の連結、すなわち主語概念への述語概念の包含によって保証されると考

3　『人間知性新論』を読む際には、ライプニッツが『人間知性新論』において描く経験主義者フィラレートの立場と、フィラレートのオリジナルである『人間知性論』におけるロックの立場と、コストによる仏訳版『人間知性論』におけるロックの立場との間の相違点に注意しなくてはならない。実際には『人間知性論』におけるロックは、普遍三角形を、あらゆる三角形に内在する不完全な観念として考え、それは知性の抽象作用によって得られると考えていた（ロック［1977 4 巻 7 章 9 節］）。したがって、テオフィルによる反論がそのままロック自身に妥当するかどうかは検討を要する。ただし、本節の議論を進めるに限っては便宜的にフィラレートの立場をロックのそれとして理解しても差し支えないと考える。

第 1 章　ライプニッツにおけるユークリッド幾何学の基礎　　19

える。ライプニッツにとっては、真理の認識において感覚経験はそれ特有の役割を持たない（Dascal［1988］）。感覚経験は単なる論証の補助手段の一つであり、あくまでも観念間の連結としての命題の主語概念と述語概念との包含関係の論証が重要視される。このことにより、ライプニッツにとっては、命題の真理様相は観念間の連結の認識のされ方の様相として捉えられることになる。真なる命題における主語概念の述語概念への包含それ自体は、経験や論証に先だって保証されているため、ロックとは逆の理由により、真理様相は真理自体には帰属しない。すなわち、可感的事物に関する真理であれば、そのような連結は観察によって知られるために偶然的であるとされ、数学や論理学の真理のように、観念間の連結が論理的分析のみによって知られる場合は、必然的であるとされる。ライプニッツにとっても、観察や帰納によって事実の真理は一般性を得るが、ロックにおいては問われることのない永遠真理の観念の在処として神の知性が想定される（A. VI, 4, 1532-3 ＝ I, 8, 145/NE4-11-13 ＝ A. VI, 6, 447 ＝ I, 5, 247-8/GP. VI, 614 ＝ I, 9, 224）。永遠真理の必然性は最終的にはこの点に帰着するのである。

　ここから、ライプニッツとロックの立場の相違点は以下のように整理することができる。共に真理の認識に際しては観察と推論が用いられるという点で共通している。しかし、最終的な根拠を観察的事実に求めることができない永遠真理の根拠を、ロックは、観念間の論理的繋がりを知ることができる人間知性の推論能力に、ライプニッツは、観念が存在する領域としての神の知性に、それぞれ帰着させるという点で異なるのである。[4]

　次に、この相違点を知識の確実性という視点から更に検討してみよう。生得観念説を否定するロックにとっては、あらゆる知識は当然ながら経験的に獲得される他ない。ロックは、知識を得るのに十分な能力を人間が有するという点と、観察事例の蓄積からの帰納によって知識が得られるという点とにより、知

　4　本章3節で触れるように、観念についてのライプニッツの見解を考慮してこの対立を捉えると、実は両者ともに永遠真理の認識を人間精神の能力に依存させているという点で一致してしまうため、ここで挙げている対立点がさらに見えづらくなってしまう。しかし、依然として相違するのは、ライプニッツが人間精神の能力が機能する「場」を想定することで、必然的真理の必然性を保証しようとするという点である。ロック的立場では必然性は高い蓋然性と解されているため、このような枠組みは採らない。

識の確実性が保証されると考えている。しかし、ライプニッツは、帰納による知識の確実性には限界があるとしてロックを批判する。すなわち、経験主義の立場では個別事例の観察ないし論証をいくら積み重ねても、確かに蓋然性は高まるだろうが、原則としては一般的知識の獲得に到達することはできない。それゆえに、帰納を論理的に正当化できない以上、帰納によって得られた知識の確実性にも限界がある。また、経験主義の立場では、経験的知識だけではなく、数学的知識のような永遠真理もまた、帰納によって得られた真理と同様に、絶対的な確実性には到達することができないと考えざるを得ない。個々の三角形に関して得られる知識はあくまでもその三角形に限定された知識であって、何らかの手続きを経由することなしには三角形一般についての知識とみなすことはできない。さらに、そもそもフィラレートのような徹底した経験主義者にとっては、「三角形一般」や「普遍三角形」というようなものは認められない。したがって、経験主義者にとっては、幾何学の知識は自然学の知識や歴史的事実についての知識とまったく同じように経験的に得られるものでしかなく、それゆえに、必然的真理であれば当然有するであろう絶対的な確実性を経験主義者は整合的に保証できないのである。

　では、経験主義が直面する上述の難点をライプニッツはいかにして克服するのだろうか。永遠真理の条件性が関与するのはこの点である。ライプニッツは、観察や帰納による知識が原理的に一般性を持ち得ないことを認めた上で、人間に生得観念としての理性を帰し（GP. VI, 496/GP. VI, 505 = I, 9, 114）、さらに、神の知性を永遠真理の領域として措定し、人間精神は反省作用によりこの領域に到達することができると考えることで、この難点を乗り越えようとした。確かに、知識の獲得方法を観察と帰納に限定すれば永遠真理に一般性を付与することは困難となる。しかし、確実性の最終根拠として神の知性という領域を想定し、その領域に反省作用によりアクセスして観念相互の連結が得られるという立場を採用すれば、人間は永遠真理の絶対的確実性を知ることができる。しかし、神の知性に永遠真理が存在すること自体は論証によって証明される類のことではない。したがって、神の知性において永遠真理を構成する諸観念が存在することは永遠真理の成立条件として措定する他ない。かくして、ライプニッツが経験主義に対する優位を確保するためには、神の知性において存在する観

第1章　ライプニッツにおけるユークリッド幾何学の基礎　　21

念を人間精神は反省作用によっていかにして認識するのかを明らかにする必要がある。言い換えれば、論理的正当化ができない帰納を用いずに、いかにして三角形一般についての観念が得られるのかをこの議論構成において説明しなくてはならないのである[5]。

以上から、ライプニッツが永遠真理を条件的と考える背景が明らかになった。次に問われるべきなのは、人間精神が神の知性にある永遠真理を知るプロセスである。次節以降では、この問題について、幾何学的真理に限定して考えたい。幾何学のみを単独で考察対象に据えることは少なくとも二つの正当性を持つ。第一に、幾何学と他の数学理論との間には真理の認識に際して、記号ないし図形への依存の点で実質的な差異があるように思われる。実際、「2足す3は5に等しい」というような自然数に関する知識は、ピタゴラスの定理のような三角形に関する知識が図形を用いて得られるようには得られない（後述するように、この違いには記号の特性の違いが反映されている）。第二に、ライプニッツは幾何学的概念を用いて算術の概念を構成しているものと思われる。したがって、幾何学に特化した議論を行うことには一定の根拠があると考えられる[6]。

---

5 この意味においてライプニッツが永遠真理を条件的と見なしているということは、論理的な無矛盾性の証明のみでは永遠真理の確実性は保証されないことをライプニッツが無自覚的にせよ認めていたことを示唆している。ライプニッツは、必然的真理や永遠真理の反対が矛盾を含むことは有限回の分析で知ることができると考えているが、論理的証明それ自体においては無矛盾に連結する諸観念自体の存在が既に前提とされているため、観念の存在論的身分に関する考察が不可欠なのである。この考察を徹底させれば、観念は神の知性という強力な拘束から解放され、代って、観念を有限の命題によって特徴付ける公理的発想が登場することになるだろう。実際、ライプニッツ自身も、永遠真理とは「これこれのものが措定されるならば、かくかくである」ということを教えてくれるに過ぎないと述べているのである。

6 幾何学について考えることが永遠真理の特性を知るためには有効であることはライプニッツが「幾何学は永遠真理の真の源泉とその必然性をわれわれに理解させる手段の真の源泉を垣間見せるということ」（NE4-12-6 = A. VI, 6, 452 = I, 5, 254）と述べていることからも明らかである。主として測量術としての有用性を見込まれて歴史的に発展した経験的幾何学としての幾何学と、永遠真理に属する数学理論としての幾何学の区別には慎重でなくてはならないが、とりわけ後者の数学理論としての幾何学に関して、幾何学についての哲学的考察が永遠真理を認識するメカニズムの解明に寄与するというライプニッツの意見表明は、幾何学が、イデア的側面と知覚の対象という側面を有する図形という特殊な媒体を用いる数学であることを重んじていることの表れでもあろう（本章註16も参照）。経験的妥当性に充足することなく、しかし直観的に自明であるとして処理することもなく幾何学の真理性について考察することが発見法や普遍記号法を下支えするという着想をライプニッツに読み込むことができるように思われる。

22

以下で検討対象とする資料は主に前期のものである。永遠真理の条件性が真理の根拠付けないし正当化の果てしない連鎖を断ち切るものとして、いわば「妥協の産物」として導入されたものでしかないと解釈してしまうと、先に引用したテオフィルの発言の真意を、あらゆる真理に証明を要求する立場が全面に打ち出されている前期哲学に求めることはいささか錯誤的であるかもしれない。また、本書全体を通じての作業仮説である、ライプニッツの数理哲学を、幾何学に限定したかたちで再構成することが可能であるという立場の正当性と永遠真理の条件性に関する議論との繋がりも十分には明らかにされていない。しかし、以下で示すように、永遠真理の条件性、より限定して幾何学的真理の条件性に関する議論をライプニッツの幾何学的記号法に関する資料やその周辺の資料に見出すことは可能であると思われる。そのためにも、次節では幾何学的概念を人間精神はどのようにして知るのか、という論点の検討を行う。

1.2 幾何学的概念の獲得について

1679 年の『ユークリッドの公理の証明』や『幾何学的記号法』やその他の資料において、ライプニッツは延長、位置、直線、といった幾何学的概念を表象に関する語彙を用いて定義している（A. VI, 4, 176）。

> 延長（Extensum）は、そこにおいて多くの相似な部分が同時に表象可能なものである。
> 位置（Situm seu positionem）を持つとは、延長において、われわれが、変化自体においては何も起こっていないことを表象できることである。
> 直線（Recta）とは、延長において、二つの点を同時に表象することで、必然的にそれ自体表象されるものである。

ライプニッツにとって表象（perceptio）とは、一つの実体に多くのものが表現されているという意味で、「一における多」（GP. VI, 608 = I, 9, 209）と定義され、単なる経験的な知覚に制限されてはいない。後のモナドを中心とした存在論において顕著となるように、人間精神だけではなく、無機物もまた独自の仕

方で世界を表象している。第6章で論じるように、表象概念はライプニッツにとって後期の空間構成の理論の中心となる概念でもある。また、最晩年の『数学の形而上学的基礎』においても、表象概念は「経路」や「距離」といった概念に関連付けられている（GM. VII, 25-6 = I, 2, 78-9）[7]。ライプニッツが実体の基本的な性質である表象と数学の概念との関連を初期の頃から探っていたことは確かである。上に引用した箇所では、ライプニッツは、幾何学的概念と表象との間に何らかの関連を見出していると考えられる。

　幾何学的記号法の形式的側面については第3章で立ち入って検討するが、ここでは当面の議論に必要な限りにおいてこの連関を明らかにする。まず、幾何学的概念に対するライプニッツの基本的立場について確認する。序章でも触れたように、ライプニッツは数学上の師であるホイヘンスと長期に渡って断続的に書簡を交換している。往復書簡で交わされる議論の主題は様々であるが、1679年から1680年にかけての書簡では幾何学的記号法が論じられ、ライプニッツは自らの記号法のアイデアの革新性をホイヘンスに訴えている。従来の数学は量のみを取り扱うものと考えられていたが、幾何学的対象である図形の形としての質を量のカテゴリーのみで把握することは不可能であるため、幾何学を記号法に基礎付けられた学問とすることはできない。そこで、ライプニッツが考案したのが、量のみならず質も扱うことができるような、すなわち、図形の大きさや形や位置を記号化して扱うことができるような体系である。

　　しかし、私は未だ代数には満足していません。というのも、代数は、幾何学についてもっとも容易な方法ももっとも美しい構成も与えはしないからです。これこそまさに、幾何学に関して、代数が大きさを表現するように直接的に位置を表現するような、固有の幾何学的すなわち線形的な他の解析をわれわれは必要としていると私が信じる理由なのです。　　　　　　　　　　（A. III, 2, 848)

　　7　『数学の形而上学的基礎』はゲルハルト版数学著作集第7巻に収録されている。ライプニッツ文書館に所蔵されているこの資料の草稿を実際に検討したデ・リージは、この資料が、本来は同じ時期に書かれた異なる二つの草稿で、著作集収録に際して、編者のゲルハルトによって一つのものとして合わせられたものであることを報告している（De Risi[2007 p.99 n.113]）。二つの草稿の切れ目はゲルハルト版著作集の25頁（I, 2, 78）の「位置は複数の事物の間に成り立つある種の共存在の関係であり、……」の前である。

記号操作によって数学的対象の量と質を扱うことは、ライプニッツの生涯の理想であり続ける普遍数学の実現には欠かすことのできない要件である（A. VI, 4, 514）。この意味で幾何学的記号法は普遍数学の発想を体現するものとして考えることができる（林 [2003 131 頁]）。この点に加えて、幾何学的記号法の重要性として、幾何学以外の数学の概念に資源を提供しているという点を挙げることもできるだろう。既に示唆したが、ライプニッツは幾何学的概念を用いて算術の概念を定義しているからである（GM. VII, 77-82 など）[8]。このように数学基礎論的観点から幾何学的記号法を捉えることで、ライプニッツの数学に対する考え方をより精密に理解することが可能だろう[9]。

　次に、ライプニッツは幾何学的概念の定義をいかに改訂したのかを確認しよう。ライプニッツが目指すのは、位置概念を基礎とする幾何学の構築である。ある図形の位置とは、その図形が他の図形に対して外延的に取る関係のことに他ならない。したがって、位置を表現するためには図形同士の関係を表現すればよい。図形同士の関係は幾何学的記号法において重要な意味を持つ。ライプニッツは幾何学的概念の改訂の基本路線を、点、線分、平面などの図形を何らかの基本概念によって定義することとして定める。概念間の定義関係のあり方は時期により異なっているが、相似、合同、同等といった図形間に成り立つ関係概念が基本概念とされている点は変わらない。関係概念によって幾何学的対象を定義することで定理の証明が記号操作のみにより可能となる（詳細は第3章で述べる）。また、大小関係なども幾何学的概念を用いて定義され、そこからユークリッドの公理を証明することができる。このような記号法を開発することで、正当化されていない公理の使用と、図形に依存した証明というユークリッド幾何学の欠陥が埋められるとライプニッツは考えた。

　幾何学的概念の論理的形成順序は以上のようなものであるが、では、相似や合同概念はそもそもどのようにして構成されるのか。ライプニッツはこれらの概念を未定義概念として導入しているわけではなく、表象に依拠する仕方で捉えている。たとえば、相似概念については「個々それ自体で考察すると区別で

8　これを論理的な定義関係と捉えるか、素朴な説明と捉えるかについては慎重に検討する必要があろう。

9　クックはライプニッツの幾何学的記号法をそのように捉えている（Cook [2000]）。

第1章　ライプニッツにおけるユークリッド幾何学の基礎　　25

きないものが相似である」（GM. V, 153 = I, 1, 336）としている。正三角形はすべて相似である。なぜなら、正三角形を単独で考察した場合は同じ形をしていることが認められても大きさの違いは認知できないからである。それゆえ、ある図形が別の図形と相似であることを知るためには、すなわち、複数の図形について、形が同じであるが大きさが異なることを識別するためには、それらを個別にではなく、同時に認識することが必要である。「かくして私は相似であるものは同時表象によって（per comperceptionem）のみ識別可能であると言う」（ibid.）。

　このように、ライプニッツは関係概念の認識を表象と関連付けることで説明している。しかし、図形同士の比較による関係概念の認識は当然ながら各々の図形の存在を前提としたものであるため、関係概念によって図形を定義することは循環であると考えられるかもしれない。詳細は後で述べるが、概念の「論理的形成順序」と「認識の順序」をライプニッツが自覚していた点を考慮すればこの批判は回避できる。すなわち、現実には対象概念が関係概念に先行するが、論理的には関係概念が対象概念に先行するのである[10]。

1.3　ユークリッド幾何学の認識論的基礎

　以上の議論を踏まえて、本節では、人間精神はユークリッド幾何学的真理をどのようにして認識するのかという主題をめぐるライプニッツの考えを明らかにしたい。1節において、神の知性の領域に永遠真理を構成する観念が存在すること、および、数学的真理を得ることとは、人間精神がその領域に推論能力を用いてアクセスすることでもあるということを明らかにした。本節では、こうしたアクセスの詳細について、幾何学に関した精査を試みる。そのためには、ライプニッツが伝統的なユークリッド幾何学を批判した要点と、幾何学的記号法がその批判をどう乗り越えたのかを解明することが必要である。ライプニッツがユークリッド幾何学に対して突きつけた批判点のうち、図形の濫用に関しては、代数的記号法を徹底させることによって回避できる。また、公理がすべ

10　先行関係をこのように細分化することで整合性を保持するという思考は連続体合成の問題についてもあてはまる。

て証明されることで、知識としての確実性も保証される。これらの点のみに着目すれば、幾何学的記号法はユークリッド幾何学に技術的改良を施したものとして考えられ、それゆえに、前者の認識論的基礎は後者のそれに依拠することになる。したがって、繰り返しになるが、幾何学的記号法の認識論的基礎を明らかにする準備作業として、ユークリッド幾何学の認識論的基礎について検討する必要がある。まず、ライプニッツが記号についていかなる見解を持っていたのかを明らかにし、次いで幾何学の場合について考える。

　数学や論理学のような、その営みが記号操作に依拠するところが大きい学問の真理の認識に関しても、ライプニッツは記号の持つ知覚の対象としての質料的側面を重要視する。数学も論理学も、その出発点は、実際に紙や黒板に書かれた記号列や頭の中に思い浮かべた想像上の記号列を用いることにある[11]。同一律もまた A=A という記号列を知覚することによって知られるが、感覚によって何らかの内容が得られること自体は証明することができない事実の第一真理であるとライプニッツは考える (C. 186)。既に述べたように、有限回の操作で同一律に還元可能か不可能かという基準から真理の様相は区別されるが、このような証明上の手続きという観点のみでは、人間による真理認識を十分に説明したことにはならない。必然的真理も偶然的真理も同じように理性と感覚表象の共働によって認識されるのである (cf. Dascal [1988])。このように、証明の補助手段としての記号の役割をライプニッツは軽視していない[12]。

　一方でライプニッツは、記号の持つ何らかの意味を伝えるという側面、言い換えると、意味論的機能を持つ形相的側面についても考察している。記号が人間と世界を繋ぐインターフェイスとして有効に機能するためには、すなわち、記号を用いて人間が世界について有意味な知識を得ることができるためには、記号が諸科学において扱われる対象を適切に表示することが必要である。ライプニッツはこの点を、個々の記号と世界の事物との間に一対一に成立する指示

11　既に触れたようにライプニッツは想像上の表象作用と現実の感覚知覚との区別をしない。たとえば、『位置解析について』では、図形の同時表象を、文字通り眼前に図形を同時に羅列することのみではなく、記憶の力を借りて、図形を一つずつ認識することとしても捉えている (GM. V, 180 = I, 3, 50-1)。

12　記号を用いる意義を記憶の補助手段としてのみ認める (とりわけ『精神指導の規則』における) デカルトと対比させることで、ライプニッツの記号的認識の特徴をより鮮明にすることができる (稲岡 [2012])。

第1章　ライプニッツにおけるユークリッド幾何学の基礎　27

関係ではなく、記号の体系と事物の体系との間の構造的同型性を引き合いに出すことで説明する。1677 年 8 月の対話篇では以下のように述べられている。

推論をするために記号を用いることができるとするなら、その記号の内には何らかの複雑な位置関係や秩序があります。これが事物のあり方に適合しているのです。一つ一つの言葉が事物と適合していることはない（これが適合しているならそれに越したことはありませんが）としても、少なくとも言葉の結びつきや変化の仕方は事物の側と合致しているのです。この秩序は、言語によってそれぞれ異なってはいても、何らかの仕方で互いに対応しているのです。[……]記号自体は恣意的であっても、その記号の用い方や記号同士の結合には恣意的でないものがあるからです。つまり、記号と事物との間の一種の相応と、同一の事物を表している異なった記号同士の関係は恣意的ではないのです。そしてこの相応や関係が真理の基礎なのです。　　　　　　(A. VI, 4, 24 = I, 8, 15-6)

言葉の定義が本来恣意的であることを根拠に真理の恣意性を主張するホッブズに対する反論として、ライプニッツは、事物の体系と記号の体系は同型であり、したがって、われわれの記号法によって得られた真理は実在的な基礎を持つと考えるのである[13]。

　では、幾何学に関してはどのように考えられるのか。ここで、1 節で触れた永遠真理の条件についての議論を思い起こしたい。この条件は、永遠真理を構成する多様な観念が神の知性という領域に存在することとして理解された。しかし、人間精神が神の知性にアクセスするためには両者を媒介するものが不可欠である（直観による観念獲得という方法をライプニッツは認めない）。ではその媒介物とは何か。1675 年のシモン・フーシェ（Simon Foucher）宛書簡においてライプニッツは以下のように述べている。

　その特性を備えた円の本質は、存在し、永遠であるものであります。つまり、

13　ただし、より正確に述べると、初期のライプニッツの記号に対する態度には、記号を用いることの利点を最小限に見積もる見解と最大限に認める見解との間での揺れが見られる（Dascal［1987 pp.73-5]）。

円について注意深く考える人たちに同じものを発見させるようなわれわれの外部にある何かが常に存在するのです。これは、この人たちの考えがお互いに一致するという意味においてだけではなく（なぜなら、このことは人間精神の本性にのみ帰せられ得るものであるからです）、ある円の現れがわれわれの感覚を刺激するときに、現象ないし経験がその考えを確証するという意味においてです。こうした現象は必然的にわれわれの外部に何らかの原因を持つのです。

(A. II, 1, 388)

懐疑論者フーシェは、数学や論理学の真理のような必然的真理についても、それが述べていることは、実質的には、同一性の公理や定義を仮定した上でのそれらからの帰結でしかなく、したがって必然的真理も仮定的真理と同じく「PならばQである」という形式を取ると主張する。外部世界についての知識も、外部世界の存在を仮定した上で成立するものであり、それゆえに知識の確実性にも留保が付けられる。こうした懐疑論的主張に対して、ライプニッツもまた、必然的真理は同一性公理と定義とを措定した上での論理的帰結を述べているものであるとする見解には同意する。さらに、仮定的真理が「Pならば、Qである」という形式を持つものであることも認める。しかし、これらの点から外部世界の存在を否定し知識の地位を損なわせるような結論を導出する議論に対して、ライプニッツは反駁を試みるのである。事実の第一真理としてライプニッツは「私は考える」と「私によって多様なものが考えられる」の二つを挙げているが（A. II, 1, 388/GP. IV, 357）、思考に多様なものが与えられることの原因を思考の主体自身に求めることはできない。なぜなら、「同一の事物が、自分自身における変化の原因ではあり得ない」（A. II, 1, 390）からである。したがって、現実にわれわれはさまざまなものを表象し、思考する以上、それらの表象や思考が生じる原因が外部には存在しないと結論付けることは不合理である。かくして、多様なものの領域がわれわれの外部に確保されるとライプニッツは考える（cf. 石黒［2003 196頁］）。

　上の引用はこうした文脈で理解されなくてはならない。かくして、この書簡をライプニッツが幾何学的真理の認識論的起源について語っているものと解釈した上で、次の三つの論点を取り出すことができる。

第1章　ライプニッツにおけるユークリッド幾何学の基礎　　29

- (1) 幾何学的対象についての真理は、「われわれの外部」に根拠を持つ。
- (2) 幾何学的真理の発見を可能とするのは人間精神である。
- (3) 幾何学的真理の根拠としての「われわれの外部にある何か」が、感覚を刺激し、幾何学的真理を確証させる。

フーシェ宛書簡における「われわれの外部にある何か」とは、事実の第一真理として人間に与えられる「多様なもの」を指すと考えられる。人間は神の知性の領域にある円の観念を無媒介的には得ることができない。しかし、円の観念は、円が実際に描かれたり想像されたりすることで人間精神に対して立ち現れ、人間は表象作用によってそれら円の現象を捉えることができる。円は人間に対してさまざまな仕方で現象するという事実から、ライプニッツはそれらの現象の原因が存在しなくてはならないと考えるのである。[14] 言い換えれば、人間知性は、人間の外部にある多様なものを通じて円の観念を得ることができる。これが (3) の主張である。そして、この多様なものの領域こそが幾何学的真理の条件として神の知性において措定されるべきものなのである。すなわち、永遠真理が成立する条件として (1) が仮定されなくてはならないのである。[15]

　以上の議論から、ライプニッツが幾何学的真理を〈人間精神－多様なものの領域－神の知性〉という三つの要素に基づいて理解していることが明らかになった。今度はこの三つの要素の間の繋がりについて考える必要があるが、人間精神と多様なものの領域との間の繋がりの認識は、後者が具体的な図形や想像された図形として人間に立ち現れ、精神に表象をもたらすことによって確保される。では、この両者に対して神の知性はいかなる関係に立つのか。幾何学の真理の認識論的基礎を明らかにするためには、この点が解明されなくてはならない。

14　この「われわれの外部にある原因」は、単純に外部世界に限定して解してはならず、諸観念の多様な領域と解さなくてはならない。

15　本章1節での永遠真理の条件に関する議論を関連させるならば、本文で参照したフーシェ宛書簡における議論において提示された多様なものの領域の存在証明から、公理としての同一性の身分についての考察を経て、神の知性に観念が存在すること自体は条件として措定するほかないことを自覚するに至ったのが『人間知性新論』であると言うことができるだろう。多様なものの領域を人間精神の外部に位置付けたのが初期の帰結であり、そのうち永遠真理の認識をもたらす領域については神の知性に位置付けたのが『人間知性新論』であると整理することができる。

まず、神の知性が永遠真理の観念の領域であるとはどういうことなのかを確認しておく。1677 年秋の『観念とは何か（Quid sit idea）』においては、観念は、精神において事物を思惟する能力として解されている。そして、精神が事物を思惟することが事物の表出（expressio）と等値される。事物を表出するとは、「事物の内にある諸関係に対応する諸関係を自分の内に持つ」（A. VI, 4, 1370 = I, 8, 21）こととされ、射影図による立体の表出や代数方程式による円の表出などが例として挙げられている。事物の内にある諸関係と対応する諸関係がどのようなものであるのかに関しては、関係の類比のみ保証されれば、あとは「自由裁量」に委ねられるというように、多様な関係の表出が可能であると主張されている。ここから、幾何学的真理を構成する観念を人間が得るとは、当の真理を人間精神が思惟することができること、すなわち、記号を用いて幾何学的真理を表現することができることを意味することが見て取れる。したがって、神の知性における永遠真理の観念の措定とは、神によるこのような能力の人間精神への刻印と同義であり、これは永遠真理の認識の根源を人間精神に生得的に与えられている理性に求める立場とも整合する。実際、1702 年のゾフィー・シャルロッテ宛書簡では以下のように述べられている。

　　このように考察すると、われわれと共に生まれた光があるということが認識できます。なぜならば、感覚と帰納法とによっては、われわれは真に普遍的な真理や絶対的に必然的なものを決して把握できず、ただ現に存在するもの、個別事例として見出せるものしか把握できないし、またそれにもかかわらずわれわれは科学において必然的で普遍的な真理を認識し、この点でわれわれが動物に勝っているのだから、これらの真理をわれわれは自らの中にあるものの一部から引き出したのだということになるからです。したがって、ソクラテスのやり方に倣って、子どもに質問だけをして何も教えず、また問われている真理について試させることもせずに、真理まで導くことができます。このことは、数やそれに近い事柄についてはたやすく実行できるでしょう。

（GP. VI, 505-6 = I, 8, 114）

　このように、神の知性が永遠真理の領域であることは、人間精神からは離散

する領域に観念なり概念なりが存在しているという、いわばイデア論的な見解として素朴に解してはならず（もしこう理解してしまうと、直観による認識という認識方策を認めざるを得なくなるが、これはライプニッツにおいては排除されている）、むしろ、人間精神が有する内発的機能としての認識の「能力」が作用し、かつ、人間精神による対象の把握の仕方に多様性を認めるというような「自由裁量」を許容する表出が実現するような場を想定するものとして理解されなくてはならないのである。幾何学に関して言えば、そのような場が多様な表象の領域であると考えることができる。[16]

　では、以上の議論を踏まえた上で、人間精神が幾何学的真理を認識する仕組みについて改めて考えてみよう。われわれは通常、ユークリッド幾何学の定理を図形を用いて証明する。まず定理として述べられる文に現れる図形を実際に描き、さらに補助図形を描き加えるなどして、定理において証明されるべき事柄が成立することを示す。ユークリッド幾何学における証明は、自然言語である文と数学記号と図形を組み合わせて遂行されるものである。[17]すなわち、証明では多様な種類の記号が用いられるのだが、図形を用いることは、証明をより直観的に認知できるようになるという利点を持っている。しかし、1節でも触れたように、こうして証明された定理はあくまでも実際に描かれた図形にのみ該当する定理であるとも見なすことが可能であるため、幾何学の定理として求められる一般性や必然性をこの証明過程から説明することが必要となる。ライプニッツは、人間精神と神の領域の間の通路を確保することでこの問題に答えようとするが、こうした立場が、実際の幾何学の証明においていかにして具現化しているのかを検討しなくてはならないだろう。

　1689-90年の『論理 - 形而上学的原理（Principia Logico-Metaphysica）』においては、「自然においては、ただ数的にのみ異なる二つの個体的実体というものは存在しない」（A. VI, 4, 1645）と述べられている。これは、個体の占める位置

16　幾何学的対象としての図形はイデアでもなく単なる可感的事物でもない、両者の中間的性質を持つという指摘はアリストテレスまで遡ることができる（『形而上学』987b14-18. cf. 神崎［1999 110頁］）。

17　ここでは単純化して述べたが、実際は『原論』の論証は文を用いた推論と図形を用いた推論という二つの異なる種類の推論を用いることが求められる複雑なものである。詳しくは稲岡［2014］を見よ。また、第5章2節も参照。

ないし場所が外的性質（それ自体は個体には属さない性質）であることと不可識別者同一の原理とから導かれる帰結である。したがって、厳密な意味において相似である三角形は自然界においては存在せず、経験的対象としての図形と幾何学的対象としての図形との間には隔たりが生じることになる。ライプニッツは、図形の質料的側面を捨象し、形相的側面のみに着目することによって、三角形の相似が認められるとする（Lorenz［1969］，松田［2005 202 頁］）。「完全な相似は不完全ないし抽象的概念においてのみある。これらの概念においては、事物はすべての点ではなく、ある特定の点からのみ考察される。たとえば、われわれが図形をある点でのみ考察するとき、図形の質料は無視しているのである。かくして、幾何学において二つの相似する三角形について考えることは正当である。質料的に完全に相似な二つの三角形はどこにもあらわれないにもかかわらず」（ibid.）。すなわち、対象の持つ性質の一部を忘却するという抽象作用が働くことで先の隔たりは埋められ、経験的対象としての図形は幾何学的対象としての身分を得るのである。そして、個別三角形について証明された定理が三角形一般について妥当するのは、個別三角形が抽象され、三角形一般に妥当する性質のみに依拠して証明が遂行されるためであると考えることができる。

　この抽象作用について更に立ち入って検討しよう。1686 年に書かれた論理学に関する論文である『概念と真理の解析についての一般的探究（Generales Inquisitiones de Analysi Notionum et Veritatum)』において、ライプニッツは、実際に知覚経験された対象から、それに相似する対象の存在の可能性を認識するに至る過程について語っている。無矛盾な対象 A の可能性が経験的に認識されるのは、「A が現実に存在する、あるいは存在した、したがって可能であること、あるいは少なくとも A に似たものが現実に存在したこと」（A. VI, 4, 759 = I, 1, 172）が認識される場合である。シュップはこの一連の過程において働いている作用を「相似性原理」と名付けるが（Schupp［1982 p.233］）、これは幾何学的対象を与える原理としても考えることができる。抽象的対象は、対象を対象として同定するために十分な規定を含まないために、完全概念としての個体的実体のようには個別化することができないという意味で不完全概念である。しかし、抽象的対象としての幾何学的対象は、上述の通り種概念としての「共通名辞」を持つことにより、種のレベルでの個別化が可能となり、した

がってその対象としての存在の可能性が保証されるとライプニッツは考える。[18]「ひとつの球が存在すれば、任意の球が可能であると正しく言うことができる」(ibid.)。具体的に与えられた球を構成する観念のうち、球の本質に属する観念を取り出して対象化するのが相似性原理の機能である。たとえば、具体的な球の色や大きさといった属性はこの原理によって捨象されることになる。こうして、多様な表象の領域から得られた球の観念から抽象的対象としての球の存在が導出される。ライプニッツはこれを一般化して、人間によって表象可能であるものは可能的存在としての身分を持つとする。現実に経験される、ないし、想像される図形から得られた円の観念は、幾何学的対象として存在することができる。ひとたび幾何学に対象が与えられれば、理性が計算を行うことにより幾何学の命題の証明が可能となるのである。[19]幾何学的対象が人間精神によって得られるのはこのような仕組みによってなのである。[20]

　神の知性の領域にある永遠真理の観念を人間精神が獲得するという枠組みはライプニッツが幾何学研究を本格的に始める以前の時期から見られるものである。たとえば、1675 年 12 月の『精神・世界・神について (De Mente, De Universo, De Deo)』においてライプニッツは以下のように述べる。

　　かくして、われわれの内には、すべてを同時に考える神の内にあるような円の観念はない。われわれの内には円の像 (imago) があり、そして、円の定義があ

18　1686 年 7 月のアルノー宛書簡では「あるものを可能的と呼び得るためには、その概念が、神の知性においてしか存在しない場合であっても、その概念を形成することができると言うだけで私には十分です。そして可能的なものについて語る際、それに関して真の命題をつくることができればそれでよいとします。たとえば、完全な正方形はどの世界にも存在しないのですが、だからといってそのような正方形を考えたところで少しも矛盾を含まないと判断することができるように」(A. II, 2, 51 = I, 8, 270) と述べられている。具体的個体について語るように抽象的対象についても語ることができる条件として、そうした対象が「矛盾を含まない」ことが示される必要があるとライプニッツは考える。では、「矛盾を含まない」ことはいかにして示されるのか。以下で述べるように、幾何学的対象の場合は、作図法を与えることがその方法の一つである。対象が作図可能であることはそれが幾何学的空間においての存在者として見なすことが可能であることを意味しているが、図形に依拠した対象導入の利点はこの点にある。

19　この一連の抽象作用が直面する難点と、ライプニッツによるその克服については次節を参照。この点にこそユークリッド幾何学と幾何学的記号法との決定的な違いがある。

20　もちろん、こうした立場は、幾何学的真理の必然性の根拠を神の知性における観念の存在に求める点において、経験主義とは異なるものである。

り、円を考えるために必要な事物の諸観念がある。われわれは円について考える。われわれは円について証明する。われわれは円を認識する。円の本質はわれわれに知られる。しかし、部分的に、である。もし、われわれが同時に円の持つ本質すべてを思考することができるならば、われわれは円の観念を持つであろう。 (A. VI, 3, 463)

神の知性において存在する円の観念が何かを媒介とすることなく直接、人間の思考対象として与えられることはない。その代わり、円の像や円の定義を用いて人間は円の観念を認識することができる。人間精神が得た表象群が両立可能であれば、それらの表象の原因が存在することを知ることができると考えてもよいとされる（A. VI, 3, 464）。こうして、観念を記号化して観念間の整合性から必然的真理の認識に到達することができるのである。

　では、以上で述べられた幾何学的真理の認識過程と幾何学における記号の役割との関連はどのようなものなのか。ここでライプニッツの定義論を参照する必要がある。どのような学問においても、対象の存在や対象が有する性質はまずは定義として与えられる。したがって、定義の恣意性を根拠に真理の恣意性を主張するホッブズの批判に答えるためにも、定義項と被定義項との関係が正当なものであること、すなわち、定義によって事物の体系が記号の体系に表出されていることを保証しなくてはならない。ライプニッツは定義された概念の可能性に疑いの余地が残るような「名目的定義」と、被定義項の可能性が認識される類の定義である「実在的定義」との区別を設け、さらに、被定義項の可能性がア・プリオリに示される場合の実在的定義は因果的であるとする（A. VI, 4, 1569 = I, 8, 187）。たとえば、「最大の数」という概念は、確かに理解可能であるが、矛盾を含むために、名目的定義でしかない。定義に関するこの立場と上述の相似性原理とを合わせて考慮すると、幾何学的対象は図形であるが、その存在が正当化されるのは、われわれが実際にその図形を作図することが可能であるとき、かつ、そのときのみである、と考えることができるだろう。言い換えれば、人間は図形の作図法を与えることでその図形を幾何学的対象として構成し、認識することができる。正千角形の認識は正千角形の作図を与えてはじめて十全なものとなる（cf. A. VI, 4, 587 = I, 8, 28）。無矛盾性が形式的に証

明された対象は、確かに思考可能ではあるが、それだけでは幾何学的対象としての身分を持つとは言えない。無矛盾でありかつ表象可能（作図可能）であることが幾何学的対象にとっては必要十分なのである。このように、幾何学において用いられる記号としての図形は、推論の素材を提供するだけではなく、幾何学的対象を構成するという役割も担っているのである。

　次いで、ユークリッド幾何学と幾何学的記号法との相違点を浮かび上がらせるためにも、ライプニッツが作図に担わせている役割を正確に提示しなくてはならない。作図による幾何学的対象の正当化という手法はユークリッドの『原論』において既に見られるものであり、[21] その意味ではライプニッツも『原論』以来の伝統に属すると判断できる。『原論』では、目盛りのない定規とコンパスによって可能な作図が公準という形式で明示的に述べられているが、この公準の組み合わせによって対象が構成される。少なくとも非ユークリッド幾何学の登場までは、幾何学と作図は分離できない関係にある。しかし、ライプニッツは作図法自体を主題とする考察を残してはいないものの、ユークリッド幾何学における対象構成を根拠付ける操作として作図を捉えていると考えることができる。[22] 実際、ライプニッツは以下のように述べている。

　　理性の方法における真の主人である幾何学は、定義から引き出す証明が生れるためには、定義において取られている概念が可能であることを証明ないし少なくとも措定する必要があると見られている。まさにこの理由でユークリッドが、円が、中心と半径が与えられた円を実際に描くことにより、可能なものであるとする公準を取ったのである。
　　　　　　　　　　　　　　　　　　　　　　　　　　　　　　　　（GP. IV, 401）

この引用からもわかるように、ライプニッツは幾何学的対象の実在的定義をその対象を作図することとして捉えている。対象を図形として描くことにより対象が構成されるが、図形上で作図操作を更に繰り返すことにより幾何学の命題

21　もっとも、『原論』における対象構成に関しては、単純に作図と対象構成を同一視することはできないとする解釈もある（たとえば Harari ［2003］）。

22　1674 年に書かれたと推定される『作図について (De Constructione)』という資料があるが、ここでは、幾何学的記号法ないし位置解析が扱われてはいないものの、代数と幾何学とを総合させるという後の幾何学的記号法に通じる理念が強調されている (A. VII, 7, 3-18)。

が証明される。ただし、作図固有の機能は対象の可能性を保証するという点に
尽きる。幾何学的対象は実際に紙の上に作図された図形ではなく、あくまでも
描かれた図形の特殊性や個別性を捨象した理想的図形であるが（ハーツホーン
［2007 28頁］）、ライプニッツも幾何学的真理は「可能的なもののみに関与す
るために恒久的（perpetuelles）」（NE3-3-19 = A. VI, 6, 296 = I, 5, 42）であると考え
る。永遠真理が成立する条件として、神の知性という領域を想定することの意
義はこの点にある。すなわち、幾何学的真理を認識するために作図を用いるこ
とは、視覚に訴えた明証性を持つという点に強みを持つが、ライプニッツが作
図を評価するのはこの点においてではなく、あくまでも神の知性にある幾何学
の観念を与えてくれる媒介物として有効であるという点においてなのである。
このことは、ライプニッツが以下のように述べていることからも理解できる。

> 論証の力というのは、描かれた図形からは独立しています。図形は、言いたい
> ことや注意を向けたいことの理解を容易にするためのものにすぎません。推論
> を構成するのは普遍的命題です。つまり、定義と公理と既に論証された定理な
> のです。しかも、推論に図形がたとえないとしても、それらが推論を支えてい
> るのです。そういうわけで、シュベリウルというある学識ある幾何学者は、ユー
> クリッドの図形を、当の図形とそれに付加された論証とを結びつけうる文字な
> しに呈示しました。　　　　　　　（NE4-1-9 = A. VI, 6, 360-1 = I, 5, 131-2）

幾何学における作図の役割としてライプニッツが考えているのは、図形が実在
的ないし因果的定義として機能することにより幾何学的対象の存在を保証する
点と、図形が定理の証明を容易にする点の二つである。前者は、永遠真理の成
立条件として措定されている多様な表象の領域から実在的定義を通じて対象の
存在可能性を保証するという記号の形相的側面に立脚した機能であり、後者
は、幾何学的真理を人間精神に伝えるという記号の質料的側面に着目したもの
である。そして、この二つの役割は図形に固有なものではなく、他の媒体と代
替可能であることをライプニッツは認識していた。こうして、単に作図可能で
あれば対象の導入として必要十分であるとする『原論』の立場を、ライプニッ
ツは、自らの形而上学の内部で再解釈しているものと考えることができる。す

なわち、作図に対象導入の機能を負わせている点にユークリッド幾何学の特徴があるとライプニッツは捉えていたのである。

以上のようなライプニッツのユークリッド幾何学に対する見解のうち、自らの幾何学においては克服されるべきであるとされる、作図が持つとされる対象の正当化機能に関して、「表象群の両立可能性」とは論理的な手続きのみによって保証されるものではなく、むしろ直観や視覚的イメージに訴えることなしには確認できないものであるという点を強調しておきたい。たとえば、平行線公理の正当性はわれわれが空間に関して保持している直観的理解に強く訴えかけるものであるし、実際、「二つ以上の点で交差する直線」というものをわれわれはうまく思い浮かべることができない。したがって、論理的公理としての同一律のみでは幾何学的対象を構成するに十分な「表象群の両立可能性」を保証することは難しいと思われるのである。

ライプニッツ自身がこうした特徴をそれとして自覚していたかどうかは、判断が難しい。仮に、すべての公理に証明を要求する立場をライプニッツが徹底していれば、平行線公理の独立性に何かしらの仕方で気づき、非ユークリッド幾何学の発見に到達することも可能性としては否定できないだろう。ライプニッツの幾何学的記号法に非ユークリッド幾何学の可能性を認めることができるかという問題は第2章で取り上げるが、ここでは、表象の整合性は、それなくしては幾何学上の認識がそもそも認識として成立し得ないという意味において幾何学の超越論的条件として捉えることができることを強調したい。繰り返すが、幾何学における「表象による表出」を、図形的、空間的、視覚的表象に限定して理解するべきではない。ライプニッツは代数方程式のように、視覚に訴えずに図形を表象する媒体にも表出機能を負わせている[23]。確かにある場合には表象の整合性が視覚的にのみ認知されることもあろう。しかし、あくまでもライプニッツが重要視したことは、定義が適切に空間を表出することであり[24]、この事態を称して「表象の整合性」と呼んでいるのである。もし、この

23　もちろん、記号の質料的側面自体は無視できない。図形による認識も代数的方程式による認識も、記号的認識であることに相違はないが、相違がない限りにおいて質料的側面が見出される。この点についても第2章で述べる。

24　幾何学的記号法における空間がそもそも空間の表現としての資格を持つこと、そして、その空間表現がユークリッド空間のそれとなっていること、これらの点をわれわれの持つ直

整合性が崩れてしまうと、そもそも人間にとって幾何学上の知識を得ることが原理的に不可能となる。直観によって保証された整合性に依拠して幾何学を展開することには限界があるが、整合性を論理的整合性として捉えることで、数学の領域が拡張される（cf. 小林［2006 6頁］）。かくして、ライプニッツの幾何学的記号法は、空間のどのような性質をどのように表現するかという作業が中心となる幾何学研究であるとも言える。ライプニッツ自身は空間的直観を無自覚の内に保持していたことは否定できない。さらに、そうした直観的理解を誤謬の源泉として容易に捨て切れていないことも確かである。しかし、ライプニッツの定義の実在性にはこのような概念的含意が読み取れるのである。

　ここで、本節での議論を振り返っておく。本章ではこれまでライプニッツにおけるユークリッド幾何学の基礎に関する見解を再構成することに努めてきた。ライプニッツは永遠真理が成立するのはある条件においてであると考える。その条件とは、永遠真理を構成する観念が神の知性の領域に存在することであり、神によって人間精神に付与された永遠真理を認識する能力が両者を架橋する（ここまでは幾何学一般に妥当する論点）。幾何学的真理に関しては、多様な表象として対象が作図によって導入されるが、「相似性原理」によって実際に描かれた個別図形から理想的図形へ到達することが可能となる。こうした作図法による対象の定義は対象の可能性を表示するものであるため、実在的定義としての要件を満たしている（これはユークリッド幾何学に固有の論点）。ただし、ユークリッド幾何学の認識論的基礎をライプニッツ哲学の内部でより正確に位置付けるためには、作図による対象正当化は、記号の形相的側面と質料的側面との双方が同一の契機において機能することで果たされるものであるという点を指摘しておかねばならない。先に引いた対話編では、「これ［言葉と事物］が適合しているならそれに越したことはない」と述べられていた。現実にはこのような適合を想定することは困難であるとライプニッツは考えていたからこ

　　　観的空間理解を参照せずに論証する必要があることをライプニッツは自覚していた。詳しくは第2章を参照。
25　ヴァイエルシュトラウスによる連続だが微分不可能な関数（たとえば $y = \sqrt{x}$ など）の発見が極限の厳密な定義を促したという歴史的事実を想起せよ。

第1章　ライプニッツにおけるユークリッド幾何学の基礎　　39

そ、事物間の実在的関係を記号により表現する方法を選んだのであるが、ユークリッド幾何学に限定すれば、記号としての図形が、対象表示の役割を担う。図形がもたらす視覚情報が人間精神に直接的に対象の性質を伝えてくれるという意味で、幾何学における図形は、ライプニッツの普遍記号法の理念からすれば理想的なものである。実際、ライプニッツは普遍記号法の記号としては、数学や論理学の記号のように、取り決めによって対象を表示するような記号だけではなく、絵文字やヒエログリフのように、表示する対象と直接の類似性を持つような記号をも想定していた。幾何図形は後者のタイプの記号であると考えられ、ライプニッツが積極的に活用してしかるべき類の記号である。さらに、記号の恣意性に起因する真理の恣意性というホッブズ的批判も図形を用いることによって回避することができるため、この点においても、図形を記号として採用することには積極的な利点がある。しかし、ライプニッツ自身はあくまでも幾何学における図形の使用には批判的であった。ではなぜライプニッツは図形の使用に批判的だったのか。以下ではこの点が解明されなくてはならない。

スピノザの『エチカ』が典型的であるように、近代哲学において幾何学はその論証形式において知識や議論のモデルとされたが、幾何学の独自性はこの点に尽きるのではない。数学的知識は、その論理的確実性ゆえに、さまざまな種類の知識の範型的知識とみなされているが、数学的知識の中でも、ユークリッド幾何学上の知識は、現実の物理空間についての妥当性を有することが求められているために、単なる論理的整合性のみによりその正当性を保証することはできない。他ならぬこの点にこそ、幾何学を代数や解析などから区別して論じることの正当性の一つがあるのだが、ライプニッツはこの点を十分に自覚していた。神の知性と記号と人間精神との関係のうちに幾何学的真理の源泉を見出すライプニッツの思考は、第5章で述べるように、「幾何学が幾何学である所以を考察する道具立てを提供する幾何学」という観点をライプニッツにもたらす契機ともなっている。表出概念と記号の認識に依拠した認識論（cf. 岡部 [2001]）を軸にしてユークリッド幾何学に切り込んでいくライプニッツは、やがて幾何学を刷新する必要があることに気付いたと言ってもよい。そこで、次節では、ユークリッド幾何学から幾何学的記号法へと至る過程を描き出す。

1.4 ユークリッド幾何学から幾何学的記号法へ

　前節まで検討した幾何学の基礎に関するライプニッツの思考は、あくまでもユークリッド幾何学に関してのものである。ライプニッツ自身は幾何学についてのこうした思考に批判点、すなわち、作図法による対象構成や図形を用いた証明は認めることができないという点を見出し、克服しようとする。その結果、幾何学的記号法においては図形に依拠することは想像力の濫用として排除されることになった。では、幾何学的記号法の着想が生じる契機、言い換えれば、ユークリッド幾何学に対してライプニッツが抱いていた決定的な批判とは何だろうか。ライプニッツ自身がユークリッド幾何学と幾何学的記号法の自覚的に区別している痕跡が現在アクセスできる資料上からは認め難いため、直接的な契機をライプニッツの幾何学研究関連の資料の記述に求めることは難しいように思われる。むしろ、ユークリッド幾何学についての批判的検討と幾何学的記号法の開発が同時に練り上げられつつ進められたと考えるのが妥当であろう。しかし、ライプニッツにとって両者の幾何学の決定的な違いはどこにあるのかという論点を考慮に入れなければ、ライプニッツの幾何学的記号法はユークリッド幾何学を批判的に改良した幾何学であるという、それ自体は誤りではない理解にとどまってしまい、両者のより正確な相違点は覆い隠されてしまうだろう。この点に注意をすべきであるのは、『人間知性新論』における永遠真理の条件についての議論がユークリッド幾何学を例に挙げてなされていることや、ユークリッド幾何学における図形使用に対する批判がもっぱら記号の質料的側面に限定されたものである点からも理解できる。しかし、記号の形相的側面にユークリッド幾何学と幾何学的記号法との決定的な違いがあると考えることができる。そこで本節では、ライプニッツの思考におけるユークリッド幾何学から幾何学的記号法への移行の足跡をできる限り明示してみたい。そして、ライプニッツにとってユークリッド幾何学と幾何学的記号法が袂を分かつ点はどこにあるのかを解明することを目指す。

　まず、「想像力の濫用」とはいかなる事態を指すのかを探ってみる。ライプニッツは『幾何学的記号法』において以下のように述べる。

想像力による以外描写がなされず、また言葉以外の記号が使用されないとして
も、精神がこれらすべてを把握することは困難ではない。しかるに、連綿と続
く推論においては、従来考えられてきたように言葉が十分に正確であるわけで
はなく、また想像力が抜かりなく働くわけではないので、幾何学者は今までは
図形を使用した。しかし、図形というものはとかく描くのに困難であり、たと
え時間をかけて豊かな思想を盛ったつもりでも、点と線の大集団となり果て、
図式の混乱は免れない。 (GM. V, 147 = I, 1, 327)

確かに、ライプニッツの時代の数学書を紐解けば、「点と線の大集団」の様子
を容易に見て取ることができるだろう。この時代の印刷技術の水準や数学の記
法の整備具合等を考慮すると、図形を使用して幾何学の研究を行うよりは、代
数的計算によって作図が可能となる記号法を開発するという着想をライプニッ
ツが抱くのは不自然なことではない。こうした実践上の事情に加えて、すべて
の公理に対して証明を求める哲学的態度や記号と想像力の関係に関する見解も
また幾何学的記号法の動機付けには加わっている。前者についてはよく知られ
ているが、後者については先行研究でも十分に指摘されているわけではない。
以下は、この側面を幾何学の公理化という観点から考察したい。

　ジェスティはライプニッツの幾何学的記号法を、ヒルベルトの『幾何学の基
礎（*Grundlagen der Geometrie*)』（1899 年）のような公理的幾何学の端緒として
積極的に評価している（Guisti [1992]）。また、エチェヴェリアも幾何学的記号
法の現代性の一つとして公理的手法の導入を挙げている（Echeverría [1995
pp.36-40]）。両者共に、図形同士に成り立つ関係を公理として表現した上で、
公理からの演繹によって幾何学の定理を証明しようとするライプニッツの試み
を念頭に置いた上でこうした評価を与えているのだが、公理的手法自体はユー
クリッドの『原論』において既にかなり整備された仕方で導入されているため、
この点に幾何学的記号法の特質を見出すことは難しい。むしろ、幾何学的記号
法がユークリッド幾何学に対して優位にある点は、記号法が空間の数学的分析
をより綿密に行うことを可能にするところにあると考えられる。ライプニッツ
は以下のように述べる。

しかし、このような図形の点を表す文字の使用によってかなりの図形の特性が表示されることに気付いたとき、任意の図形の点の関係すべてが同一の文字によって表示されるのではないか、したがって、全図形が記号的に提示されるのであるまいかということを認識し始めた。何回もの線の作図によってかろうじて与えられる、むしろほとんど与えられないものがこの文字の配置と置き換えのみで発見されるだろう。　　　　　　　　　　　　　(GM. V, 142 = I, 1, 320)

この考察は、他の推論では証明することが困難である真理を容易に証明する方法を与えるものであるが、さらに、新しい種の計算法をわれわれに開示してくれた。それは代数的計算方法とはまったく異なる計算法であり、記号において、あるいはまた記号の用法あるいは演算においても新しい計算法である。だからこれを位置解析と呼ぶのがよい。なぜならば、それは位置を正しくかつ直接的に明らかにして、図形が描かれていなくても記号によって精神の中に表現されるようにし、経験的な想像力が図形から何を想像するにしても、それを計算において記号を用いつつ確実な証明によって導きだし、また、想像力によっては到達し得ない他のすべてを追求するからである。　　　　(GM. V, 182-3 = I, 3, 54)

ライプニッツの表出論においては、同一の対象を表現する体系には複数あることが想定されているが、体系間には、表現される真理の外延が一致するという点以外での優劣があると捉えるのが自然であろう。実際、ライプニッツがユークリッド幾何学に限界を見出しているのはこの点である。確かに図形を用いて空間を分析することで数多くの成果が得られるが、文字を用いることでさらに精密な空間理解がもたらされることをライプニッツは幾何学的記号法に期待していると考えることができる[26]。そして、公理的手法の導入とは、ユークリッド空間を分析し空間の持つ性質を分節化して、ユークリッド空間の成立要件となる性質を割り出す過程から導かれた帰結として捉えられることを以下で確認したい。

26　空間の数学的分析、すなわち、数学の言語を用いて空間をより精密に記述する試みが大きな進展を遂げる契機として、ユークリッド幾何学の批判的検討と無限小解析との二点があると考えられる。後者に関しては第4章で取り上げるが、ここでは前者の点について触れる。

第1章　ライプニッツにおけるユークリッド幾何学の基礎　　43

ライプニッツは1679年の草稿（無題だがエチェヴェリアにより『正三角形の作図(Constitutio Triangulum Aequilaterum)』という題が付されている）において、ユークリッドの『原論』における正三角形の作図法を批判的に検討している。正三角形の作図法は『原論』の第1巻命題1に登場するが、まずライプニッツ自身による説明を見ておこう。

　　　その一辺の位置が与えられているような正三角形を描くこと。これは次のように進行しなくてはならない。直線が与えられた同じ平面上に、その中心を直線の端に取り、半径が直線に等しいような二つの円を描くこと。この二つの円はある一点において交差し、その点から直線の二つの端へと直線を二本引く。こうすることでわれわれは求める正三角形を得る。　　　　　　　　　(CG, 266)

　この作図法は本質的に『原論』におけるそれと同一のものであるが、ライプニッツは直後の箇所で以下のようなコメントを付け加えている。

　　　この二つの円が交差することを示す必要がある。　　　　　　　　　(ibid.)

この指摘は数学的に正当なものである（A. VI, 4, 705 = I, 10, 250 にも同じ指摘が見られる）。なぜなら、実数平面上であれば常にこのような交点は存在するが、有理数平面上では交点の座標に無理数が含まれるために、交点を取ることができないからである。したがって、ライプニッツの述べるように、何らかの形で交点の存在を証明するか公理により保証するかしなければならない。実際、交点公理のような公理を採用しなければ交点の存在を保証することはできないのである（cf. ハーツホーン［2007 115 頁］）。図形を用いて円の交差を考察する限りではこうした数学的成果に到達することは困難である[27]。ライプニッツはこうしたユークリッド幾何学において見落とされている点を鋭く察知し、空間のどのような性質がどのような性質に依存するのかを解明した上で、記号法化するようになるのである。交差円の問題と関連する例をもう一つ挙げておこう。

_____

27　もちろん、こうした指摘を「ユークリッド『原論』自体の不備」と断定することは時代錯誤的でもあろう（エウクレイデス［2008 188 頁］）。

1677年の草稿『幾何学的記号法』[28](CG, 50-64) においてライプニッツは以下のように述べている。

中心から同じ間隔の二つの端点から描かれた円は互いに交差する（なぜなら、一方の円の周は他方の円の中心を通り、したがって、円周は他の円の内側にあり、そして確かに外側にもあるため、この円は他方の円とどこかで交差するのである）。 (CG, 60)

図形の交差は図形の内部、境界、外部といった概念を適切に定義して初めて成立する性質であるが、ユークリッドの『原論』においては暗黙のうちに仮定されていたこうした点をライプニッツは公理（いわゆる「連続性の原理」cf. Hayashi [1998 p.65]) として明示する。『正三角形の作図』でも、ライプニッツは「一方の円の中心が他方の円の円周上にあるような同じ平面に位置する二つの円は交差する」(CG, 264) と述べ、続けて図形の内部、境界、外部を定義している。こうした一連の取り組みは、ライプニッツがユークリッド幾何学を補完する試みに他ならないが、幾何学的対象間に成り立つ性質の論理的含意関係を明示して定義と最小限の公理を用いて体系化することに直接的な脈絡を持つという意味で、幾何学的記号法の開発の契機としても捉えることができる。もちろん、ライプニッツにとっては公理もまた証明されるべきものであり、無条件に仮定できるのは同一律のみである。したがって、ライプニッツは公理系の整合性を示すために概念の再定義を試みるという方法を選ぶ。こうした作業が含意する哲学的内容については次章以降で触れるが、ライプニッツはいわば設計図としての定義が実装可能であることを定義の実在性として常に重要視する[29]。ヒルベルト自身が述べているように（ヒルベルト [2005 13頁]）、ヒルベルトの幾何学の公理化は空間の直観的理解の分析として捉られるべきであるが、

---

28 1679年の同名の草稿とは別の草稿である。

29 円の交差の問題もまた、図形同士の位置関係を適切に定義した上で説明できるものであることにライプニッツが気付いたのはロベルヴァルの影響であるという指摘がある（Hayashi [1998 p.65]）。『原論』第1巻命題1は歴史的には長く議論され、註解されてきたが、ライプニッツは、それまでの註釈者とは異なり、この命題に限定した改良案の提示にとどまることなく、空間一般の特性の考察に向かっている（De Risi [2016b]）。

第1章　ライプニッツにおけるユークリッド幾何学の基礎　45

ライプニッツの公理的手法もまた、幾何学的対象の性質をより精密に表現することが可能であるという記号の形相的側面において、ユークリッド幾何学にはない利点を有すると考えられるのである。

以上から、記号の幾何学への導入は、単に実践上の不都合や推論における誤謬を回避できるだけではなく、空間についての直観的理解を精密にすることを可能とするという意義を持つ。ライプニッツの幾何学的記号法は、記号の形相的側面においてユークリッド幾何学よりも優れたものであると考えることができる。

1.5 本章のまとめ

本章の考察をまとめておきたい。本章の中心課題は、ライプニッツがユークリッド幾何学の認識論的基礎についてどのように考えたのかを明らかにすることであった。『人間知性新論』第4部第11章における、永遠真理が条件を持つという主張の詳細を、幾何学に焦点を絞って検討した。ロック的経験主義との対決である同書のこの箇所でライプニッツが直面している問題とは帰納の論理的正当化の困難であったが、ライプニッツ独自の解決として、神の知性に存在する幾何学的真理を構成する観念を、人間精神が記号法を用いて表出することによって幾何学的真理が認識されるという図式が提示された。次いで、人間精神による幾何学的観念の表出について、ライプニッツの記号に関する見解を検討しながら解明した。知覚の対象としての質料的性質と観念の伝達手段としての形相的性質とを合わせ持つ点に普遍記号法における記号の特性があると考えるライプニッツが、幾何学の記号としての図形に対しても、その有用性を認めていることを明らかにした。また、個別的図形から理想的図形を獲得する手続きである「相似性原理」が幾何学的対象の導入に際して重要な役割を担っていることを示した。名目的定義と実在的定義の区別が幾何学においては、作図による対象導入として取り入れられていることが明らかにされた。

以上で整理されたのはユークリッド幾何学についてのライプニッツの見解である。しかし、作図法の利点を全面的に活用するユークリッド幾何学をライプニッツは批判している。したがって、次に必要な作業は、こうして再構成され

たユークリッド幾何学の認識論的基礎に対するライプニッツの批判がどのようなものであるかである。詳細は次章で述べるが、本章では、記号としての図形に依拠するユークリッド幾何学では獲得することが難しいと思われる空間についての性質にライプニッツが初期の頃から気が付いていた点を指摘した。これより、幾何学を、われわれが素朴に抱いている空間的直観ないし理解の精密化として捉える本書の着眼点をライプニッツ自身も保持しているものと考えられるのである。

第1章　ライプニッツにおけるユークリッド幾何学の基礎　　47

第2章

幾何学的記号法における対象の導入

　前章ではユークリッド幾何学に対するライプニッツの批判点を、人間精神は永遠真理をいかにして認識するのかという観点を中心にして明らかにした。ユークリッド幾何学を批判的に検討して構築した幾何学的記号法では、ライプニッツは、ユークリッド幾何学におけるような作図法に依拠した対象の導入という手法を採用することはできない。したがって、幾何学的記号法がユークリッド幾何学の代替理論としての資格を持つことを示すためには、神の知性において存在する幾何学の観念を人間精神が直観に依存せずにいかにして得るのかという問題に取り組まねばならない。この難題に答えるには〈記号〉が鍵となることにライプニッツは気付いていた。実際、ライプニッツは記号としての幾何図形の持つ特性を十分に自覚した上で幾何学的記号法を構想していると考えられる。

　そこで本章では、幾何学的記号法における対象の導入について検討する。そうすることで、幾何学的記号法がまさしく「幾何学」である所以がどこにあるとライプニッツが考えていたのかを明らかにしたい。まず、概念の構成に関するライプニッツの見解を概観する（1節）。次いで、幾何学的記号法の対象導入法に論点を絞り、ライプニッツのユークリッド幾何学批判の核心がどこにあるのかを示す（2節）。そして、ユークリッド幾何学の不備をいかにして克服するのかを見る（3節）。さらに、幾何学的記号法の特徴である関係概念の採用がライプニッツ哲学においてどのように跡付けられるのかを検討し（4節）、最後に非ユークリッド幾何学の問題について検討する（5節）。

49

2.1 ライプニッツの概念構成論

　概念ないし項の分析は普遍記号法の根本をなすとライプニッツは考えていた。すなわち、ある概念を、それを構成するより単純な概念に分析し、やがてはそれ以上分析ができない原始単純概念にまで達するまで続けて、今度はリストとして得られた原始単純概念に記号を割り当てて、任意の概念を記号によって表現することを目指すという、分析と綜合と呼ばれる作業が、普遍記号法には不可欠であるとされた。ライプニッツはこの探求をあらゆる学問領域において実行し、総合学としての普遍記号法を打ち立てることを計画する。当然ながら幾何学的記号法もこの計画の一環として構築されたものと考えなくてはならないが、まず本節では概念の分析と綜合についてのライプニッツの思考を本書にとって必要な限りで明らかにしたい。

　ライプニッツは 1666 年の『結合法論（Dissertatio de Arte Combinatoria)』の冒頭の神の存在証明の箇所で、公準として「任意の事物を同時に取り、それらを一つの全体としてあつかうべし」と述べている（A. VI, 1, 170）。ライプニッツはこの公準を全体と部分に関するメレオロジカルな観点で捉えている。この公準に続く箇所では、「部分」を「何か共通のものを持つと理解される多数の存在」とした上で、それら部分を列挙することができない場合（つまり、部分の数が無限個の場合）の短縮表現として「全体」が導入されている。すなわち、この公準は、ある対象が、$A_1, A_2, A_3, \ldots$ と無限個の部分から構成されている場合、この対象を名指すために X という縮約された表現の使用を認める、ということを意味しているのである。その性質が部分の列挙として示される対象の存在を認めるこの公準は現代の公理的集合論における包括原理（comprehension principle）と呼ばれる原理を想起させる[1]。包括原理とは、任意の性質について、その性質を満たす対象の存在を保証する原理であるが、ある性質を部分の列挙として捉え、その性質を満たす対象を「全体」として導入するという点においてライプニッツの公準に包括原理と同様の発想を見てとる

　　1　これは Burkhardt and Degen［1990］においても指摘されている。

ことができる。部分項による全体項の構成に際しては部分項の順序は不問とする、というライプニッツの見解もまた、この公準を集合論的に解釈することの正当性を裏付けるであろう[2]。また、1675年の『精神・世界・神について』においても同様の概念構成の方法を見てとることができる。この資料でライプニッツは既知の項を構成要素として新しい項が産出される仕方について考察している。たとえば、神の定義である「それ以上大なるものが考えられないもの aliquid quo majus cogitari non potest」について人間が考えるとき、この定義を構成する「ある aliquid」「それ以上大なる majus」「考えられる cogitari」「ない non」「できる potest」をそれぞれ別個に把握した上で、それらを、記号を用いて一つのものとして考えている。定義に含まれる部分概念の数が多すぎる場合は、精神はそれら観念群を一挙に把握することができない。したがって、ここでは記号の役割が重要視される。記号を用いてそれらの観念を表現すれば同時に把握することが可能である。かくして人間は神の観念を得るのである。ここからもわかるように、認識手段として有効である記号を用いて、部分の列挙に対する縮約表現として対象が導入されている。

　この枠組みに普遍に対するライプニッツの唯名論的立場を読み取ることができる（Loemker [1976 p.83. n.2], Mates [1986 pp.170ff]）。つまり、普遍としての「人間」は、個体の人間すべてを列挙したものに対する短縮表現と理解することにより、抽象項を用いることを認めながらも普遍項としての「人間」の実在は拒否するという立場である。確かに、上述の枠組み自体には、ライプニッツの強い唯名論的傾向を認めることができる。こうした考察の一方で、ライプニッツは普遍を言語哲学的に捉えてもいる。たとえば、『一般的探求』においてライプニッツはラテン語の名詞（たとえば「動物 animal」）から抽象項（「動物性 animalitas」）を得る手続きについて考察している（A. VI, 4, 777 = I, 1, 199）。これは『結合法論』における普遍項の構成とは異なる方法である。既知の項から新たな項を得る点では共通しているが、『結合法論』では普遍項が個別事例の集合と同一視されるのに対して、『一般的探求』では抽象項が具体項を記号操作することにより得られており、抽象項に対応する実在の存在はさしあたり問われていな

2　空間の数学的分析という局面に限定する場合、こうした対象構成法が仮定する空間観は、点 - 集合論的である。

第 2 章　幾何学的記号法における対象の導入　　51

い。しかし、手続き上の相違点はあるが、「動物性」をフレーゲが「概念」と呼ぶものとして、すなわち、「動物性」を、それを持つ対象の集合、すなわち、動物の集合と同一視して捉えることで、抽象項を普遍項として扱うことができる。ここからライプニッツの唯名論的傾向を導出することは確かに可能ではある。

　記号法の対象としての概念の導入に関するこうした唯名論的傾向は、ライプニッツが数学的対象の存在論的身分をどのように捉えていたのかを把握する手がかりとなる。たとえば、数の定義は「可能的事物についての定義」（NE4-7-6 = A. VI, 6, 409 = I, 5, 198）であるとされるが、経験的に与えられた事物の大きさをそれに同質な単位により測定することで量としての数が得られるという、1680-4年の『計算や図形なしの数学の基礎についての範例』や1715年の『数学の形而上学的基礎』などで述べられている手続きは、数が事物からの抽象として定義されているという意味で、算術の適用可能性の正当化も保証するものである[3]。また、自然数を類種関係やそれに基づく包含関係によって表現することはできないが、ライプニッツは、類種関係を乗除関係として捉え、自然数を素因数分解するように、素数を用いて表現することも試みている（A. VI, 4, 539 = I, 2, 13）。この手続きによれば、「15で割り切れる数の集合」が「3で割り切れる数の集合」と「5で割り切れる数の集合」に共通する集合であるとされ、包含関係による自然数の分類が可能となる（A. VI, 4, 286 = I, 1, 133）。こうした試みから、対象としての数が、可感的であるという意味においての実在性を有さないとしても、その定義自体は対象の実在性を保証するものであるとライプニッツが考えるには十分な根拠があると言ってよい。こうした立場を単純に唯名論と呼ぶことは適切ではないだろう。

　したがって、ライプニッツの概念構成論が唯名論的傾向を帯びるとしても、

───────

3　「ユークリッドの公理が、手の指に適用されたことについては、あなたが指について言われることを理解するのは、AやBに対してそれ［その公理］を考えることと同じくらい容易である、ということは認めたいと思います」（NE4-7-6 = A. VI, 6, 409 = I, 5, 198）。当然ながら事物からの抽象としての数という把握のみでは、個別に定義された数が、標準的な算術における自然数概念が満たすべき性質（順序構造など）を持つことを正当化できないが、ライプニッツは「後続する sequitur」を原始単純概念に含めており（Grua, 542）、再帰的な手続きにより自然数を定義してもいる。この議論については、Rescher［1955］、Fichant［1998 pp.308ff］、松田［2005］を参照せよ。

52

それは相当に限定された局面においてでしかないと考えられる。名目的に定義された対象をライプニッツは真正な対象として認めない以上、ライプニッツの唯名論の可能性は、個別化に関して「このもの性」を認めないという立場[4]に読み込む程度が妥当であろう。実際、上に見たように、数学のような抽象的対象を扱う学問領域については、類種関係に基づく対象構成や部分概念の列挙としての対象の導入という手続きのみでは対象の実在性を保証することはできない。では、幾何学的対象についてはどうだろうか。既に示唆したように、幾何学的対象の形式的導入に際しては、記号による形式的な対象の導入という側面と空間についてわれわれが有する直観的理解の保存という側面との釣り合いが重要となる。そこで、次は構成関係に与る概念間の関係について見る。

　上述の『結合法論』の公準に含まれているようなアイデアは幾何学的記号法に関する草稿においても見られる。たとえば、『ユークリッドの公理の証明』においては「任意の新しいものは常に二つの任意のものを同時に取ることで決定される」と言われている（A. VI, 4, 175）。さらに、『幾何学的記号法』においても、線分上の部分 – 全体関係に類比させる仕方で同様の見解が述べられている。すなわち、線分上に点 A, B, C が順に並んでいるとする。このとき、線分 AB と BC は「もし AB が存在しなければ、AC もまた存在しないだろう」という意味で線分 AC の要項（requisitus）であるとされる（GM. V, 151 = I, 1, 332）。線分の構成要素として、その部分となる線分が捉えられているのである。かくして、「部分は直接的な要項である。つまり、AB と BC の結合は、ある推論にも原因の結合にも依存するものではなく、全体が仮定されるのならそれ自体が明らかになる」とされる。「要項」という表現が用いられている点は重要である。ある概念と、その概念の構成に与る概念との関係が、後者が前者を構成するための要項であるというように、全体と部分という外延的関係とは異なる関係として導入されているからである。たとえば、〈理性的 rationalis〉は、〈理性的動物 animal rationale〉として定義される〈人間 homo〉の部分であ

4　個体性に関する唯名論的見解、すなわち、個体の本質をその個体が持つ性質すべてと同一視する見解は、学位論文である 1663 年の『個体の原理に関する形而上学的討論』において既に表明されている（A. VI, 1, 11）。また、『形而上学叙説』やアルノー宛書簡において表明される個体の完全概念説もまたこうした唯名論的見解をライプニッツに帰する根拠として考えることができる。

第 2 章　幾何学的記号法における対象の導入　　53

る要項だが、この表現を変形して得られる〈理性性 rationalitas〉は、〈人間〉の部分ではない要項である。ここでは、抽象項が個体に基づいて導入されている。ライプニッツは主格を意味する直格と主格以外の格を意味する斜格という文法上のカテゴリーを参照しながら、前者はそのままの形で命題を構成することが可能だが、後者は直格に格変化を行ったうえで他の項と結合可能であるものとする。その上で、抽象項は、斜格によって表現される項からつくられると考えるのである（A. VI, 4, 777 = I, 1, 199 など）。幾何学的対象についても、「円は一様である」という命題を変形させて、「円性は一様性である」という命題を得るというように、個体として把握された円の持つ性質間の関係から抽象項が導入されるのである（A. VI, 4, 778-9 = I, 1, 201）。上で述べた数の定義と同様に、抽象的対象は個体を参照して導入されているのである。

　ある概念とそれを構成する概念との間の関係は、全体 - 部分関係とは区別される。すなわち、ライプニッツは、概念の概念としての単純性と、構成上の単純性とを区別している。この区別は、ライプニッツ哲学のさまざまなトピックで見いだすことができる。たとえば、1715 年のブルゲ宛書簡では「1 の部分である分数の概念は、1 の概念よりも複雑なものです。なぜなら、整数が分数の概念の中に常に含まれているからです」（GP. III, 583）と、自然数 1 の概念上の単純性と構成上の複合性が区別されて述べられている。さらにライプニッツは、1712 年 1 月のビールリンク宛書簡でも「モナドとアトムを混同してはいけません。アトムは形を持ちますが、モナドが形を持たないのは、魂が形を持たないことと同じなのです。モナドは物体の部分ではなく、要項なのです」（GP. VII, 503）として、モナドと自然学上のアトムとの混同を諫めてもいる（石黒 [2001]）。数 1 は対象としては単純ではないが、概念としては単純であるため、これを用いて数を構成することができる。これらの見解はどれも後期に提示されたものだが、幾何学的記号法においては比較的初期の時点で概念の単純性と構成上の単純性とを区別する観点をライプニッツは保持していた。『光り輝く幾何学の範例』では、図形の要素は、それが内在する図形の部分であることなく、内在することができると述べられており、直線に対する直線上の点や、円における直径などが例として挙げられている（GM. VII, 274, cf. Alcantara [2003]）。これは、現代の集合論におけるメンバーシップ関係と集合間の包含

関係との区別に相当する区別である。

　概念構成に用いる単純概念を発見するための概念分析は、理想的には原始概念まで到達するまでなされるべきだが、ライプニッツ自身はそれが実現する可能性に対しては否定的である（A. VI, 4, 590 = I, 8, 31）。われわれが曖昧に理解している概念を分析してより明晰にすることが分析の目的の一つである以上（cf. 酒井［1987 299-302 頁］，松田［2003 120 頁］）、原始単純概念にまで達することは必ずしも必要ではないとさえライプニッツは考えていた。こうした態度はライプニッツの幾何学研究においても見てとることができる。では、対象の導入についても、原始単純概念ではなく、より単純な概念を用いることで十分であろうか。抽象的対象が個体を参照することより導入されるという手続きは、当の個体が事実の第一真理として表象を通じて人間精神に与えられることが保証されているからこそ、正当なものであるとされる。実際、ライプニッツが「存在が多であるとのみ捉えられ、どのような存在であるか考えられていないときに数が生じる」（A. VI, 4, 764 = I, 1, 180）や「すべては数によって記される限り数によって証明される」（A. VI, 4, 773 = I, 1, 193）と述べるように、何かの存在を仮定した上で、それらを記号によって表現することが可能となる。幾何学的対象に関しても、相似、合同などといった関係的性質が数学の概念として実在的な対象の概念を構成すると言える。しかし、当然ながら、構成の出発点として仮定される対象それ自身についての構成上の問いは依然として残るのである。

　本節の議論をまとめておく。ライプニッツの概念構成は、概念の分析による、より単純な概念の発見と、それらを用いた概念の形成という過程を含むが、自然数のような抽象的対象についても、その実在性を保証するような仕方で対象が導入されている。さらに、概念相互の関係を、外延的全体 - 部分関係と内包的包含関係とを区別して把握することで、外延を持たない対象の構成について分析する視点が得られる。こうした概念間の関係の分類を踏まえた概念構成を行う場面で、概念の実在性が問われなくてはならない。形式的に定義された概念が適切なものであることを示す必要性をライプニッツは重要視する。前章でも述べたように、ライプニッツは実在性論証にさまざまなパターンを認めているが、幾何学的記号法は、ユークリッド幾何学のように作図法を与えることによる実在性論証を採用することができないため、対象の導入法も新たに考察す

第 2 章　幾何学的記号法における対象の導入　　55

る必要があった。幾何学的対象の構成を、その部分のメレオロジカルな結合として捉えずに、部分項の論理的結合として捉えることで、ライプニッツは空間概念の論理的構成を模索するようになる。自然数の例で見たように、ライプニッツは形式的な定義を与える一方で、それが実在的であることを確証させる議論も行っている[5]。そこで、次節では幾何学的記号法の対象導入の議論を再構成し、ライプニッツの幾何学研究の哲学的側面の解明を目指したい。

2.2 幾何学における直観と抽象のジレンマ

第1章において、ユークリッド幾何学における図形を用いた対象導入法に関するライプニッツの見解を整理したが、そこで触れられた、個別的図形から理想的図形を得る抽象作用について再び考えてみたい。ノートや黒板などに具体的に描かれた円は、当然ながら凸凹していたり線の太さが均一でなかったりと厳密な意味で「一点から等距離にある点の集合」とはなってはいないため、この円（のような図形）を幾何学的対象である円として扱うためには、凸凹や不均一さなどを捨象して幾何学的対象としての理想的円に仕立て上げる必要がある。しかし、このような操作が（理性によってであれ想像力によってであれ）可能となるためには、あらかじめ理想的円の観念を獲得しておかなくてはならない。なぜなら、ある具体的に与えられた図形のどの側面を捨象し、どの側面を残すのかという選択は論理的には任意なものであり、抽象の結果として理想的円が得られるためには、円の観念を先だって所有していなければならないからだ。したがって、この路線を守るならば、イデア的な対象を直観によって認識するというような、ライプニッツ哲学では人間精神には帰されていない方法に

5　ライプニッツの空間概念の定義は時期により変遷している。1676年の『真理・精神・神・世界について』では空間は「さまざまな表象を同時に整合的に起こすもの」（A. VI, 3, 11 cf. Mercer［2001 p.439］）とされ、絶対空間へのコミットが見られる。ただ、その後は、1687年10月9日のアルノー宛書簡（A. II, 2, 249 = I, 8, 371）や、1689-90年の『論理 - 形而上学的原理』（A. VI, 4, 1648）のように、空間を「よく基礎付けられた現象」とみなすようになる。こうした見解から、1695年頃には「すべての場所から構成された連続体」「すべての点の場所」といった定義に移り変わる（De Risi［2007 pp.586-7］）。この時期になるとライプニッツは空間をより観念的に捉えるようになる。後期になると、クラーク宛書簡が典型であるように、関係空間説が強調される（cf. Cover and Hartz［1994］）。空間の定義、存在論的身分については第6章で扱う。

訴える他ない。しかし、直観的把握が可能なのは神のみであるとライプニッツは考えるために、こうした素朴抽象説による対象導入を採用していると見なすことはできない。

　確かに、定義を先取することなく天下り的に与えることで理想的図形を得ることは可能であろう。たとえば、具体的に描かれた円（厳密には円っぽい図形）を、「一点から等距離にある点の集合」とみなし、この規定に外れる性質は捨象する、というな手続きである。しかし、そもそもこのような定義が実在性を持つためには、図が実際に定義に従って描かれる他なく（GP. IV, 401）、実際に描かれた円は厳密には円もどきであるために、結局は具体的図形から理想的図形をいかに得るのかという問題が再度生じることになる。いずれにせよ、作図による対象の正当化を採用する幾何学は作図とは異なる経路で対象を密輸入していると診断せざるを得ない。幾何学的対象が他の種類の数学的対象とは異なる特殊性を持つのはこの点である[6]。

　では、ライプニッツ自身は幾何学的対象の導入にまつわるこうした難点についてどのように考えていたのか。一見すると、ライプニッツは幾何学における対象の多様な表現を図形的なものに制限して捉えていたと思われる。『弁神論（*Théodicé*）』357 節では以下のように述べている。

　　確かに、同一のものをさまざまに異なった仕方で表現することができる。しかし、表現と事物との間には常に正確な関係があるはずである。そしてそれゆえ、同一事物に対するさまざまの異なる表現相互の間にも常に正確な関係がある。円をさまざまな円錐曲線として遠視図法的に投影してみればわかるが、同一の円が楕円や放物線や双曲線や、さらに別の円や直線や点によって表現され得る。これらの図形ほど互いに異なり似ても似つかぬものはないが、これらの間には一点一点正確な関係がある。　　　　　　　　（GP. VI, 327 = I, 7, 106-7）

6　前節で引用した「存在が多であるとのみ捉えられ、どのような存在であるか考えられていないときに数が生じる」というライプニッツ自身のコメントからもわかるように、数に関しては、「存在すること」のみを考慮して他の性質をすべて捨象すればよいため、こうした困難はない。現代の数学の哲学における新フレーゲ主義の「抽象原理」（抽象オペレーターを用いて、概念間の同一性を、概念に帰属する対象を一対一に対応付ける関数の存在によって定義し、そこから概念の基数を取り出す原理）はこの見解の現代版として捉えることができる。

第 2 章　幾何学的記号法における対象の導入　　57

事物の関係が記号においても保存されてさえいれば、どのような記号法を用いるのかは任意であるはずである。幾何学的記号法の特徴の一つである作図法への慎重な態度もこの点に基づく。しかし、この引用からもわかるように、ライプニッツは図形と幾何学的対象との間の表現関係を自然的なものとして捉えており、したがって、この自然的表現関係が幾何学的記号法においても暗黙の内に導入されているのではないかという疑問が生じる。すなわち、幾何学的記号法がユークリッド幾何学に対して持つ優位性は記号の限定された側面に留まるのではないのだろうか。前章でも参照した1677年の対話篇で以下のように述べられていることからも、図形的直観がライプニッツの幾何学的記号法においても保持されているのではないかと推測することができる。

A　確かに、もし記号がなければ、われわれは何ものも判明に思考できないし、推論をすることもできないわけだ。

B　しかし、幾何学的図形を研究していて、その図形を精確に考察することだけで真理を見つけ出すことがしばしばあります。

A　それはそうだけど、ただそのときには図形が記号とみなされているということを忘れてはいけないよ。だいたい、紙の上に描かれた円が本当の円だというわけではないし、またそうである必要はない。われわれがそれを円とみなすだけで十分なんだ。

B　でもそこには円と何かしら類似したところがあります。恣意的であろうはずがありません。

A　その通り。だからこそ図形は記号としてはもっとも有効なわけだ。だけど、例えば10という数と「10」という記号との間にはどんな類似的関係があると思うかね。

B　とりわけ記号がうまく考え出されているときには、記号同士の間にある何らかの関係や秩序は事物のうちにもあるものです。

A　いいだろう。　　　　　　　　　　　　　　　　（A. VI, 4, 23 = I, 8, 14-5）

この対話篇がライプニッツが幾何学研究に本格的に着手する以前に書かれたものであることを考慮しても、先の『弁神論』からの引用も踏まえると、記号と

しての幾何図形が（ユークリッド幾何学に限らず）幾何学的対象の導入において有効であるという見解をライプニッツが一貫して保持していたと判断することが可能であるように思われる。しかし、この資料においてより重要な点は、「そこ［紙に描かれた円］には何か円と類似したところがある」からこそ「図形は記号としてはもっとも有効」であるというように、図形の有用性の条件が明白に意識されているということである。すなわち、幾何学における記号としての図形は、その形相的性質（意図された対象の性質を伝達する媒体としての意味論的性質）と質料的性質（知覚の対象としての性質）を分離することができないという意味において、数学の記号としての特異性を有するのである。この二つの性質が不可分であるということは、記号が知覚の対象としての性質とイデア的性質とを合わせ持つということを意味しているが、図形はまさにこの特性を持つがゆえにライプニッツは図形が幾何学において有効であると認めるのである。言い換えれば、ライプニッツがこのように考えるのは、図形が対象と類似する点を持つという条件を満たすからに他ならないからであり、したがって、この条件を満たす記号法であれば、必ずしも幾何図形を用いる必要はないことが帰結する。

　実際、ライプニッツが、記号法が有効であるための条件を以上のように「対象間における関係の保存」及び「対象との類似性の保持」に求めていることは、先に引いた『弁神論』からの引用の直前の356節で以下のように述べられていることからも理解できる。

　　表現は表現されるべきものと自然的な関係を有している。もし神が、物体の円い形を四角形の観念でもって表現させようとしたら、その表現の仕方はあまりふさわしいものとは言えない。なぜなら、その表現の内には角や突出部があることになるが、元の形は均等で一様だからである。表現は、それが不完全な場合にはしばしば対象から何かを除去している。しかし、そこには何も付け加えることができない。そんなことをしたら表現は完全になるどころか偽りのものとなってしまう。しかも、われわれの表象においてはその除去も決して十全にはなされず、表現が混雑したものである限りそこにはわれわれが見ている以上のものがある。　　　　　　　　　　　　　　　　　　（GP. VI, 326-7 = I, 7, 106）

第2章　幾何学的記号法における対象の導入　　59

ここで神を引き合いに出して述べられている議論は、神のような認識能力を有さない人間にも妥当するだろう。理想的図形としての幾何学的対象は「均等で一様（egal et uni）」であるが、実際に描かれた図形は「角や突出部（angles ou eminences）」を持つため、両者の間に自然的な表現関係が成立するためには、こうした齟齬を補正する必要がある。この補正作業を担うのが、前章で触れた相似性原理による「抽象作用」に他ならない。抽象作用のこのような特性をライプニッツは認めていることは疑いない。第1章でも述べた通り、一般的命題と個別事例の関係という問題について、後者の反復によって前者に漸近すると考えるロック的な経験主義をライプニッツは受け入れず、一般的命題の正当性はそれを認識する人間の精神に求められるべきであり、個別事例はあくまでも一般性に到達する手段であると考える。

> 公準が個別的観念から生まれるのではないことは申し添えておきます。というのも、公準は個々の諸事例からの帰納によって見出されるのではないからです。身体は指より大きいこと、家は大きすぎて戸から逃げ出すことができないこと、を認識している者は、これらの個別的命題の各々を同一の一般的理由によって認識しているのです。この一般的理由とは、いわば、個別的な命題の中に混じり合いそれによって色付けられているようなものです。ちょうど、色のついた線画を見るとき、色がどうであれ、プロポーションや配置はまさに線によって決定されているように。ところでこの共通の理由は、抽象的で切り離された仕方でただちに認識されるわけではないにしても、いわば暗黙に認識される公理そのものです。個々の事例はその真理を混じり合った公理から引き出しますが、公理は事例のうちに根拠を持っているのではありません。そして、それらの個別的真理に共通するこの理由はすべての人間の精神のうちにある以上、それが浸透している者の言語のうちに全体や部分という言葉が見出される必要がないのはおわかりでしょう。　　　　　（NE4-12-1 = A. VI, 6, 448-9 = I, 5, 249-50）

実際に描かれた個別的図形から幾何学的対象としての理想的図形の性質を知るためには、まさにライプニッツ自身がここで述べるような手続きが必要だが、それは「ただちに認識されるわけではない」。先だって直観的な空間理解を仮

定することはできないために、性質の取捨選択は原理的には完全に任意なものとならざるを得ない。しかし、このことは、経験的妥当性や自然学への適用可能性の重視を選択の基準から除外することによって、ユークリッド幾何学に限定されない、相当に自由に幾何学を構築する可能性が生じることを含意する。こうした観点を組み込んだ上でどのような幾何学の哲学が得られるのかは第5章で述べるが、ブランシュヴィクのテーゼが教えることはまさにこの意味においてライプニッツの幾何学に対する姿勢に読み取ることができる。

　図形を用いた幾何学的対象の導入における難点とは、空間についての直観的理解を先立って仮定しなければ、個別的図形から理想的図形を得ることが難しいという点であった。しかし、見方を変えれば、個別的図形を抽象して得られる対象に、暫定的に幾何学的対象としての身分を認めることにより、こうした難点を回避することは可能である。ただし、そのような手続きで得られる対象には、均等さのような理想的図形が持つべき性質のみが適切に取り出された対象以外の対象も含まれる可能性がある。こうした対象は、それが幾何学的対象との類似性を有さないことを何らかの（図形についての直観的理解を仮定しないような）仕方で示すことによって、幾何学的対象からは除外されることを示す必要がある。したがって、無作為に抽象された結果得られる対象から幾何学的対象を選出する方法が問われなくてはならない。すなわち、幾何学における対象と記号とが共有する性質についての考察を行う必要があるが、ライプニッツは、幾何学の記号が持つべき幾何学的対象との類似性を、知覚的なものに限定して捉える必要はない点にある程度自覚的であったように思われる。幾何学的記号法が定理の証明において描くべき図形を一意的に代数的記号法によって与えることを目指す動機の一つは、この論点に帰着する。上の引用では、幾何学の公理は個別事例ではなく、人間の精神の内部にその妥当性の根拠を持つと主張されている。第1章でも述べたように、この主張の背景には世界は人間精神によって表出されるというライプニッツ哲学の主要テーゼがあるが、これまでの議論を合わせると、ライプニッツは「記号と対象との類似性」を知覚的なものに限定して捉えてはいないと考えることができる。永遠真理の条件として多様な表象の領域が措定されたが、幾何学的真理の場合は、そうした領域が常に図形的表象としての表れを持つと考える理由をライプニッツは持たない。記号

第2章　幾何学的記号法における対象の導入　　61

体系による世界の表現方法に多様性が保証されるように、非図形的表現による幾何学の表現もまた不可能ではない[7]。それゆえに、幾何学的対象と記号との間に成立する類似性を、図形的ないし知覚的なものに限定する必要はないとライプニッツは考えていると思われる。むしろ、その認識が想像力に依存するような類似性に基づいて記号を用いる場合、その記号を幾何学の記号として承認するには不適当であると考えるからこそ、ライプニッツはユークリッド幾何学を批判するのである。

　具体的図形から抽象的対象である幾何学的対象を得る抽象作用について改めて考えてみよう。具体的に描かれた円は、細かな歪みがあるために厳密には「一点から等距離な点の集合」であるとは言えない。したがって、具体的円から意図された抽象的円を得るためには、図形を「ある観点でのみ」(A. VI, 4, 1645)考察すること、すなわち、前者の性質のある部分を残してある部分を捨象するという抽象化の操作が必要であった。しかし、このような操作が適切になされる（意図された対象を得る）ためには、前もって、意図された対象の性質を、すなわち、具体的図形の性質の正当な取捨選択がいかなるものなのかを理解しておく必要がある。たとえば、正方形を意図して描かれた図形の歪みなどを捨象することで幾何学的対象としての身分を有する完全な正方形が得られるが、四つの辺のつながりや長さをさらに捨象することにより円や楕円を得ることも可能である。このように、ある個別的図形からは複数の抽象的対象を得ることが可能であり、意図された対象はその中の一つでしかない。

　図形を描くことなく、直観によって幾何学的観念を獲得することができれば適切に対象を導入することが可能であるが、繰り返すがライプニッツはこの方法を採ることができない。幾何学的対象を正当に導入するためにはその定義が実在的であることが必要であり、作図法を与えることはこの要件を満たすように思われる。しかし、図形にはこうした利点があるにも関わらず、上述のような理由から、ライプニッツは図形を用いずに幾何学を展開するという研究に取りかかったと考えられるのである。確かに、幾何学的対象の因果的定義として作図法を天下り的に与えることで、すなわち、意図された対象に到達可能な性

7　したがって、この点に限るならばデカルト的代数幾何学と幾何学的記号法とは大差ない。前者をライプニッツが批判するのはそれが量のみを扱うという不徹底性である。

質の取捨選択をあらかじめ指定することで、対象を導入することは可能であるように思われる。しかし、そもそもこのような定義が実在性を持つためには、定義に沿って図形を描く他ない。実際に描かれた円は厳密には円ではなく、結局は直観的理解を仮定せずに具体的図形から抽象的図形をいかにして得るのかという問題は避けられないのである。代数的な円の表現に関しても同様の批判が可能である。円の方程式が幾何学的対象としての円を正当に表現しているかを判断するためには、方程式に従って実際に平面上に円を描く他なく、したがって、同じ難問に行き着くのである。確かに、われわれは正方形を意図して描かれた図形を円と見なしたりすることはないだろう。この意味で図形と幾何学的対象を媒介する想像力が適切に機能していると言うことは可能ではある。しかし、ライプニッツ自身は図形の質料的性質を捨象して形相的性質のみに着目すればよいと述べているが、この二つの性質を切り離して個別的に取り扱うことができないという点に幾何学における記号としての図形の特性がある。表出理論と記号的認識を基盤に持つライプニッツの認識論上の枠組みでは想像力による抽象作用を用いた幾何学的観念の獲得を適切に位置付けることが難しいのである。

　では、以上の論点をライプニッツに帰することの正当性を検討しよう。既に見たように、ライプニッツは具体的な図形と抽象的な幾何学的対象との差異に敏感であり、その差異の解消方法について繰り返し考察しているが、幾何学的対象の導入に関するライプニッツの考察を年代順に追うことで、幾何学における図形の有用性と欠点をライプニッツが的確に把握し、後者を克服するために幾何学的記号法の構築に至るという思考の道筋を描き出すことができるように思われる。まず、先に引用した1677年の短い対話篇において、幾何学において図形が記号としてもっとも有効であるのは、図形と幾何学的対象との間に何かしらの類似性が成立しているからだと述べられている。すでに示唆したが、幾何学研究に着手する以前の時期の草稿において既に記号としての図形が持つ特異性をライプニッツは自覚している。実際、この対話篇でも強調されているように、算術においては数を表す記号の質料的性質と形相的性質とはそれぞれ独立に扱うことができるため、「10」でも「十」でも任意の記号を用いて自然数10を指示することができる（A. VI, 4, 23 = I, 8, 14）。この対話篇からはライ

第2章　幾何学的記号法における対象の導入　　63

プニッツの幾何学に関する思考の萌芽とも言える特徴を読み取ることができる。すなわち、幾何学においては記号は幾何学的対象との類似性を確保する必要がある上、この類似性（形相的性質）は、図形の形（質料的性質）を媒介して知られるため、たとえば円図形を四角形として扱うと定めてしまうとユークリッド幾何学自体が成立することが疑わしくなる。図形が幾何学の記号として有用なのは、その形相的性質と質料的性質とを同一の表れにおいて持つ点にあるが、さらに重要なのは、ライプニッツは対象との類似性の保存が可能なのは図形のみであるとは考えていない点である。図形が幾何学において記号として有用なのも、対象と類似する性質を持つためであって、この条件を満たす記号法であれば、必ずしも図形を用いる必要はないことになる。想像力により図形を対象の記号として捉えるためには、意図された抽象的対象を先取りしなくてはならない。しかし、想像力を用いずに幾何学的対象を導入することができれば（すなわち対象との類似性が確保できれば）、図形を用いる必要はないのである。

このように、ライプニッツは初期の段階で既に、幾何学的対象の認識が想像力による抽象作用を経由せずとも正当になされる可能性を認めている。当然ながら幾何学的対象の導入に関するこうした見解は、数学的対象の存在規定の問題にも関わってくる。ライプニッツは数学的対象を「想像力に服するもの」(GM. VII, 205) として捉えていたとしばしば解されている（たとえば Granger ［1994 p.202]）。しかし、この解釈は正確に述べ直す必要がある。想像力によっては捉えきれない対象の存在をライプニッツはむしろ積極的に認めており、さらに、幾何学に関しても、幾何学的記号法はそうした対象をも正当に取り扱うことができなくてはならないと考えていた。これは、1679 年の『無限数（Numeri Infini)』の時点では数学的観念の把握に際して積極的な役割を担わされていた想像力に対する評価が、幾何学的記号法に関する草稿では変更されていることからも裏付けられる。実際、1676 年の草稿では「ことがらを経験によってでも想像力によってでもなく、精神ないし証明のみによって引き出すこと」(CG, 66 cf. A. II, 1, 569/A. VI, 4, 524) というように、想像力を幾何学から切り離す主旨の記述が見られる。1679 年の『幾何学的記号法』でも、幾何学的記号法は代数的記号法のみを用いて抽象的対象としての幾何学的図形を表現することができると述べられているし（GM. V, 142 = I, 1, 320)、幾何学的記号法の有用性

と革新性を誇らしげに語る 1679 年 9 月 18 日のホイヘンス宛書簡の補遺におい
ては「想像力に服さない事物に対しても記号法を拡張させることができるとい
うことだけ、付け加えておきます」（A. III, 2, 859-60）と述べている。また、
1693 年の『位置解析について』でも同様の主張が明確に述べられている（GM.
V, 182-3 ＝ I, 3, 54）。このことが意味しているのは、想像力に依拠しない幾何学
的対象の導入のシステムの可能性を具現化したものが幾何学的記号法であるこ
とをライプニッツは自覚していたということである。

　さらに、幾何学と解析学とでは想像力の位置付けが異なる点にもライプニッ
ツは気付いていた。ライプニッツは円を無限個の角を持つ多角形と捉える（A.
VI, 3, 498）。また、同一性を差異が無限小である場合として再定義する（GP.
III, 52）。微細な差異を捨象するこうした抽象作用が導入されたのは解析におけ
る求積問題などを解くためである（Knobloch［2002］）。無限小や虚数の導入に
おいて顕著なように、新しく数学的対象を導入する際、ライプニッツには、そ
れを用いることで数学的に有益な帰結が得られれば基礎付けに多少の問題が
あっても構わないという態度が見られる。しかし、ここから、幾何学的対象に
ついてもライプニッツが微細な差異の捨象を積極的に認めていたと結論付ける
ことはできない。幾何学にそうした操作を導入することはたとえば正千角形と
正千一角形とを同対象とみなすことを含意するが、差異は微細だが実在的に異
なるこうした対象を識別するために要請されたのが定義の実在性なのであっ
た。幾何学の定理を証明するためには正千角形は正確に正千角形として表出さ
れなくてはならないが、そのためには捨象する性質の取捨選択もまた正確に行
われなくてはならないため、微視的差異を無視する想像力にそのような役割を
担わせるのは難しいのである。実際、「図形の認識も数の認識も想像力には依
存しない」と考えるライプニッツにとっては幾何学的観念を心像（image）と
混同することは許されない（NE2-29-13 ＝ A. VI, 6, 261 ＝ I, 4, 318）。

　以上から、幾何学における図形の特性を適切に把握した上で想像力の機能を
冷静に見定めるライプニッツが、図形を用いずに対象を導入する幾何学である
幾何学的記号法の構想を抱くに至るという思考の道筋を描くことができる。従
来の解釈では、ライプニッツのユークリッド幾何学批判の背景として、数学技
法上の不備という点が強調されることが多いが（Couturat［1903 pp.390f］,

第 2 章　幾何学的記号法における対象の導入　　65

Echeverría［1997 p.365］，De Risi［2007 pp.18ff］など）、図形の使用がもたらす対象導入における困難という面は見逃されている。しかし、これまでの分析が明らかにしたように、ライプニッツがユークリッド幾何学を批判し、自らの幾何学的記号法において図形を排除するのは、対象との知覚的類似性を有することを根拠に図形を幾何学的対象の導入として用いようとすれば、神の知性に存在する幾何学的観念を記号以外の手段で先立って認識せざるを得ないという困難に陥るためなのである。

　また、幾何学的記号法において対象を導入するためには、図形的類似性ないし知覚によって認知される類似性を、対象と記号との間に設定することが必要条件であることも明らかになった。では、幾何学的記号法はこの課題をどのようにして遂行しているのだろうか。ライプニッツは幾何学的対象の定義の正当性を示すために、直観によるのでもなく経験的確証によるのでもない、第三の方法を選ぶ。それは、想像力に依存しない仕方での概念理解と概念間の論理的関係の明示化により、空間を数学的に表現することを目指すことを意味していた。

2.3 幾何学的記号法における対象導入

2.3.1 非想像的な概念理解

幾何学的概念を想像力[8]により理解する方法、すなわち、作図法を経由して

8　想像力（imaginatio）は伝統的にはアリストテレスの『魂について』での「パンタシアー（φαντασία, phantasia）」、すなわち、感覚対象が去ったとき、感覚器官に残るものである心的表象に遡ることができる。パンタシアーは感覚と判断とは異なり、それらを繋ぐ役割を持つ。「パンタシアーは感覚とも思考とも異なる。パンタシアー自身は感覚を欠いては生じないが、またこのパンタシアーを欠いては判断は成立しないのである」（『魂について』3巻3章427b14）。デカルトでは想像力は「もののかたちを認識する能力」とされ、数学的認識をつかさどる能力と考えられてきた。デカルトにとっては、想像力は記号を用いて数学研究を進めるさいに重要な役割を持つ反面、概念の理解に際して、想像力に頼ると正確な理解が得られないという欠点を持つ。ライプニッツ哲学における想像力の意味内容は、ライプニッツ自身がそれを主題化した考察を残してはいないこともあり、一意には確定しておらず（De Risi［2007 pp.36-8］）、それゆえに、本節での考察は十分なものではない。ライプニッツ哲学における想像力の位置付けについては本格的な調査が必要である。本節では解析と幾何学における想像力に置かれた力点の違いに着目するが、数学以外の分野における想像力の規定も含めた考察としては、池田［2010］がある。

概念を理解するという方法以外の概念理解とはどのようなものであるのか。そして、そのような方法の有効性はライプニッツ哲学においてどのように根拠付けられているのだろうか。ライプニッツは、幾何学的対象としての理想的図形はその抽象性ゆえに、想像力によって把握可能な対象ではなく、記号法を用いた理性的推論によって理解されるべき対象であると考える。経験的に与えられた具体的な図形を抽象する、すなわち、図形の持つ諸性質を取捨選択して抽象的対象を産出することで、「拡がりを持たない点」や「幅を持たない線分」というような対象を得ることができる。では、こうした対象が幾何学的対象としての身分を持つことはいかにして知られるのか。本節では、図形による対象導入を拒否する幾何学的記号法の対象導入について検討する。

　理想的図形それ自体は図形的に表象できないため想像可能（imaginable）ではないものの、概念としては理解可能（intelligible）であるが、こうした、図形的直観に依拠しない概念理解の可能性をライプニッツは重要視する。実際、「延長を持たず、それ以上分割ができないもの」という単純実体の定義は想像不可能ではあるが理解可能であるのは、幾何学的対象としての点がそうであるのと同じである。1704 年のマサム夫人宛書簡でライプニッツはこの点を強調している。「非延長的実体のイメージをあなたは持つことができないが、だからといってこのことが、この概念を持つ妨げにはならないと私には思われます」（GP. III, 362）。こうした理解は、その概念を構成する部分概念の理解の累積によって得られるものである。「あなたは実体や非延長についての何らかの概念を持つことができるであろうから、大いにご謙遜なさるけれども、非延長的実体という概念をも持つことができるでしょう。もちろん、その概念を分析して、それが両立可能か否かを証明するまでは、この概念はわれわれにとっては不完全なものですが」（ibid.）。ここで例示されている理解の過程がライプニッツ哲学において整合的に主張可能であることは、前節で触れた概念構成法から明らかである。すなわち、経験的対象としての実体の概念分析を行い、そこから〈延長〉や〈分割可能性〉といったより単純な性質が取り出され、それらの性質を組み合わせることで〈延長を持たない分割不可能な点〉という概念が新たに構成される。こうした概念を理解することは、それを構成する部分概念の理解の蓄積により可能であるとされる。概念構成の過程と概念理解の過程とが

共に〈分析と綜合〉という原則の下で捉えられているのである。

　数学的対象の場合は分析と綜合による手法とは異なるアプローチが取られることもある。第1章3節でも触れたように、1686年7月14日のアルノー宛書簡や同年の『概念と真理の分析に関する一般的探究』では、球を例に挙げ、個物としての図形が与えられたら、あるいは、図形を実際に構成できれば、抽象的対象も存在者として思考の対象に含めてよいとされる（A. II, 2, 74-5 = I, 8, 263-5/A. VI, 4, 759 = I, 1, 172）。前者では、「あるものを可能的と呼び得るためには、その概念が、神の知性においてしか存在しない場合であっても、その概念を形成することができると言うだけで私には十分である。そして可能的なものについて語る際、それに関して真の命題をつくることができればそれでよいとする。たとえば、完全な正方形はどの世界も存在しないが、だからといってそのような正方形を考えたところで少しも矛盾を含まないと判断することができるように」（傍点引用者）と述べられているが、抽象的対象の定義の可能性の証明が、それについての真な命題を構成することに等しいとする主張は、数学的概念の定義の可能性／実在性の証明についてのライプニッツの理解を知る手がかりとなろう[9]。

　こうして理解された概念の実在性は、部分概念が論理的に整合していることを示すことにより、保証することができる。部分概念の理解の連結による概念理解が数学の発展に寄与することにもライプニッツは気が付いている。実際、序章でも参照した1679年の9月18日のホイヘンス宛書簡の補遺において、当初は記号には図形の代理物としての規定が与えられているに過ぎないが[10]、最

9　時間や空間の実在性をライプニッツは否定するが、特定の時点や特定の地点への言及を含む言明が真であり得ることまでは否定しない。すでに見たように、ライプニッツは抽象的対象についての言明は具体的対象の言明の省略であるとみなす。たとえば、1688年頃の『偶有性の実在性』やクラーク宛書簡では、瞬間、高さ、空間、時間といった抽象的対象を消去するため、ある瞬間を指示する表現を含む言明を、その表現を「〜と同時」という表現に置き換えて書き換えることで時間の実在性を認めないままで時間に関する言明が無意味なものにならないようにしている（Arthur［2014 pp.145-7]）。

10　再度引用する。「もし、記号法が私が考えるとおりにできあがったとすると、アルファベットの文字でしかない記号を使って、どんなに複雑な機械であっても描写することができます。そうなると、図形やモデルを使ったり想像力を労することなく、その機械を判明に、また容易に、あらゆる成分にわたって、しかも、その機械の働き方や動き方の面でも理解することができるようになります。そうなると、記号を解釈するだけで、図形が精神に現前せずにはいられないことになります」（A. III, 2, 852 傍点引用者）。

後には「想像力に服さない事物に対してさえも記号法を拡張させることが可能であるということだけ、付け加えておきます」（A. III, 2, 860）と述べるに至っていることが意味しているのは、想像力に依拠しない幾何学的記号法の対象導入のメカニズムのもたらす帰結にライプニッツ自身も勘付いていたということである。ライプニッツが対象間の論理的整合性のみを手がかりにして数学の領域を拡大することによって多くの成果をあげたことは既に前章で触れたが、幾何学的記号法に関しても、作図法に依存しない仕方での対象領域の拡張可能性が示唆されているのである。[11]

　ライプニッツは、感覚器官に与えられる感性的なものと、共通感覚に属する感覚的であり、かつ知性的なものと、知性に特有の知性的なものとを区別するが（GP. VI, 502）、経験的所与としての物質の感覚的表象から抽象作用により取り出された一様で連続である空間の表象は二番目の認識に属する（山本［1953 302-3頁］）。幾何学的対象もまた同様であると考えることができる。確かに、前節でも触れたように、ライプニッツは数学の対象を「想像力に服するもの」（GM. VII, 205）と考えていると解釈されることがある。しかし、「想像力に服する対象は判明に理解される限りで何であれ、数学に属するのであり、したがって、数学においては、量のみならず、事物の配置も取り扱われるのである」（ibid.）という言明からもわかるように、ライプニッツは、想像力によって把握可能であるものは、それがどのようなものであれ数学において対象化されなくてはならないという考えを保持していたことは確かだとしても、数学の対象を「想像力に服するもの」と外延的に等値させてはいないのである。むしろ、事物の量のみを対象化する代数的解析のようなこれまでの数学が考慮の外に置く対象同士の位置関係などを正当な数学的対象とする点は言うまでもなく、さ

11　人間精神による数学的対象の構成という側面は、一見するとカントを思わせる。カントは数学の命題を総合的ア・プリオリと考えるが、数学的真理の必然性をア・プリオリ性に、純粋数学の可能性を直観による数学的対象の構成可能性に、それぞれ帰している。カントにおいては、時間と空間というア・プリオリな形式が直観的構成に対して制約として働いているのに対して、ライプニッツにおいては、論理的整合性のみが制約として課せられていると言ってよい。実際、エチェヴェリアはこの点を強調し、ライプニッツとカントの幾何学観は異質なものであるとする（CG, 47, n.2）。ライプニッツとカントとの相違点はさらに追求する必要がある。たとえば、ストーリーはカントのいわゆる方位論文におけるライプニッツ批判を検討している（Storrie［2013］）。

第2章　幾何学的記号法における対象の導入　　69

らには、想像力に束縛されない数学の追究を可能とする点にこそライプニッツの革新性があるのである。

　では、こうしたライプニッツの基本路線は幾何学的記号法においてどのような仕方で体現されているのだろうか。以下ではライプニッツによる幾何学的記号法の妥当性を示す議論を辿りたい。ライプニッツの草稿から、幾何学的記号法における「対象間における関係の保存」及び「対象との類似性の保持」に関する議論を抽出することは可能であることを示したい。

2.3.2　超越論的論証としての幾何学的記号法における対象導入法

　本章の目的は、前節末で挙げた二点、すなわち、幾何学的記号法において幾何学的対象の関係はいかに保持されているのか、および、幾何学的記号法と幾何学的対象の類似性はいかなるもので、いかにして保持されているのかを検討することで、幾何学的記号法をライプニッツの哲学に位置付けることにある。この点に関してライプニッツが提示する論証は「超越論的論証（transcendental argument）」として理解することができる。『純粋理性批判』においてカントが試みた悟性の判断形式と対象のカテゴリーの一致を論証する「超越論的演繹」の議論は、超越論哲学の課題として以下のように一般化することができる。すなわち、われわれの持つカテゴリーや概念図式や思惟形式が、客観的妥当性を持つ理由をア・プリオリに論証するという課題である。ライプニッツが、自分の哲学の基本前提である、世界と記号法の構造的同型性に依拠して幾何学的記号法が客観的妥当性を有することを主張することにとどまることなく、より踏み込んだ論証を行っていることを以下では示したい。実在的定義についてのライプニッツの見解は超越論的論証の一種として解釈できるが（松田［2001 9頁]）、この点を解明して幾何学的記号法における論証の役割を明示化することで、幾何学的記号法がライプニッツ哲学全体とどのように関連しているのかを解明するだけでなく、ライプニッツの数理哲学をより広い哲学史的文脈において位置付けることも期待できる。実際、同一律と置換則のみを用いてすべての真理を証明することを試みる真理論上の立場からユークリッドの公理にも証明を求めたライプニッツの態度に超越論的論証の萌芽を認めること自体は不可能ではないように思われる。したがって、さらに問われるべきなのは、具体的に

どのような論証をライプニッツが行ったか、であろう。

　幾何学的記号法は代数学化された幾何学であると捉えることができる。しかし、それは、公理と定義から定理が証明されるという意味においてのみであって、本来は意味内容を剥奪された公理体系である記号体系と、それが表現することが意図されている空間的内容という二つの要素を持つものとして幾何学的記号法を理解する必要がある。前者における厳密さの欠如がユークリッド幾何学に対するライプニッツの批判点の一つであり、この不備を補完するものとして幾何学的記号法の開発に取り組んだことは既に確認したが、演繹的な記号論理体系として幾何学を作り替えることによって、ユークリッド幾何学が保持していた強みである、定理間の論理的含意関係の厳密さと暗黙に仮定されている直観的空間理解の精密さとの精妙なバランスが崩れる可能性がある。幾何学的記号法に対する否定的評価は主にこの点を重視してのことである（林［2003 125頁］など）。

　ライプニッツ自身、幾何学的記号法がユークリッド幾何学のオルタナティヴたり得るためにはこうした批判を無視することはできないことを自覚していたことは、定義の実在性を重視することからも明らかである。ライプニッツは自らが改訂した幾何学における対象の定義が恣意的なものであってはならないことを自覚していた[12]。たとえば、『幾何学的記号法』でライプニッツは以下のように述べている。

　　合同関係によって驚くほど簡潔に表現された点、直線、円形線、平面、球面に
　　対する場所が得られた。しかし、これらが一部では真なること、一部では可能
　　であること、またわれわれの定義と他の定義が一致することを証明しなければ
　　ならない。　　　　　　　　　　　　　　　　　　　（GM. V, 167 = I, 1, 356）

同様に、『ユークリッドの公理の証明』にも以下のような記述を見出すことができる。

12　同様の指摘はクネヒトやエチェヴェリアによってもなされている。Knecht［1974 pp.141-2］及びEcheverría［1995 p.18］を参照。

第2章　幾何学的記号法における対象の導入　　71

さらに、このように決定された直線が与えられ得るかどうかを調べなくてはならない。 (A. VI, 4, 175)

このように、幾何学的記号法における諸概念の定義が実在的であることをライプニッツは要求している。ここで、前章でも触れた定義の実在性に関する議論を細かく見ておきたい。1684 年の『認識・真理・観念についての省察（Meditationes de Cognitione, Veritate et Ideis)』において、ライプニッツは、概念の実在性をその概念の可能性として、すなわち論理的無矛盾性として捉えていたが、ある概念が可能的であることがただちにその概念の実在性を、すなわちその概念が現実に妥当するものであることを保証するとは限らない。したがって、実在的定義はさらに分類される必要があるだろう（cf. 山本 [1953 23 頁註 2]、酒井 [1987 415 頁註 27]）。実際、『省察』の 2 年後に書かれた『形而上学叙説（Discours de Métaphysique)』でライプニッツは事物の可能性が知られるような定義を更に実在的定義と因果的定義と本質的定義の三つに分類している。被定義項の可能性が経験によってしか証明されない場合は実在的定義である。因果的定義については「可能性の証明がア・プリオリになされるとき、定義は実在的であり、さらに、因果的（causale）でもある。たとえば、定義が『そのものの生成が可能であること』を含んでいるような場合である」(A. VI, 4, 1569 = I, 8, 187) とされ、本質的定義については「その定義が分析を最後まで押し進めて原始的概念にまで到達して、その可能性のア・プリオリな証明を必要とするものを何一つ仮定しなくなれば、定義は完全すなわち本質的（essentielle）である」(ibid.) とされている。このようにライプニッツは、概念の実在性が知られる定義を柔軟に捉えている。すなわち、概念の実在性は、論理的無矛盾性を示すことをのみではなく、ア・プリオリでもア・ポステリオリな仕方でも可能であるとライプニッツは考える。

　定義の実在性に関するこうした柔軟な立場は、幾何学的概念の実在性を確証する場面でも保持されているように見える。1679 年の資料でも、「二つの点が与えられればそれらを通過する直線を引くことができる」(CG, 84) という主張の正当性が背理法を用いて示されている。すなわち、仮にそのような直線が引けないとすると、空間内において離れた二つの点を同時に考察することがそ

れ以上の意味を持ち得ないことになるが、これは、本章1節で触れた『ユークリッドの公理の証明』における「任意の新しいものは常に二つの任意のものを同時に取ることで決定される」に反するのである。

また、『人間知性新論』においては、「2本の平行線の、それは同一平面上にあって無限に延ばされても交わらない、という定義は名目的でしかありません。なぜなら、まずそれが可能かどうか疑いうるからです。しかし、平行線を描いていくペンの先が与えられた直線と常に等距離を保つよう注意しさえすれば、与えられた直線に平行な直線を平面上に引きうることを理解したときには、同時に、それが可能であることと、平行線は決して交わらないというこの固有性をどうして持つのかがわかります」(NE3-3-18 = A. VI, 6, 295 = I, 5, 42)とテオフィルは述べている。しかし、第1章で論じたように、ここでの議論は具体的に線分を作図する行為に依拠して定義の実在性を示すものであるため、あくまでもユークリッド幾何学に限って妥当する議論である。幾何学的記号法に関しては図形的表象を用いない議論が要求されるが、幾何学的記号法の客観的妥当性を示すためにライプニッツが取りうる方法は大きく二つあると考えられる。すなわち、経験的に確証するア・ポステリオリな方法と、論理的な手続きを用いて証明するア・プリオリな方法との二つである。平行線公理の妥当性を実際に線分を描くことで確認するという先の引用箇所での議論は言うまでもなく前者に属する。ユークリッド幾何学の公理を証明することで自らの幾何学的記号法の正当性ならびにユークリッド幾何学の不備の克服が示されるというライプニッツの基本的立場が立脚するのも、前者の立場である。ユークリッド幾何学の公理の証明という手続き自体は確かに論理的なものだが、ユークリッド幾何学の公理を証明することと幾何学的記号法の客観的妥当性を論証することとの間には埋められるべき隔たりがある。ユークリッド幾何学の公理を定義と同一律のみによって証明することで幾何学的記号法の実在性を確証するためには、ユークリッド幾何学の客観的妥当性が成立していなくてはならない。ユークリッド幾何学自体の妥当性が経験的であれ論理的であれ何かしらの仕方で確保されていなければ、ユークリッド幾何学の公理の証明という手続きによって示されるのは、文字通り「ユークリッド幾何学の公理が定義と同一律によって証明されること」でしかないからである。形式体系の整合性を示すことや論理的含意関

係を明示化することは、現実の空間（3次元ユークリッド空間）についての数学的探究としての幾何学の客観的妥当性の論証とは原理的には別種の試みである。したがって、ライプニッツが重要視したユークリッド幾何学の公理の証明は、それ単独では幾何学的記号法自体の実在性の論証には寄与しないのである[13]。むしろ、この論証は、前節で挙げた記号法が妥当性を持つために満たすべき二つの条件のうち、対象相互において成立する性質を適切に表現することができるという意味で、「表現間における関係の保存」に関する論証に該当するものと言える。

純粋な形式体系としての抽象的幾何学ではなく、あくまでも現実の物理空間に適当可能な幾何学として幾何学的記号法を捉えるならば、論理的な手続きのみによってその妥当性を示すことは困難であるように思われる。質料的側面と形相的側面を持つ幾何図形の使用が有益であることの根拠の一つは、幾何学の客観的妥当性の問題を（たとえば、幾何学的対象と図形との関係を後者の抽象により前者が得られるというように捉えることで）比較的容易に処理することができるという点にあるが、図形を用いない幾何学的記号法においては、記号は代数的なものに制限され、その形相的側面に置かれる比重は図形と比べると程度の弱いものとなる。確かに、ライプニッツ自身が実在性論証のあり方を多様に語るため、ユークリッド幾何学の妥当性を担保した上で、幾何学的記号法との同型性の論証を目指すという方針を不適当なものとして非難することはできない。そこで、以下では論理的な手続きという観点から幾何学的記号法の実在性について考えてみたい。これにより、ライプニッツの元来の意図である、幾何学的対象に妥当する性質は公理も含めてすべて定義と同一律から証明されなくてはならないという幾何学観がライプニッツの幾何学的記号法に関する取り組みにどのように反映されているのかを解明してみたい。

2.3.3　直線の分析

空間とは数学的には点（空間の構成要素）の集合であると考えられる。より厳密に言えば、点の集合に、点同士の位置関係を示すメトリックを導入したも

13　たとえば解析のように代数方程式により図形を表現する場合を考えてみよ。解析の妥当性ないし適用可能性は、方程式によって表現される幾何学的空間の性質に基づくものである。

のが空間である。既に述べたように、初期においてライプニッツは点－集合論的空間観を保持していると考えられるが、幾何学的記号法において導入される空間が3次元ユークリッド空間と同型であることを示すことができれば、ライプニッツの意図通り、幾何学的記号法はユークリッド幾何学の代替理論たる資格を有すると言うことができよう。たとえば、2点間の距離関係を示す距離関数を導入することによってこうした課題が遂行されるが、もちろんライプニッツ自身は距離関数のような道具立ては有さない。そこで以下では直線の定義に関する議論に焦点を当てることで、ライプニッツの幾何学的記号法の実在性論証のメカニズムを解明したい。

　2.3.1節で引用したマサム夫人宛書簡は以下のように続いている。「しかし、もしわれわれが十分な分析を持つ場合のみ概念を持つというのであれば、当然ながら幾何学者もまた、直線の概念さえ持つことはないでしょう。なぜならば、人が幾何学において持つ直線のイメージは判明な観念ではなく、直線の性質を証明するには十分ではないことを知らなくてはならないからです」(GP. III, 362-3)。その単純さゆえに図形的表象がもっとも容易であると思われる対象の一つである直線でさえも、ライプニッツにとっては、その導入を図形によって行うことは認められない。実際、幾何学的対象としての直線に対するライプニッツの慎重な姿勢を裏付けるものとして、プロクロスの『ユークリッド「原論」第1巻の注釈』においてタレスが最初に証明したとされる定理[14]「直径は円を二等分する」の批判的検討を挙げることができる。証明は、直径で分けられた円の二つの部分を直径に沿って重ね合わせ、片方が他方の内部に収まることがあり得ないことを示す背理法によってなされるが、その際、重ね合わせが可能であることを証明する必要があり、そのためには直線の定義を再検討する必要があるとライプニッツは1712年の『ユークリッドの基礎について』や同年のシェンク宛書簡(De Risi [2007 pp.620-1] に採録)において注記している。ユークリッドの『原論』の第1巻定義4において、「直線とは、その上の諸点に対して等しく置かれている線である」(エウクレイデス[2008 181頁])と定義され

14　ただし、タレスがこの定理を証明したとする説には異説もある（エウクレイデス［2008 93頁]）。

ているが、ライプニッツはこの直線の定義を再検討し、自らの幾何学的記号法に改めて位置付ける作業を行う。「私は直線を様々な仕方で定義することができる」（GM. V, 185 = I, 3, 249）とライプニッツは述べるが、ここではデ・リージの議論を参照しつつ、『ユークリッドの公理の証明』と『ユークリッドの基礎について』における直線概念の分析を取り上げて、幾何学的記号法の実在性論証においてそれが固有の意義を持つことを示してみたい。端的に述べると、幾何学的記号法にとって直線の定義が他の対象の定義とは異なる重要性を持っている点は、直線の定義によって空間の性質がア・プリオリに決定されるためである。

　ライプニッツが与える直線の定義は、その全ての部分が全体に対して相似であるもの（CG, 64, 288）、所与の 2 点間の最小距離を描くもの（CG, 96, 124/GM. V, 145 = I, 1, 324）、平面の切り口（GM. V, 174 = I, 3, 170）などというように様々なものがあるが、決まってライプニッツはその定義が実在的であることを示す必要があることも注記している。ところが、実在性論証の必要性を述べる一方、実際にそれを行っている草稿は少ない。ライプニッツ自身が、どのような方針で論証を行うのが適切なのか、未だ判然としていなかったのではないかと考えることもできるが、例外的に『ユークリッドの公理の証明』においては直線の定義の実在性を実際に論証している箇所がある。そこで以下では、この資料におけるライプニッツの直線の分析を辿る。

　この資料における直線の定義には、「端点に対して相似な仕方で関係を持つ任意の点が産出されるもの」（A. VI, 4, 167）とする定義、2 点間の最短距離とする定義（A. VI, 4, 171）、決定概念を用いた定義（A. VI, 4, 173-6）が見られるが、最後の定義においてライプニッツは直線の決定方法を複数想定している。とりわけ、2 点が与えられれば決定される直線が 2 点間の最短距離でもあることを証明することにライプニッツは執着している。「直線は、2 点が与えられれば、他の条件を付け加えることなしに、決定する」（A. VI, 4, 175）とされるが、「2 点間の最短距離」としての直線が一意に決定することをライプニッツは証明しようと試みるのである。ライプニッツがこうした試行錯誤を他の対象に対して

15　ユークリッドによるこの定義は不明瞭さをはらみ、歴史的に解釈上の問題となっていた（ジェスティ［1999 118-22 頁］）。

も行っているわけではないことから、対象の定義の実在性を示すこと以上の動機を直線に関して保持していたことが推測される。ライプニッツ自身は直線についていかなる洞察を持っていたのかを具体的に明示してはいないため、残された資料からライプニッツ独自の直線理解を取り出してみたい。

　2点間の最短距離が一意に決定すること自体は、空間の性質から独立に示されることではない。なぜなら、球面上のような曲率がゼロでない空間においては2点間の最短距離が一意に定まらないことがあり得るからである。デ・リージは、幾何学的記号法においてはこの数学的事実が前提として仮定されているのではなく論証されるべき事柄として扱われていることに着目し、3次元ユークリッド空間が幾何学的記号法のモデルとなっていることをライプニッツが示そうとしたと指摘する（De Risi［2007 pp.241ff］）。この解釈によると、幾何学的対象としての直線の定義の実在性が、作図によってでもなく、直観的理解を暗黙に仮定することなく、ア・プリオリな手続きによって示されているために、これまで本章で解明してきた幾何学的記号法における対象導入法の条件である「対象との類似性の保持」は満たされるものと考えられる。デ・リージの解釈を補足するならば、直線の分析において、概念の全体と部分関係と要項関係が区別されている点を強調しておきたい。すなわち、ライプニッツがユークリッド幾何学の諸概念の定義を再検討し、〈相似〉や〈距離〉や〈合同〉といった概念が取り出されて対象化された上で、それらを用いて対象としての直線を再定義している点である。

　デ・リージ自身が正当にも認めるように、この試みは成功しない。しかし、ライプニッツが直観的空間理解も作図も用いずに、数学的に空間の性質を規定しようとしていた点は重要である。なぜなら、この試みは幾何学的記号法の超越論的論証として捉えられるからである。実際、ライプニッツは2点間の最短距離が一意に決まるという証明を『ユークリッドの基礎について』（GM. V, 209 = I, 3, 290）[16]や『位置計算について』（C, 551-2）といった晩年の著作においても行っていることから、この証明に生涯関心を持っていたことがうかがえる。とりわけ、『ユークリッドの基礎について』では『原論』では自明なこととして証明

16　2点間の最短距離としての直線が一意に定まることは『幾何学的記号法』14節でも証明されている（GM. V, 147 = I, 1, 326）。

されていない「2直線は空間を囲まない」という命題の証明が試みられている
が、これは実質的には2点間の最短距離の一意性の証明となっている。

こうした一連の試みは、ライプニッツが空間の曲率がゼロであることを前提
ではなく論証の対象として捉えていたことを示している。もちろん「曲率」と
いう概念自体をライプニッツが持っていたわけではない。しかし、ユークリッ
ド幾何学の論理的不備の補完から、直線概念についての論証を繰り返し行って
いることは、空間を数学的に表現することに関するライプニッツなりの洞察を
示すだけではなく、幾何学的記号法によって定義される空間が3次元ユーク
リッド空間であることを、経験や直観を引き合いに出さずに、あくまでもア・
プリオリに証明することを試みていたこととして捉えることができるだろう。

2.4　幾何学的記号法における関係概念の役割

幾何学を代数的記号法によって展開可能なものにすることを目指すライプ
ニッツが直面する課題として、そうした記号法において定義された対象が正当
な幾何学的対象であることを示すことが挙げられた。この問題に対するライプ
ニッツなりの解答としては、2点間にただ1本の直線を引くことができること
を証明することにある点については前節で述べた。経験的知覚の対象であり、
かつ、形式的操作が施されるべき最小限度の性質以外は捨象された数学的対象
でもあるという二重の性質を幾何学的対象は持っているため、空間を対象とす
る記号法である幾何学的記号法を構築する際には、われわれの空間的知覚に関
する経験から構成された直観的空間理解を適切に保存することが要求され
る。しかし、形式的概念としての空間を定義すること自体には相当に自由なア
プローチが許されるため、それでもなお幾何学が空間を探求する理論である「幾
何学」であるのはいかなる所以によるのかという問題は依然として残る。ラ

17　ここで、「私たちの空間的知覚に関する経験から構成された」と単純に述べてしまうこと
　　には多少の躊躇もある。なぜなら、われわれが空間について何らかの直観的理解を持つこ
　　と自体は疑い得ないが、それが感覚経験に基づいて得られたものなのか、あるいは、生得
　　的なものなのか、といった、その出自についてまでも完全に明らかになっているとは思わ
　　れないためである。この点は認知科学や発達心理学などの分野の知見を参照されることで
　　解明されるべき論点であろう。
18　田村［1981 第1章］にはこの主題に関する探究が含まれている。

イプニッツが幾何学的記号法を構築するに際して直面したもう一つの問題はまさにこれであると考えられる。すなわち、形式的記号体系としての記号法が「幾何学」であると主張できるとすれば、それはいかなる資格においてであるかという問題である。

　ライプニッツにとってこの二つの問題はもちろん密接に関連している。前節で触れた複数の直線概念の定義の外延的同一性の論証から空間の一意性を導出する議論はこの両者の問題に答えるものと解釈することができる。では、代数的記号法によって定義された対象の正当化に関してライプニッツがこのような解決策を持ち得た背景にはいかなる理由があるのだろうか。本節では、関係的性質の対象化と「順序（ordo）」に関するライプニッツの考察を取り上げることで、幾何学的記号法をライプニッツ哲学において位置付けるための準備としたい。

　ライプニッツが対象に関して、構成上の単純性と外延上の単純性を明確に区別していたことは既に確認したが、その結果、全体－部分関係に捕らわれずに、概念間の論理的関係によって幾何学的対象を導入する視点が得られる。点を線分の部分ではなくて要項とするのもこうした視点においてである。幾何学的対象の間の論理的順序関係をライプニッツは分析する。その分析は、点の運動によって線分が生じる、あるいは立体の切断面として平面が生まれるという発生論的なものや、2点が与えられれば直線が決まるというような論理的な（発生論的な性質を含まない）ものもある。ただし、ライプニッツは幾何学的概念に図形だけではなく、相似や合同といった図形間の関係も含めているために、対象化された関係概念の導入についても考察する必要があるだろう。これらの関係概念は図形の同時表象によって知られるという、きわめて素朴な記述をライプニッツは一貫して残しているが、これは、われわれが関係概念を認識する条件を述べたものであり、関係概念自体の存在論的ステータスとは異なるものであろう。むしろ、相似や合同は対象ではなく対象が持つ性質であるとも考えることもできるだろう。では、ライプニッツはいかなる意味で関係概念を対象として捉えているのだろうか。それは厳密な意味での対象ではなく、幾何学の考察の範囲に含まれているという程度の緩い意味合いしか持たないのだろうか。幾何学的記号法における対象が正当な幾何学的対象として定義されるために

は、「対象間の関係の保存」と「対象との類似の保持」という条件を対象が満たす必要があったが、結論を述べれば、関係的性質は、幾何学的記号法が前者の条件を満たすために対象として練り上げられたものと考えることができる。

　まず、個体と性質をめぐるライプニッツの見解を参照してみたい。ラッセルに始まる伝統的なライプニッツ解釈によれば（Russell [1900]）、命題の主語が個体概念に、述語が性質にそれぞれ対応し、個体への性質の帰属は、述語の主語への包含として理解される。だが、ライプニッツ自身はこうした内属原理のみによって個体把握を行っていたわけではない。1679 年の『普遍計算の範例 (Specimen Calculi Universalis)』において、ライプニッツは本性上の先後関係を、分析と綜合になぞらえて理解する。「本性上先行する項とは、複合項を単純項に置き換えて得られる項である。同じことになるが、本性上の先行は分析によって、後続は綜合によって得られる」(A. VI, 4, 286 = I, 1, 133)。たとえば、30 は 15 と 2 を掛けたものである。したがって、15 は本性上 30 に先行する。ここでライプニッツは複雑なものから出発して単純なもので終わるというアリストテレス流の哲学観に従っているのだが（Rauzy [1992 p.33]）、項の間の包含関係では対象間の一致を説明できないという困難が生じる。上の例で言えば、「30 は 15 掛ける 2」は、A=BC と表現できる。この意味で B や C は本性上 A に先行するが、本性上の先後関係を項の包含関係として捉えると、B や C は A に含まれることになり、A が B と C に先行することになる。すると、A と BC とは同一であるにも関わらず、順序の点で異なるということが帰結される。ライプニッツはこの困難を回避するために、項が指示するものと項それ自体とを区別し、同一関係に立つのは前者であり、順序関係に立つのは後者であると捉え直すことを提案する。

　また、内属原理により先後関係を捉えることに対する困難として、そもそも包含関係にない概念間の順序をどう説明するのかという問題がある。たとえば、15 は 2 によって割り切れないために、上述の方法によっては両者の間に順序を設けることができない。このため、ライプニッツは〈本性上の先行〉の定義を改めて、「本性上の先行とは、より少ない派生的な項から得られる項である」とする（A. VI, 4, 286-7 = I, 1, 134）。「より少ない派生的な項」とは、「単純項の数より少ない数に等しい項」である。これらの定義から、「A が B に本

性上先行する」とは「A に含まれる単純項の数が B に含まれる単純項の数より小さいとき」と定式化することができる（Rauzy［1992 pp.33-5]）。これに従うと、2 は 15（＝ 3 × 5）に先行する。これはもはや内属原理による先行順序把握ではない。

　初期の頃からライプニッツがこうした議論を執拗に行っていることは、内属原理に基づく個体概念の理解という従来のライプニッツ解釈では十分に理解することができないだろう。実際のところ、「含む」という関係をライプニッツはさらに細分化して捉えているのである。このことは「順序」に関するライプニッツの哲学的考察において跡付けることができる。1679 年の『〈本性上の先行〉とは何か (Quid sit Natura Prius)』(A. VI, 4, 180-1) においてライプニッツは、概念間の関係としての順序について考察している。ある実体に後続する状態が同じ実体に先行する状態を含むと素朴に考えるとする（これはライプニッツの内属原理の帰結でもある）。すると、逆に、先行する状態は後続する状態を含むがゆえに（ライプニッツの個体的実体論から、実体はその過去や未来に起こる出来事をすべて含むとされる）、先行する状態と後続する状態とでは先後関係を付けることができないことが帰結する(A. VI, 4, 180)。この問題を解決するために、ライプニッツは「本性上の先行」を、状態についての包含関係としてではなく、発見や論証の順序として捉える。ライプニッツが例として挙げているのは、「正弦は直径の部分の比例中項である」[19]と「二つの直線が円において交差するなら、同じ点を通る部分の積は互いに等しい」（方ベキの定理）という円について成り立つ二つの性質である。ライプニッツは、前者の性質が後者に本性上先行すると考える。なぜなら、前者の性質が既に種として後者に含まれているからである。かくして、ライプニッツは「本性上の先行」を概念の可能性の証明の容易さについての順序関係として捉えるようになる。[20]

19　当時は「正弦 sinus」は円弧に対して理解されていたため、ここでの正弦は、円の半径を r とすると、r × sin α である。

20　1678 年頃に書かれたスピノザの『エチカ』第 1 部の註解においても、定理 1「実体は、本性上、その諸々の変状に先行している」に対して、「本性上の先行」をスピノザのようにそれによって他の事物を知性認識することと捉えず、より広く、理解の容易さに関する順序として捉える見解が記されている（A. VI, 4, 1766-7 = II, 1, 106-7）。ここでは 10 という数について、「6 ＋ 4 である」という性質（proprietas）は、「1 ＋ 1 ＋ 1 ＋ 1 ＋ 1 ＋ 1 ＋ 1 ＋ 1 ＋ 1 ＋ 1 である」という性質により近い性質である「6 ＋ 3 ＋ 1 である」に本性上後

こうした一連の考察は、ライプニッツが、概念間の関係をできる限り厳密に、かつ、さまざまな領域に適用することができるように捉える立場に一貫して立っていたことを示している。既に述べた全体 - 部分関係と論理的構成の関係との区別や、第4章で述べる連続体合成の迷宮の帰結としての現実的先行と観念的先行との区別と同様に、ライプニッツはここで概念の順序を論理的形成順序と認識の順序と区別するのである。

　論証の単純さによる順序と経験的に与えられる順序（時間的順序）とを分けるという順序区分は、後の『人間知性新論』で表明されている、概念の論理的形成順序と歴史的順序（人間によって認識される順序）を明確に区別する立場と整合するものと考えられる。したがって、こうした区別をライプニッツが一貫して保持していると考えられることから、幾何学的記号法においてもこの区分が何かしらの影響を与えているものと推測される。自然界に存在し、経験の直接的対象となる物体ではない数学的対象の場合であっても、概念の論理的形成順序を発見や論証の順序とを区別する必要があるとライプニッツは考える。むしろ、幾何学的対象が自然界に存在する物体の抽象によって得られるというユークリッド幾何学が暗黙に依拠する導入方法を採らない幾何学的記号法は、概念の認識の順序と論理的形成順序を区別する必然性があったとも言える。

　本書がライプニッツの幾何学研究を、数学理論としての幾何学はいかなる意味において「幾何学」なのかを探究するという意味において「幾何学の哲学」として解釈することが正当であることの根拠の一つには、この探究の重要性自体にライプニッツが自覚的であったことだけではなく、認識論的制約に過度に捕らわれることなく数学理論の構築を可能とする哲学的基盤がライプニッツ哲学において整備されていると考えられる点にもある。数学的対象はイデアとして神の知性の領域において存在するため、対象の性質は無時間的に成立しており（A. VI, 3, 463）、したがって、人間知性によるそれら性質の発見の順序をそのまま性質間の論理的関係と同一視することは、本来の数学的探究をゆがめて捉えることになる。実際、数学の場合、命題が論証される順序は、命題内に登場する概念の定義の仕方や公理系や推論規則に大きく依拠する。幾何学的記号

行するとされる。含まれる単純項の数によって本性上の先後関係を捉える見解は1688-9年の定義集にも見られる（A. VI, 4, 937）。

法においても、点から線分、平面を順に構成的に定義する仕方と、空間から平面、線分、点をそれぞれ先行する対象の境界として定義する仕方が共存している[21]。したがって、ライプニッツの議論を、含まれている単純項の数のみにしたがって先行関係を捉えるという柔軟な数学的探求の枠組みを整備するものとして考えることができる。それゆえに、数学的対象については存在論的起源（神の知性における存在）と論理的形成史（より単純な概念による対象概念の形成）の区別がより重要であると考えることができる。

　以上から、関係概念の導入が意味しているのは、概念相互の関係が内属論理によっては捉えきれない対象領域の存在が他ならぬ幾何学において見られることにライプニッツが何らかの仕方で気が付いていたという点であると考えることができる。本章1節で触れたライプニッツの概念構成論にしたがえば、形式的操作により構成された概念は、それが実在的であることが示されることによって記号法への導入が認められる。実在的定義には、その被定義項の構成を具体的に示すという因果的定義が含まれている。すなわち、概念構成の提示要求に応えることにより実在性が満たされるという立場である。作図法の有効性がこの点に存することは前章でも触れた通りであるが、関係概念についてはどうか。前章でも触れたように、ライプニッツが関係概念に与える定義は、感覚的表象による説明に基づくものである。たとえば、合同概念に関しては、同時表象によって区別できない図形同士が合同とされるのだが、この際の図形の身分が問題となる。なぜなら、ライプニッツの不可識別者同一の原理によれば、自然界に同一の対象は二つとして存在しないため、こうした規定が現実に存在する図形について厳密に適用される場合、関係概念が成立しないからである。

　もちろん、理想的図形についてはこの規定を適用して関係概念を得ることができる。しかし、表象を経由して得られる対象は具体的個物としての図形であるため、関係概念を対象化するためにはライプニッツがユークリッド幾何学に見出した困難、すなわち、理想的図形をいかにして得るのかという問題が生じることになる。純粋に形式的定義としてはこうした規定には問題はない。しかし、この定義の実在性はやはり問われなくてはならない。ライプニッツ自身は

21　もちろん、複数の定義群が混在したままではない。次章で述べるが、ライプニッツ哲学との関連を考えると、明らかな定義の変遷を描き出すことができる。

第2章　幾何学的記号法における対象の導入　　83

初期の草稿から晩年の『数学の形而上学的基礎』に至るまで、一貫して表象的含意を含めた定義を関係概念には与えていることから、この困難は幾何学的記号法においては適切に処理可能であると考えていたものと思われる（詳しくは第3章1節を参照）。

さらに、関係的性質を幾何学に取り入れることについてはもう一つの困難を指摘することが可能である。合同や相似といった関係的性質は、単独の対象に内属する性質ではあり得ず、複数の対象にまたがって成り立つ性質である[22]。したがって、関係的性質の成立の前提として、幾何学的対象が存在していなくてはならない。しかし、幾何学的記号法とは関係概念による対象の構築がその特徴の一つであるために、ここに循環が認められるのではないかという難点が生じるのである。

ここで本節で述べてきた「順序」についてのライプニッツの見解を思い起こす必要がある。『位置解析について』においてライプニッツは図形同士の合同の識別を、「決定要素によって区別できないものは、まったく区別できない」とする（GM. V, 181 = I, 3, 52）。同時表象による識別不可能性と比べて、この定義は識別の内実を教えてくれる点に特徴がある。すなわち、図形同士の比較と図形を一意に決定する要素同士の比較とは同義とされるのである。さらに、図形の決定要素には関係概念が含まれるため、関係概念を対象化する必要が生じる。空間を数学的に構成するためには、「対象の集合」と「対象間の質的関係」（図形の形についての定義）と「対象間の量的関係」（図形の大きさについての定義）の三つの要素を確定することが必要であるが（cf. 田村 [1981 9頁]）、関係概念はこのうち図形間の質的関係を定めるものと考えられる。すなわち、それによって幾何学的対象が定義されるという点において、関係概念は幾何学的対象に本性上先行する。しかし、経験的所与の順序としては、対象が関係に先行する。この二つの先行関係を区別することで、上述の難点も回避できるのである。

---

22 関係的性質をめぐるライプニッツの見解についての解釈をここで思い起こしておきたい。ライプニッツが、関係的性質を表現する述語を含む命題を書き換えて述語を消去しようと試みていることから、ライプニッツ哲学における関係的性質の存在を否定する解釈（ラッセルなど）と、命題の書き換えが関係的性質の拒否を含意するものではないとする解釈である。この主題については本書では述べられないが（ライプニッツにおける関係的性質についての研究は Mugnai [1992] が詳しい）、少なくとも幾何学的記号法におけるライプニッツは関係的性質の実在性は認めていたと思われる。

図形の質（形）を記号法化するために関係的性質に着目したライプニッツの洞察の重要性は、ライプニッツ自身が自覚するように記号操作のみによる幾何学の定理の証明が可能となるという点に加えて、対象同士の関係を対象化することで、数学的空間について、より精密かつ柔軟な探究が可能となるという点がある。こうしたアプローチがライプニッツの普遍記号法に準拠するものであることは、1679年の『普遍的綜合と普遍的解析、すなわち発見と判断の技法について（De Synthesi et Analysi Universali seu Arte Inveniendi et Judicandi）』の冒頭で以下のように述べられていることからも明らかである。

　　まだ少年の頃のことであったが、私は論理学を学んでいたとき、早くも教わったことの理由をもっと深く探究するのが常であったので、私は教師たちに次のように反論したものだった。単純名辞（terminus incomplex）にはカテゴリーが存在して、それに従って観念が順序だって並べられる。それと同じように、複合名辞（terminus complex）にもカテゴリーが存在してそれに従って真理が並べられるようになっていないのはなぜなのかと。つまり私は、数学者たちが命題を証明して、それらが互いに依存し合うように配列するときに、まさにこのことを行っているということを知らなかったのである。しかし私には、このことが次のようにすれば普遍的になされるように思われた。最初に単純名辞の真のカテゴリーを見出し、それを得るために一種の思考のアルファベット、言い換えれば最高位の（あるいは最高位と仮定された）類の一覧表をつくればよいのである。それは、a, b, c, d, e, f のようになり、それらの組み合わせから下位の諸概念が生じるだろう。　　　　　　　　　　（A. VI, 4, 538-9 = I, 2, 12-3）

　空間概念を分析してより下位の概念へと分解し、やがては単純概念としての関係概念へと到達し、今度はこれらに記号を割り当てて対象を定義するという幾何学的記号法の基本方針は、ライプニッツの哲学的探究方法にしたがったものである。全体と部分の外延的な関係に拘泥することなく幾何学的対象の分析を行うライプニッツが関係概念を単純概念として見出し得た背景にはこうした「順序」に関する見解があるのである。
　数学的対象に関して、論理的起源と歴史的起源を区別することは確かに重要

である。抽象的対象である数学的対象の存在を無矛盾性が保証するという枠組みが、人間知性によるイデアの領域の豊かな探求を可能にする。最大数のような実在に対応するものを持たないという意味で不適当な対象も、公理との不整合という観点から説明できる（A. VI, 3, 463）。幾何学に関しても、ライプニッツがユークリッド幾何学の公理の証明を重要視したのもこの理由からである。しかし、幾何学的対象の存在は無矛盾性のみによっては保証されない。ライプニッツは本性上の順序関係を可能性の証明の容易さの順序と同一視する視点を持つが、さらに、実際の証明手続きは定義と同一律と置換則に依拠するため、定義の重要性が浮き彫りになる。よって、定義と公理と推論規則を用いて対象が持つ性質を明らかにして、それらの論理的含意関係を整理するという数学の特質は順序に関するライプニッツの見解に沿うものと考えられる。図形の定義の出発点となる基礎概念としての関係概念を事物の同時表象によって得られるものとして考えることにより、表象という単純な仕方で知性に獲得される概念を基礎とするという最小限の制約がライプニッツに幾何学的記号法についての多様な試みを可能にしたと考えることができるだろう。ライプニッツ自身は公理の証明という認識論的動機を常に保持し、そのためにさまざまな定義を考え出したのだが、結果的に、直観に捕らわれることなく数学的空間を探究する幾何学というライプニッツ的幾何学観が生み出されたのである。

2.5 非ユークリッド幾何学の可能性

最後に、本章で論じてきたことを踏まえて、幾何学的記号法に非ユークリッド幾何学の可能性を読み込むことができるかどうかという問題の検討に移りたい。時代的制約を考慮すれば、ライプニッツ自身の証言からは非ユークリッド幾何学の可能性を認めることはできないことは明白である。さらに、本節で示すように、ライプニッツが空間について議論する際に、対象となっている空間が3次元ユークリッド空間でなければ妥当しない類の議論を行っていることも確かである。すなわち、ライプニッツが空間や幾何学について議論する際に3次元ユークリッド空間を暗黙に仮定していることは否定できない。ではなぜこの問題を取り上げるのか。たとえば、カントの空間論と非ユークリッド幾何学

の関連（あるいは無関連）については現代でも議論されているが、哲学者の遺した資料から最大限の哲学的帰結を引き出すという哲学史研究の課題の一つを遂行するためには、資料を、一見すると単なるアナクロニズムでしかないと思われるこうした問いとも積極的に付き合わせることが不可欠であるだろう。また、ライプニッツの時間空間論は現代的な観点から盛んに議論されているが、幾何学研究に関してはまだ十分であるとは言えず、本節で検討するレッシャー、ベラヴァル、デ・リージが議論を行っている程度である。したがって、本節のような現代的観点からの検討はなされてしかるべきであろう。[23]

　では、非ユークリッド幾何学の可能性を幾何学的記号法に読み込むことはできないのだろうか。この論点に関して、ライプニッツにとっては幾何学的真理は偶然的であると主張し、非ユークリッド幾何学の余地を認める解釈者がレッシャーである（Rescher［1977］［1996］［2007］［2013］）。これに対して、ベラヴァルは、ライプニッツの空間はユークリッド空間以外ではあり得ないとする見解を提示している（Belaval［1978］）。[24]幾何学の対象が空間であり、ライプニッツにとっては空間とは「事物の可能的な位置の秩序」であること、および、事物の位置の取り方それ自体は可能世界に相対的であるという点から、レッシャーはライプニッツの幾何学的真理は偶然的であり、複数の幾何学が可能であるという結論を導出する。こうした解釈は、数学的真理を必然的真理に含めるライプニッツの公式見解と整合しない。可能世界に対する量化によって真理の様相を定義するという現代の可能世界意味論のような特徴付けをライプニッツが明示的に与えているわけではないが、幾何学と空間の特徴付けは神の意志と知性と世界創造の関係、および、真理の様相の特徴付けといったライプニッツ哲学の根幹を成す論点とも関わりを持つものであり、その意味でもレッシャーやベラヴァルの解釈は検討に値する。

　レッシャーの主張は以下のように整理することができる。すなわち、ライプ

23　最近では内井がデ・リージの研究を踏まえた上で、情報理論の観点からライプニッツを検討し、ライプニッツの動力学と形而上学について、モナドをオートマトン、モナドの状態遷移を神がプログラムした遷移関数の結果によるものとみなし、モナド界と現象界の対応を神のコーディングと捉える著者特有の「情報論的解釈」を提示している（内井［2016］）。

24　ベラヴァルとレッシャーの議論はともに1976年に開かれた国際会議で発表された論文に基づく。

第2章　幾何学的記号法における対象の導入　　87

ニッツの「空間」は事物の入れ物ではなく、事物による共存在の秩序であり、世界相対的なものである。したがって、「空間」概念が適用される項目（item）は可能世界ごとに異なるため、可能世界ごとに空間は異なる。空間が異なれば空間について妥当する法則も異なる。ゆえに、空間についての法則も世界相対的なものとなり、ライプニッツの幾何学的真理は偶然的真理であると考えられる[25]。

「幾何学」について議論する際、それが数学の一分野としての幾何学を指すのか、あるいは現実世界の物理空間を特徴付ける幾何学を指すのか、慎重になる必要がある。レッシャー自身は、「われわれのこの現実世界の空間的構造を特徴付ける真の幾何学」（Rescher［1996 p.145］＝［2013 p.19］）と断っていることから、後者の意味での幾何学を念頭に置いていると考えられる。後者の意味での幾何学は実質的には物理学に近い。本書は、幾何学的記号法を数学理論としての幾何学として捉えるため、こうした問いが直接本書の検討課題とはならないが、晩年のクラークとの往復書簡で表明されるいわゆる関係空間説と幾何学的記号法との関係を考察するための基盤としても（この論点については第6章を参照）、まずは、レッシャーの解釈について検討しておきたい。

後期のライプニッツが主張する「事物の共存在する秩序」としての空間というテーゼが意味しているのは、事物が他の事物に対して取りうる可能的位置関係が空間を定めるということである。言い換えれば、空間の性質は事物相互の位置関係から導出可能であるとライプニッツは考えていた。より正確に言えば、この場合の「位置関係」とは事物相互の距離関係を指しているものと考えられる。ところが、事物の配置のみでは空間を一意に定めるのに十分な性質は得られない。たとえば、二つの点が離れて配置されたとしよう。この2点の間に直線が1本だけ引ければ、この点の置かれる空間はユークリッド空間である。複数本引ければ、非ユークリッド空間となる。しかし、直線の本数自体は点の位置関係のみからは決定することができない。「事物の位置関係」を定めるためには、事物が置かれる空間の性質をあらかじめ固定することが必要である。実際、クラーク宛書簡のように、事物の取りうる位置関係を反事実的想定により網羅するとしても、空間は固定されない。こうした想定により点Aと

25　こうした解釈に対して、デ・リージは、可能世界の空間はすべて同じ構造を持つと捉え、幾何学的真理の必然性を保持する（De Risi［2016 p.49 n.45］）。

点Bとの位置関係として定まるのは、点Aが点Bの上下左右のいずれかに位置するという程度の相対的な方位関係でしかなく、空間の性質を引き出すのに必要な距離関係は天下り的に与えるほかない。したがって、事物の位置関係が世界に対して相対的であること自体を根拠に、可能世界ごとに異なる空間の存在を導出し、さらには複数の幾何学の可能性をライプニッツに帰属させるレッシャーの解釈は適切なものであるとは言えない。すなわち、配置された事物だけからは空間の構造を一意に決めることはできないのである。

　天下り的に導入された空間の性質がライプニッツの議論にとって重要な意味合いを持つという点に関しては、主にニュートン的絶対空間説を批判する際に用いられる論法からも見て取れる。ライプニッツは、図形の相似性は図形を同時に表象することでのみ認識可能であることの論拠として、一方は他方のサイズを2倍にした一対の寺院があり、これらを別個に単独で観察する場合では両者を識別することはできないという思考実験に依拠しているが (GM. V, 180 = I, 3, 50-1)、この議論が有効であるのも、やはり議論対象となる空間が3次元ユークリッド空間であると仮定した上でのことである (Nerlich [1991])。なぜなら、非ユークリッド空間においては、寺院を構成するパーツのサイズを2倍にすることで、パーツとパーツとの繋がり（角度）が変化し、全体としての寺院はもとの寺院とは異なる形を見せるためである。したがって、絶対空間説に反対する論証においては、ライプニッツは、3次元ユークリッド空間を議論対象の空間として暗黙の内に想定していると考えられる（cf. Khamara [1993] = [2006 p.35]）。デ・リージも、理念的な絶対空間と事物の配列によって決定される空間とでは、前者が後者に論理的に先行するため、事物の位置関係が現実世界とは異なる可能世界であっても、空間自体の構造までもが異なることにはならないと解釈し、幾何学の複数性をライプニッツに認めることを否定している（De Risi [2007 pp.565-7. および n.88]）。

　レッシャーの解釈の誤りは、幾何学の両義性とそれに伴う空間概念の両義性に対する注意が不十分であるために生じたものと考えられる。「幾何学」がそうであるように、「空間」についての議論もまた、物理的空間と数学的空間とに二分されなくてはならない。実際、レッシャーの誤りはライプニッツ自身の証言からも裏付けられることである。1709年7月31日のデ・ボス宛書簡にお

いてライプニッツは以下のように述べているからである（cf. De Risi［2007
pp.568-70]）。

　　たとえモナドの場所が空間の部分の様態ないし境界として確定できるとして
　　も、だからといってモナドそのものが連続的事物の様態であるということには
　　なりません。物塊とその拡散は諸モナドから帰結しますが、空間はそうではあ
　　りません。なぜなら空間は、そしてまた時間は、秩序だからです。これは（空
　　間の場合は）共存することの秩序であって、そこには現実に存在するもののみ
　　ならず可能的なものも含まれています。したがってそれは不定なものであり、
　　およそ連続的なものがそうであるように、現実的に部分を有していることはな
　　いものの、単位の部分としての分数のように部分を随意に捉えることができま
　　す。もし諸事物からなる自然において、有機的身体が有機的身体へとさらに分
　　割されるその仕方が別様であったとしたら、モナドも物塊も別のものになるこ
　　とでしょう。しかし、そうであっても、それらが満たしている空間は同一のま
　　まであるでしょう。要するに、空間は連続的であり、観念的なものであるのです。
　　そして物塊は不連続で、現実的な多、つまり寄せ集めによる存在（Ens）です。
　　ただし無数の一性からなる存在です。現実に存在するものにおいては単純なも
　　のが寄せ集めに先行しますが、観念的なものにおいては全体が部分に先立ちま
　　す。このような考察を怠ったために、あの連続の迷宮を招来してしまったので
　　す。　　　　　　　　　　　　　　　　　　　　　（GP. II, 379 = I, 9, 150-1）

　ライプニッツは、連続体合成の迷宮の解決の帰結として、モナドの配置から
空間が帰結するわけではなく、空間がモナドに観念的に先行すると考える。非
延長的実体であるモナドが空間を構成することはできないからである。その際
ライプニッツがその事物に対する先行性を認めている「空間」とは、クラーク
との往復書簡においてその存在論的身分が争点になっている空間を指している
わけではない。ライプニッツが先後の順序関係を論理的構成の順序と認識の順
序とに区別して捉えている点は前節で述べたが、空間が事物に先行すると言わ
れているとき、クラーク宛第5書簡において主に議論される、われわれは空間
概念をいかにして獲得するのかという認識の順序における先行が言われている

90

のではなく、論理的な先行、あるいは「本性上の先行」が言われていると考えられる。そこに含まれるより単純な概念の数の差で先行関係を捉えるのが「本性上の先行」だが、空間論の文脈では、「あらゆる場所を含む場所」（GM. VII, 21 = I, 2, 73）として導入された空間は空間内に位置するさまざまな概念規定を持つ事物よりも本性上先行する。これは空間の観念化というライプニッツの傾向とも整合する。こうして理解される空間は「我々によって表象された限りの対象の形式」（山本［1953 296頁］）という意味においてカント的空間概念に類比した身分を持つと考えることができる。以上のように、レッシャーの解釈は、物理空間と数学的空間との関連についての問いが消去されている（あるいは誤って処理されている）ために、少なくとも数学的空間の探求としての幾何学的記号法には妥当するものではない。[26]

　次に、レッシャーとは反対に、ライプニッツにユークリッド空間以外の空間を帰することに否定的なベラヴァルの解釈を検討したい。ベラヴァルは、事物の位置関係と空間の性質との間の関係を『形而上学叙説』における「下位の準則（les maximes subalternes）」を引き合いに出して理解する（Belaval［1979 pp.173-4]）。下位の準則とは自然法則を指しているが（A. VI, 4, 1538, 1556）、神の奇跡は一見すると下位の準則に反するように見える。しかし、奇跡は下位の準則より上位にある「一般的秩序（l'ordre général）」には適合する。「一般的秩

26　レッシャーによる、ライプニッツに非ユークリッド幾何学の余地を認める解釈は複数の文献で提示されている。解釈の骨子はどの文献でも変わりないため、本文で提示した批判に加えて新たな批判を行う必要はないと考えられるが、一点だけ付加しておく。最近の文献でレッシャーは、1676年4月の『単純な形相について（De Formis Simplicibus)』の以下に引用する一節を、ライプニッツが幾何学の複数性を暗黙のうちに認めていた証拠として解釈している（Rescher［2006 p.18]）。「物体はこの秩序やあの秩序に応じて多様化するように思われるし、また、この法則の集合やあの法則の集合が生じる。たとえば、われわれの秩序における法則とは、同じ運動量は常に保存されるというものである。他の法則が存在するような別の自然本性も可能である。しかし、後者の［自然の］空間が前者の［自然の］空間と異なるのは必然的である。そこでは、何らかの位置や量があるだろうが、それは長さ、幅、深さと同じものであるとは限らないだろう」（A. VI, 3, 522)。確かに、レッシャーが引用する箇所を文字通り受け取れば、そうした主張を引き出すことが可能だろう。しかし、この遺稿はスピノザ哲学に対するリアクションとして書かれた一連の遺稿の一部であり、スピノザとチルンハウスの書簡を受けるかたちで、現実世界の最善性を正当化するために可能世界という概念が用いられるようになる、という、後の『弁神論』に繋がる文脈において読まれるべきものである。また、ライプニッツが幾何学研究に本格的に取りかかる以前である1676年という遺稿の執筆時期を考えても、この遺稿のみを根拠として、ライプニッツ哲学に幾何学の複数性という発想を帰することは正当化できないと考えられる。

序」が具体的に何を意味しているのかは明確ではない。しかし、神がそれに服するという意味では、論理法則ないしそれに類するものとして理解してよいだろう。神がある特定の法則を下位の準則として採用するのは習慣でしかなく、別の法則を採用する理由があれば、神は下位の準則を変更することもできるとライプニッツは主張する。ベラヴァルは一般的秩序と下位の準則との関係を、自然法則を定めるものとしても解釈する。クラーク宛第2書簡でも述べられているように、幾何学を含む数学は論理法則としての同一律と矛盾律のみから演繹することができるが、自然学を導出するためには十分な理由の原理が必要である。ベラヴァルは、論理学から展開される幾何学の複数性を認めないが、論理法則と十分な理由の原理との関係を一般的秩序と下位の準則との関係になぞらえることで、実は、物理的空間が下位の準則次第によってその構造が変わり得る余地を（ベラヴァル自身もおそらくは気付かないうちに）見出している。確かに自然法則が現実世界とは異なる法則であるとしても、空間そのものの構造までもが異なることにはならない。しかし、下位の準則に反することを神が意思するとしても、それは一般的秩序には合致するものであり、ここから、現実世界とは異なる構造を持つ空間の可能性が一般的秩序に反しないものとして認められるのである。先に提示したレッシャーの解釈に見られた不備、すなわち、事物の位置関係の相対性から空間の相対性は導出されないという不備は、一般的秩序と下位の準則との関係に基づく解釈によって克服できる可能性がある。以下では、ベラヴァルの解釈の妥当性を検討してみよう。

　確かに『形而上学叙説』において、ライプニッツは、この現実世界でのローカルルールとしての下位の準則は神によって変更可能であると考えていた。『形而上学叙説』での下位の準則はあくまでも自然法則であり、クラーク宛第2書簡で言及される、自然学を導くために必要な形而上学的原理としての十分な理由の原理とは同一視できない。しかし、物理空間の構造を決定するためには論理法則だけでは十分ではなく、自然法則であれ形而上学的原理であれ、他の何かに訴える必要があるという点では変わりない。[27] ライプニッツ自身はそうし

27　ドゥビュイッシュとラブアンは、レッシャーとベラヴァルの解釈の検討を通じて、幾何学は論理学のみからは導出できず、十分な理由の原理が必要であるとし、そうした理由の原理がなぜユークリッド幾何学を選んだのかと問いを立てた上で、その根拠を錯雑した表象

た付加的な役割を担う原理の候補として複数の原理が想定できるとは明示していない。むしろ、そうした原理に関しても、可能性としては複数の候補があり得るとしても、実際には、既に述べたように、特定の空間構成の原理が天下り的に与えられると考えていたように思われる。

　では、以上の考察で、ベラヴァルのように、一般的秩序に反しないことを根拠にして、ライプニッツの議論に幾何学の複数性を帰する可能性までもが否定されたと言えるのだろうか。確かに、物理空間の探究の科学としての幾何学の複数性をライプニッツは明示しては認めない。しかし、空間は事物の可能的な位置関係によって決まるというライプニッツの関係空間説は、より精確には、空間は事物の可能的な関係と形而上学的規則によって決まると述べ直されなくてはならない。実際、『形而上学叙説』21 節やクラーク宛第 2 書簡でも、ライプニッツは自然学ないし力学を導出するためには形而上学が必要であると表明している。すなわち、世界の空間的構造を決める要素には可変的なものが含まれると考えられるのである。

　ならば、数学理論としての幾何学についてはどうだろうか。本章の議論から、幾何学的記号法における対象導入の特徴の帰結として、ライプニッツは幾何学的記号法によって定められる空間がユークリッド空間であることを証明する課題を引き受けていたこと[28]、そして、直線概念の分析がその課題遂行として考えられることが明らかにされた。また、クラーク宛書簡では、算術と幾何学を含む数学が論理学から導出可能であるとライプニッツは明言している。した

に関連付ける（Debuiche and Rabouin［forthcoming］）。同じ大きさのものを同時に知覚すると相似性が得られるが、これはユークリッド空間でないと言えないため、非ユークリッド空間では実体の表象説が維持できなくなる。ここで引き合いに出されている論点は、本章でも触れた、絶対空間説を論駁する論証と同じものである。すなわち、ライプニッツは、自説を擁護したり、対抗する仮説を退ける議論において、この世界の空間がユークリッド空間であることを暗黙に仮定していることを意味している。この意味でも、非ユークリッド幾何学を認める余地があるかという論点は、ライプニッツの空間論や幾何学的記号法のみに関するものではなく、他の論点にも関与していると考えることができる。

28　物理空間の性質を探究する科学としての幾何学と数学理論としての幾何学との区別の必要性に言及した上で、内井は「ライプニッツには、おそらく、神の作った法則にしたがう可能な配置がユークリッド幾何学になると主張する道が開かれている」と述べるが（内井［2006 51-2 頁］）、後述のように、より正確には、幾何学を決めるのは「神の作った法則」ではなく、空間の構造を決定するのに必要十分な概念の定義の集合である。後に内井はライプニッツの空間にはメトリックを自由に入れる余地があるとし、ここに非ユークリッド空間の可能性を見出している（内井［2016 122-3 頁］）。

第 2 章　幾何学的記号法における対象の導入　　93

がって、ライプニッツ哲学における数学の位置付けを、算術や幾何学といった個別分野に限定して考察するためにも、ライプニッツの議論に非ユークリッド幾何学の可能性を幾何学的記号法において構成される数学的空間に認めることが可能かどうかを検討する必要がある。

　実際、観念的空間が現実の物理空間からいかにして導出されるのかを考えれば、幾何学的記号法にユークリッド幾何学以外の幾何学を見出すことは不可能ではないと考えられる。本章前半で触れたように、ライプニッツの概念構成法とは、所与の概念を分析してより単純な概念を獲得し、それらを用いて新たな概念を構成するというものである。新たに構成された概念の実在性をライプニッツは柔軟に捉えているが、原則として論理的整合性を重視する立場は一貫している。幾何学的対象としての空間概念を点や立体などの空間の部分である対象だけではなく、相似や合同などの関係概念にも分解し、それらを用いて幾何学的対象を構成するという手法が採られている。本章 2 節で引用したように、1676 年頃の草稿において既に「ことがらを実験によってでも想像力によってでもなく、精神ないし証明のみによって（non exprimento atque imaginatione, sed sola mente sive demonstratione）引き出すこと」（CG, 66）と述べている。本章 1 節で述べたように、ライプニッツは想像力に依拠せずに幾何学的対象を捉えるという方法を追求したが、幾何学的概念を再構成する際に、対象同士の距離関係を柔軟に捉えることも可能であるため、幾何学的記号法の手法を敷衍すればユークリッド空間以外の空間を数学的に導入することもまた不可能ではないのである。

　数学的真理の様相的身分を問うためには、その真理を表現する命題が導出される論理体系を定める必要がある。そして、その体系の公理と推論規則のみからその命題が導出されることにより、数学的真理の必然性が保証される。幾何学についても事情は同様である。すなわち、統語論的には数学的真理のメタレベルでの必然性はある特定の公理系に対してのみ成立するという意味で、相対的なものである。したがって、数学的真理の様相的身分について問うことは、公理系や推論規則の様相的身分について問うことを含意する。もちろん、数学理論としての幾何学の様相的身分についての問いと個別の幾何学的真理の様相的身分についての問いとは独立した問いである。非ユークリッド幾何学におけ

る真理も、公理系内部での導出が存在すれば必然的である。幾何学的真理の様相的身分は公理体系のそれに依存する。したがって、幾何学の複数性の検討は、幾何学的空間の性質を特徴付ける公理系の複数性の検討と同義なのである。そして、ライプニッツの幾何学的記号法は、われわれの持つ直観的空間理解を分析して空間概念より単純な諸概念に分解し、新たに空間を論理的に構成するという手法を採るために、構成方法次第では3次元ユークリッド空間とは異なる空間が構成されるという可能性が生じる[29]。直線の分析からもわかるように、ライプニッツ自身はこうして構成された空間が3次元ユークリッド空間であることを証明しなければならないと考えていたが、形式体系としての幾何学的記号法は複数の幾何学を展開するに十分な道具立てを、ライプニッツ自身が自覚していたかどうかはともかくとして、有するのである。

　こうした解釈は、ライプニッツ自身の証明論に基づく様相観とも整合するものである。「2点間に直線は1本のみ引くことができる」という主張が真であるのはユークリッド幾何学においてであり、空間の曲率が非ゼロである空間ではこれは偽である。したがって、幾何学的言明が幾何学の種類に相対的な偶然性を有するという主張自体は正しい。問題は、ライプニッツがどのように考えていたのかということである。これに関して、命題分析の観点からは、命題に登場する語の定義と公理（同一律）と論理法則（置換則）のみから命題が証明される場合、その命題は必然的となるが、ライプニッツは「全体は部分より大きい」や「2点間の最短距離は一意に定まる」といった幾何学上の命題の真理性は、命題に含まれる語の定義と論理法則のみから明らかであると考えている（A. VI, 4, 167 など）。定義自体は実在的であることが示されることによりその妥当性が保証されるが、この際の実在性を論理的整合性として捉えることにより、「間」や「直線」や「最短距離」という語の定義を変更することが拒否されず、それゆえに上述の命題を偽とする可能性（すなわち別の幾何学を展開する可能性）は排除されないのである。このことは、神が現実世界とは異なる構造を持つ空間を創造することが一般的秩序に反するものではないという主張と整

29　実際、次章で述べるように、ライプニッツは幾何学的記号法の基礎概念として相似概念と合同概念との二つを想定していたが、最晩年の『数学の形而上学的基礎』での空間はアフィン空間に相当する。

合する[30]。

　幾何学的真理に関するライプニッツの立場からは、幾何学を構築する過程において なされる幾何学的概念の分解と再構成を、全体 – 部分関係に限定して捉えてはならないことは、ライプニッツ自身が概念間の関係を腑分けしていたことからも明らかである（すなわち、空間の外延的な部分ではない構成要素としての計量概念を取り扱うことができる余地があった）。ライプニッツ自身は公理系という発想を持たなかったが、幾何学的記号法の立場の帰結として、公理系に関しても同様のことが言える。すなわち、ユークリッド幾何学の公理系から平行線公理を除去してそれを否定したものを付加することで非ユークリッド幾何学の公理系が構築されるが[31]、こうした操作も、空間的理解を分析して数学的に構成された公理系を用いて新たに空間を構成するという営みとして理解される。

　本節ではライプニッツの一連の幾何学研究や空間観に非ユークリッド幾何学を認める余地はあるのかという問いについて検討した。ライプニッツは空間を「事物の共存在する秩序」とする関係空間説を採るが、事物の位置関係のみでは空間は一意には決まらず、むしろ観念的に空間が事物に先行するため、一見すると、物理空間の性質の探究としての幾何学に複数性を見出す可能性はないように思われる。しかし、ライプニッツは、空間の構造は下位の準則としての神の意志にしたがうものであること、すなわち、現実世界の空間とは異なる構造を持つ空間を創造すること自体は神の知性ですらもそれに服する一般的秩序

30　1685-6 年頃の『真理の本性、偶然と無関心、自由と予めの決定について』においては、必然的真理は「神が他の理由によって（alia ratione）世界を創造したとしても成立する」とあり（A. VI, 4, 1517）、こうした記述は現実世界とは異なる空間や幾何学が可能であるとする本節の主張と整合しないように思われる。なぜなら、たとえば「三角形の内角の和は二直角である」という幾何学的真理は、神がユークリッド空間とは異なる空間的構造を持つ世界を創造したならば、成立しないからである。しかし、矛盾律と同一律を用いて論証される数学的真理は、神がどのような世界を現実世界として創造しても成立するものであり、その意味では必然的である。「三角形の内角の和は二直角である」は球面上では成立しないが、このことは、言い換えるならば、この命題は、現実世界として創造される世界の空間が球面であることを示す十分な理由があるならば、物理空間についての真理として偶然的に成立することを排除しない。球面上では、大円が直線とされ、異なる二つの大円が交わる角度が二直線の角度とされるように、命題において用いられる語の定義が変更されている。変更後の定義のもとであれば命題は必然的であるため、幾何学的真理が偶然的であることは帰結せず、なおかつ、幾何学や空間の複数性も確保できる。

31　正確にはそのようにしてつくられた公理系のモデルが提示される必要がある。

には反しないものであることを認めている[32]。ここから、物理空間の複数性を認めることができる。また、数学理論としての幾何学的記号法に関しては、探究対象となる空間がユークリッド空間であることを示すことが必要であった[33]。この点に消極的に幾何学の複数性が認められる。また、現実の物理空間から抽象空間を獲得する手続きをライプニッツの概念構成法と合わせて考えれば、物理空間についてのわれわれの直観的理解から取り出された性質の組み合わせで新たに空間を構成することができるため、非ユークリッド空間は排除されない。この点に積極的な幾何学の複数性が認められるだろう[35]。

2.6 本章のまとめ

本章では、ライプニッツによるユークリッド幾何学批判の要点がどこにあるのかを明らかにした上で、それを幾何学的記号法はいかにして克服しようとしたのかを論じてきた。まず、概念構成に関するライプニッツの議論を概観した。普遍記号法の基本方針として、ライプニッツは若い頃から概念の分析による単純概念の発見とそれらを用いた綜合による学問の構築という考えを抱いていた。幾何学的記号法の設計方針も同じものであるが、ユークリッド幾何学のように図形による対象導入を拒絶して記号法による対象導入を採用するため、幾

---

32 ヤキラはライプニッツとクラークとの往復書簡における議論の争点を、時空間の存在論的身分をめぐる点ではなく、理性の原理の究極な根拠をめぐる点であると捉え、神の意志と知性とでは前者に優先を認める主意主義の立場を取るデカルトに対する批判とも関連付けて理解するべきであると主張する（Yakira [2012]）。

33 ライプニッツによる平行線公理の証明の試みは幾何学的記号法の空間がユークリッド空間であることを示す試みであるとも考えられる。

34 この点でライプニッツの幾何学的記号法の着想は点 - 集合論的位相幾何学よりも組み合わせ的位相幾何学に近い（Arthur [1986 p.111]，Levey [1998 p.116, n.15]）。

35 クラークとの往復書簡においてライプニッツは事物が互いに可能的に持ちうる位置関係としての空間の構成の議論を提示する。構成の議論が直接的に提示されるのは主に第 5 書簡 47 節と 104 節であるが、104 節では、それ以外では提示されない「抽象的空間」が、位置に秩序を与える役割を持つものとして言及される（GP. VII, 415）。ここでの「抽象的空間」が空間構成において果たす役割は、事物の位置関係のみからでは一意に決定できない空間の構造を確定させることにあると読むことができる。この読み方は、ライプニッツが、合成プロセス自体を消去してしまうという連続体合成の問題の解決の不十分さを克服する試みを空間論の文脈で行おうとしていたと捉えることでもあり、概念構成のプロセスの解明がライプニッツ哲学の最終段階として試みられていた可能性があるということを含意する（稲岡 [2017]）。

何学的記号法の対象概念の妥当性を保証するものとしての定義の実在性の問題が生じるのであった。因果的定義としての作図法には依存せずに、概念を構成する部分概念の理解の総体として対象概念を理解するというライプニッツの立場は、幾何学的記号法の対象導入法として有効であると言える。こうして図形的直観から幾何学を解放することが可能となった。さらに、幾何学的記号法によって規定される空間の性質が3次元ユークリッド空間であることを示すという問題についても、ライプニッツは直線概念の分析によってア・プリオリに論証を行っていることが確認された。また、順序の問題が論じられ、関係概念が幾何学的記号法において採用される背景を明らかにした。さらに、非ユークリッド幾何学をライプニッツに見出すことができるかという問題についても検討し、物理空間の構造および数学的幾何学についても、ライプニッツの思考には複数性を認める余地があることを指摘した。

　前章と本章では、主にライプニッツのユークリッド幾何学批判の要点の解明と、ライプニッツによる批判点を克服する試みに関して論じられた。次章では、幾何学的記号法の形式的側面が論じられる。

第3章

幾何学的記号法とはどのような幾何学か

前章までライプニッツの幾何学的記号法について、その哲学的背景、具体的には、幾何学的記号法がユークリッド幾何学の代替理論として有効であることがライプニッツ哲学においてどのように根拠付けることができるのかを中心にして論じてきた。本章では、これまで解明してきたユークリッド幾何学に対するライプニッツの批判に応答する体系として構想された幾何学的記号法の形式的内容について具体的に検討していく。幾何学的記号法についての草稿でライプニッツは幾何学に登場する概念を繰り返し検討し、記号法化を試みている。草稿のほとんどが覚え書きとして書かれており体系的な著作は残されていないが、各概念についての規定を探ることは可能である。そこで本章ではライプニッツの幾何学的記号法の数学的側面を解明することを目指す。まず、関係概念を用いた幾何学の再構築を目指す幾何学的記号法の諸概念の形式的な取り扱いを概観する（1節）。次いで、幾何学的記号法において重要な役割を果たす変換概念について、いくつかの草稿を中心にして検討する（2節）。そして、幾何学的記号法においてもう一つの重要な概念である「決定方法」概念についての検討を行う（3節）。最後に、幾何学的記号法の数学史的評価を試みる（4節）。

3.1 幾何学的記号法の概念構成

既に触れたように、相似や合同といった関係概念を用いて対象を定義する点に幾何学的記号法の特徴の一つがある。関係概念を記号法に取り入れることの意義については前章で論じたが、ここでは、それらの概念の形式的側面に目を

向けたい。幾何学を記号法化することによって証明がより容易になることが見込まれる点についてライプニッツは自覚的であったが、幾何学的記号法がユークリッド幾何学に対して優位にある点は具体的にどこにあるのか、現代的観点から幾何学的記号法はいかに評価できるのかを見ておきたい。

　では、ライプニッツによる関係概念の定義を概観しよう。まずは、相似概念については、二つの図形が相似（similia）であるとは、それらを個別に観察したとき識別ができないときを指すとされる（A. VI, 4, 74, 168, 626/GM. V, 153, 179-80 = I, 1, 336, I, 3, 50/GM. VII, 19 = I, 2, 69）。図形の形はその図形を単独で観察することで知られるが、関係概念としての相似性の獲得には複数の図形が必要となる。合同概念に対しては、二つの図形が合同（congruentia）であるとは、それらを重ね合わせても変化がなく、置き換えができるとき（GM. V, 150 = I, 1, 331/CC, 234）、同時表象によっては識別ができないとき（A. VI, 4, 168, 418）、それらが相似でありかつ同等であるとき（GM. V, 154, 179 = I, 1, 337, I, 3, 49/GM. VII, 34）、それらが相関項（collata）によっては識別できないとき（Mugnai, 43[1]）、タイプ（typus）が同じとき（GM. VII, 275-6）というように複数の定義が与えられている（「タイプ」については後述する）。いずれの定義も、複数の図形を同時に表象したとき識別が不可能である点に訴えているという特徴を持つ。同等概念については、二つの図形が同等（aequalia）であるとは、変換によって合同となる場合（A. VI, 4, 385, 628/GM. V, 150 = I, 1, 331/GM. VII, 30, 266, 282/Mugnai, 32）というように、合同概念と変換概念によって定義されている[2]。

　また、図形を分類する役割を持つ同質概念が変換概念によって定義されている点にも着目したい。二つの図形が同質（homogeneum）であるのは、それらが相似であるか変換によって相似になりうる場合である（A. VI, 4, 418, 628, 872/GM. VII, 282/Mugnai, 31）という定義が与えられているが、他の関係概念が図形の同時観察や重ね合わせというような素朴な直観的操作に訴える定義を持

1　Mugnai［1992］に収録されている『幾何学一般について』からの引用は、Mugnai, 43というように、節番号のみを表示する。

2　同等概念による合同概念の定義と、合同概念による同等概念の定義は、両者が同概念であるとみなさない限りでは、合わせると循環定義である。後に述べるように、こうした欠陥はライプニッツがより証明が単純となる定義を模索し続けた結果発生したものであると考えられる。

100

つのに対して、後述するように、実質的には図形の同値類を構成することに相当する定義である同質概念の定義にはやや異質な規定がなされているのである。幾何学的記号法の変換概念については本章と次章で詳細に分析するが、変換概念は後に検討する決定方法概念と並んで、解釈上問題となっている幾何学的記号法の数学史上の評価を左右するという意味で鍵となる概念である。

　では、これらの関係概念群は幾何学的記号法においていかなる位置付けを持つのか。幾何学研究に本格的に取りかかる直前の1677年のガロア宛書簡においてライプニッツは相似概念を基軸にすることで幾何学の刷新が期待できると述べている（A. II, 1, 568）。しかし、1679年の『幾何学的記号法』では合同概念を中心とした記号法の構築が目指される。ところが、後にライプニッツは再び相似性を中心とした幾何学的概念の再整備を行うようになり、1693年の『位置解析について』では以下のように述べる。「相似性ないし形の考察は数学より広い範囲に及んでいて、形而上学に属すべきものではあるが、何と言っても、この相似性はあらゆるものの中で、位置においてまたは幾何学の図形のうちにもっとも多く見られるのである。したがって、真の幾何学的解析は単に同等性や、実は同等性に還元される比例性ばかりではなく、相似性をも扱い、また、同等性と相似性の結合から生まれた合同性をも扱わなければならない」（GM. V, 179 = I, 3, 49）。1695年頃の『光り輝く幾何学の範例』でも「相似の性質から、前もって直観的に正しく理解されている事柄が、不思議な仕方で証明されるのである」（GM. VII, 275）と述べられているように、相似概念に着目することの重要性が強調されている。1696年以降に書かれたと推測される草稿でライプニッツ自身は「幾何学には二つある。一つは、合同の原理のみを用いるものと、もう一つは、相似の原理を用いるものである」（C, 525）と述べていることからも、ライプニッツが合同概念と相似概念を基礎概念として考えていたことがうかがえるが、基礎概念を一つに絞ることはできないまま幾何学を記号法化しようと試みていたとも言えるだろう[3]。

　このように、幾何学的記号法の基礎概念の選択に揺れが見られることからもライプニッツの試行錯誤ぶりがうかがえるが、その背景としてはライプニッツ

3　関係概念がライプニッツの普遍数学の構想においてたどる変遷については、Schneider［1998］を参照。

第3章　幾何学的記号法とはどのような幾何学か　　101

が、証明がより容易になるような体系の構築を模索したという点が挙げられるだろう（林［2003 124-5 頁］）。すなわち、より単純な概念によって幾何学を再構築することと、そうして構築された幾何学の体系としての精度との巧妙な釣り合いをライプニッツは求めていたものと考えることができる。序章で触れたブランシュヴィクのテーゼがライプニッツの幾何学的記号法を検討する際に、時代錯誤に陥らずに有益であるのはこうした点からも理解されよう。

　では、こうした関係概念の導入によって、幾何学的記号法はいかにして幾何学の定理を証明するのか。以下では一例として1679年のホイヘンス宛書簡の補遺（A. III, 2, 851-60）を見ておきたい。まず、合同概念を表す記号として 8 が導入される。点は「それ自体相似であるもの」として定義されるが（CG, 88）、点 A と点 B が合同であることは A 8 B として表現される。不定項として Y が導入され、A 8 Y が A と合同な点の集合、すなわち空間を表し、AB 8 AY は点 A を中心とした半径 AB の球を、ABC 8 ABY は円を、それぞれ表す。こうして AX 8 BX は平面（点 A と点 B に対して同じ位置を持つ点の集合）を、AY 8 BY 8 CY は直線（点 A, B, C に対して同じ位置を持つ点の集合）を表現する。こうした記号法が導入された上で「平面と球面の交わりは円である」が以下のように証明される。ライプニッツの証明を厳密に再構成するためには推論規則をいくつか補う必要がある。そこで、8 を対象間の同一性として解釈し、さらに以下の推論規則を導入する（推論規則自体の正当化は行わない）。

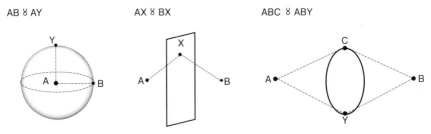

Y を C に置き換えてもよい（Y 除去）
C を Y に置き換えてもよい（Y 導入）
A 8 B かつ C 8 D から AC 8 BD を推論してよい（結合則）
A 8 B ならば B 8 A（対称律）

AAB 8 CD ならば AB 8 CD（べき等律）

上の命題の証明は以下の通りとなる。

1　AC 8 AY　　（仮定）
2　AC 8 AB　　（1　Y 除去）
3　AY 8 BY　　（仮定）
4　AC 8 BC　　（3　Y 除去）
5　BC 8 AC　　（4　対称律）
6　BC 8 AY　　（5　Y 導入）
7　ABCC 8 AABY　（2,6　結合則）
8　ABC 8 ABY　（7　べき等律）

結論として導出された ABC 8 ABY は、AB の中点を中心としてその点を C を結ぶ線分を半径とする円を表す。

　こうして書き下してみてもわかりにくいかもしれないが、関係概念としての合同概念を多項述語として導入することで、『原論』において自然言語で述べられている命題の証明が容易に再現可能となっている。もちろん論理体系として適切なものにするためには多少の調整が必要であるが（実際、上の証明もライプニッツの証明をそのまま形式化したわけではない）、ホイヘンス宛書簡の補遺ではこうした例がいくつも挙げられており、ライプニッツ自身が自らの幾何学的記号法の論理学的成果を誇っていたことがうかがえる。
　以上では、幾何学的記号法において用いられている概念の形式的側面を概観した。ここで、幾何学的記号法が適用される対象領域について検討しておきたい。ライプニッツによる関係概念の導入について、メイツは、ライプニッツが念頭に置いているのは抽象的な数学的空間ではなくあくまでも物理的世界であると主張している（Mates［1986 pp.239-40］）。関係概念の定義に図形の「重ね合わせ」や「同時表象」などといった感覚的要素が用いられていることがその主張の根拠である。確かにライプニッツは幾何学的記号法の自然学への

適用を重要視している（GM. V, 144 = I, 1, 323）。しかし、第1章でも述べたように、自然界に識別不可能な二つの対象は存在しないことにライプニッツは気付いており、幾何学的対象は自然界に存在する対象（具体的図形）から抽象によって得られたものであると考えていたのである。したがって、仮にメイツの言うようにライプニッツの幾何学的記号法が適用される対象領域が自然界における存在者であるとするならば、そもそも「同時表象によって識別できない」という表現は、それに妥当するものは存在しないため、意味を持たないことになってしまう。具体的な図形の形のみに着目して他の性質を捨象すればこうした言い回しが有意味なものとなるが、こうした抽象作用がなされた上で議論の対象となっているのは抽象的対象としての図形である。実際、次章で述べるようにライプニッツ自身も幾何学的記号法が数学理論の一つであることに自覚的である。記号法が知識獲得に寄与するというライプニッツの普遍記号法の着想自体は対象領域を自然界に制限することを含意しない。むしろ、自然界に存在する対象から記号法の対象領域をいかに構築するかという前章で論じた問題が幾何学に関してはライプニッツにとっての課題であったと言うことができるだろう。

　こうして記号法化された幾何学における定義の実在性を、ホイヘンス宛書簡の補遺でのライプニッツはたびたび作図的理解に引き戻すことによって示そうとしている（A. III, 2, 852）。しかし、むしろ記号体系と図形との往復的相互参照を要求するのは、代数方程式によって図形を表現する幾何学であるデカルト流の代数的幾何学である。幾何学的記号法の優越性としてライプニッツが想定していたことは、既に触れたように、従来の幾何学では図形の大きさのみが対象とされたが、図形同士の位置関係をも記号法化することで、代数計算から作図法が容易に導き出せるような点にあることは確かである。この立場は1693年の『位置解析について』の段階ではより鮮明に打ち出されている。

　　この考察は、他の論法では証明することの困難な真理に対してきわめて容易な証明法を提供するものであるが、さらに新種の計算法をわれわれに開示してくれたのである。それは代数的計算とは全面的に異なる計算法であり、記号において、また記号の用法あるいは演算においても新しい計算法である。だからこ

れを位置解析と呼ぶのがよい。なぜならば、それは位置をまともに、かつ直接的に明らかにして、図形が描かれなくても記号によって心の中に描写されるようにし（ita ut figurae etiam non delineatae per notas in animo depingantur）、経験的な想像力が図形から何を理解するにしても、それを計算において記号を用いて確実な証明によって導出し、また、想像力によっては到達し得ない他のすべてのものを追求するからである。　　　　　　(GM. V, 182-3 = I, 3, 54)

「心の中に図形を描写する」という言い回しが重要なのは、実際に図形を描き、そこから抽象的図形を得るというプロセスに関する困難（「経験的な想像力（imaginatio empirica）」と抽象作用の折り合いの悪さ）が回避できる余地があるという点である。こうして導入された対象間の位置関係を形式的に扱うことによって、記号による対象の表出が可能となる二つの条件「対象間の関係の保存」と「対象との類似性の保持」は満たされることを、ライプニッツは、ユークリッド幾何学において成立する定理を実際に証明してみせることで示そうと試みたのである。幾何学的記号法の構想の背景は、代数計算から証明に適切な作図法を導き出すという数学理論としての動機付けに加えて、既に論じたように、幾何学的対象を図形によって導入することの問題点という哲学上の動機もある。前者に関しては、位置関係の記号法化により幾何学的対象の間に成り立つ関係を保存することが可能であるし（関係概念の導入の意義はこの点にある）、後者に関しては、図形を経由せずに対象概念を精神が獲得することができる。第2章で述べたように、対象の定義の理解のみから被定義項の理解を獲得するという想像力に依存しない概念理解がここで重要な役割を担っているのである。

　以上、本節ではライプニッツの幾何学的記号法の形式的側面についての概略を追ってきた。その結果明らかにされたのは、関係概念を用いて幾何学を再構築するという基本方針は一貫しているものの、基本概念の選択が一定せず証明にも欠落があるなど、形式的体系としての幾何学的記号法は確かに完成にはほど遠いものであるということであった。ライプニッツが図形の有用性をきわめて高く評価し、それでもなお作図法によって対象を導入することに致命的な困難を見出していたことは前章までで明らかにした通りである。不確実性を多分に含む想像力を行使する必要のない形式的体系として幾何学を再構成すること

でこの困難を克服することを試みるライプニッツにとっては、幾何学的記号法がユークリッド幾何学の代替理論としての資格を有すること、すなわち、幾何学的記号法が数学的空間を対象とする理論であることを示すために、これが成立すれば幾何学的記号法が数学理論としての資格を持つと言えるような条件を明らかにすることが必要でもあった。

　ライプニッツの幾何学的記号法に対するホイヘンスの反応はいたって冷淡なものであった。たとえば、上で参照した書簡への返答である 1679 年 11 月 22 日のライプニッツ宛書簡ではホイヘンスは幾何学的記号法をライプニッツが主張するほど高く評価はしない。

　　結局、求積や、接線の性質によって曲線を発見することや、方程式の無理量の解や、ディオファントスの問題や、幾何学的問題の非常に簡潔で美しい作図のように、さまざまなことをすべて還元しようとするあなたの記号法が、いかなる手段で適用することができるのか、私にはわかりません。そして、私にとってもっとも奇妙なのは、その仕組みの発見と説明です。率直に言うならば、私の考えではそれは美しい願いでしかないし、あなたが進めていくことの中に現実味があることを、本当だと思うためには他の証明が必要なのです。

(A. III, 2, 889)

ホイヘンスの不満は、具体的な体系を提示せずに達成すべき意図のみを強調するだけでは、ライプニッツの幾何学的記号法を高く評価することはできない点にある。結局のところ、実際に記号法を構築するとしても、ライプニッツが指摘するような伝統的な幾何学が持つ図形に由来する不確実さなどを除去することはできないのではないか。このような批判は、記号法化された証明であっても図形的直観は必要であると敷衍することができる[4]。証明を追うだけであれば確かに図形的直観は不要だが、証明を理解するためには何らかの図形的イメージに依拠する必要がある。この指摘自体は正当なものであろう。しかし、ライプニッツ自身は、記号法の規則を理解することで、定理は証明され、定理

4　これはヒルベルトが『幾何学の基礎』において展開した公理的幾何学に対する小平邦彦の批判とまったく同じものである（小平 [1991]）。

として述べられている内容も理解できると考えていたように思われる。

3.2 変換概念について

前節でも触れたように、幾何学的記号法の特徴の一つとして、変換概念を用いた図形の定義が挙げられる。ある図形を別の図形に変換することにより、図形の質の同一性、すなわち、「同質」が定義されている。この定義を採用することが持つ意義を現代的に述べなおせば、変換により不変な性質の探究が幾何学的記号法では行われていると理解することができる（Guisti［1992 p.217］）。幾何学とは変換（写像）によって不変な性質を探求することであり、変換の種類が異なれば幾何学も異なるという幾何学観は、1872年にフェリックス・クラインによって「エルランゲン・プログラム」として表明されたものである。ライプニッツの幾何学的記号法にこうした幾何学観の萌芽を認めることが可能かどうかは第5章において検討するが、その準備としても、幾何学的記号法の変換概念をさらに探究する作業が必要であろう。

幾何学は図形を研究対象とする数学の一分野である。図形は、大きさや角度などといった量と、図形そのものが持つ形としての質の二つの側面を有する。したがって、図形について考えるためには、図形の質と量を考える必要がある。たとえば、位相幾何学においては、図形がより一般的な性質によって捉えられる。よく引き合いに出される例であるが、取っ手の付いたコップと真ん中に穴の開いたドーナツは、外見上の形は異なるが、両者は連続変換を経て同一視することができる（すなわち、両者を構成する点同士を一対一に対応付ける写像が存在する）ため、同じ図形と見なすことができる。位相空間においては、図形はn次元ユークリッド空間の部分集合として表現され、図形間の連続な全単射写像によって導入される同値関係にしたがって図形が分類される。

同値関係を定義することで対象間の同一性の定義を行う方法は、「抽象による定義」と呼ばれる方法であり、数学史・論理学史的にはユークリッド以来用いられている伝統的な方法でもある（Angelelli［1979］）。たとえば、図形同士の同一性を定義するために合同を用いるなど、ライプニッツは幾何学的対象や空間を構成する要素の定義には「抽象による定義」を用いている。そこで、本

節では、幾何学的記号法における図形の同値関係に着目したい。[5] 幾何学的記号法において図形の同値類がいかにして捉えられているのかを明らかにするために変換概念の規定を詳しく見ていく。

3.2.1 1679年期の連続変換概念

まず、幾何学的記号法に関する資料の中でも『光り輝く幾何学の範例』と並んでもっとも包括的である『幾何学的記号法』の検討を中心にして、1679年頃の幾何学的記号法の特徴を探る。この時期の草稿に特徴的なのは、同質概念と変換概念との結びつきが弱いという点である。前節で触れたような変換概念による同質概念の定義が見られるのはこの時期以降の草稿である（ただしすぐ下で述べるように、例外がある）。すなわち、変換によって不変な図形の質を取り出すという発想はこの時期の幾何学的記号法には見られない。しかし、変換概念や同質概念自体の規定は『幾何学的記号法』に見られるので、それらについて触れてみたい。前節でも述べたように、この時期のライプニッツは合同概念を基本概念として図形を定義しているが（GM. V, 144, 164-5 = I, 1, 322-3, 351-2)、『幾何学的記号法』の数学的特徴として二点挙げることができる。まず、連続変換概念がどのように扱われているのかを見る。60節に連続性についての議論が見られる。

> 二つの任意の合同のものの間に無限個の他の合同なるものを取り出すことができる。実際、その一つは他の一つの場所へ合同なるものを通ることなしには形を維持して移動できないからである。　　　　　　　　　　　(GM. V, 161 = I, 1, 346)

二つの図形が合同であるとは、それらが同じ空間を占めていなくともぴったりと重ね合わせることができることを指す（GM. V, 150 = I, 1, 331）。つまり、合

5　クラーク宛第5書簡47節では以下のように述べられている。「そのうえ、私はここでほぼユークリッドのように行った。ユークリッドは幾何学の意味で解される比が何であるのかを完全に理解させることがうまくできなかったので、同じ比とは何かを定義した。そしてこのように、場所が何であるのかを明確にするため、私は同じ場所とは何かを定義しようとしたのだ」(GP. VII, 401-2 = I, 9, 355)。また、次章で触れるが、1680年の草稿には「同じ次元」の定義が見られる（CG, 282）。

同関係にある図形は同じ形と同じ大きさを持つ。二つの合同な図形間にそれら
と合同な図形を無際限に取ることができる。このような操作の背景にある連続
性は空間の稠密性（density）としての連続性である。

　次いで、『幾何学的記号法』における同質概念を見よう。同質概念について
は「一つの事物において、他の事物の部分に等しい部分を仮定することができ、
また同じことが残りの部分においても成立する」（GM. V, 153 = I, 1, 335）と述べ
られている。加えて、直線と点のような、図形とその端もまた同質に含まれる（GM.
V, 152 = I, 1, 334）。したがって、『幾何学的記号法』でのライプニッツは、図形
とその部分は質を同じくすると考えていたものと思われる。詳細は次章に譲る
が、点と直線を同質と見なしていることから、1670 年代前半に取り組んだ連
続体合成の迷宮の問題の影響がこの時期の幾何学研究には見られないこともわ
かる。

　以上から、この時期のライプニッツに連続変換概念に基づく図形の不変的性
質を規定するクライン的幾何学観を帰属させることは難しいと思われる。確か
に、上で触れた運動概念を用いた図形の連続変換は合同な図形同士での変換
（ユークリッド変換）である。したがって、この変換は数学的には単なる合同
変換でしかないが、[6] この点を積極的に評価することも不可能ではないだろう。
しかし、そもそも図形の分類としては同質概念がきわめて粗雑なものにとど
まっているし、同質概念と変換概念が協同的に図形の不変的性質を捉えるとい
う内容が『幾何学的記号法』に含まれてない以上、この時期の幾何学的記号法
には数学史的な意義を積極的に見出すことはやはり難しい。

　しかし、合同概念を基本概念とする点において『幾何学的記号法』はまた別
の特徴を持つ。24 節において、合同にない図形でも変換によって合同となり
うるのであればそれらは同等であるという仕方によって、変換概念と合同概念
によって同等概念が定義されている。

　　二つの延長体が合同ではないとしても、全量あるいは量の変化なしに、すなわ
　　ち、すべての同一点を保持し、ただ必要な限りの部分あるいは点の変換すなわ

6　60-66 節には「形を保存して（servata forma）」という表現が頻出する。

第 3 章　幾何学的記号法とはどのような幾何学か　　109

ち置き換えを行って（transmutatione sive transpositione）、合同となり得るならば、それらは同等であると言われる。　　　　　　　　　　　　　　（GM. V, 150 = I, 1, 331）

　すなわち、二つの図形が変換によって合同となるのであれば、それらは同等とみなされる（cf. 1682 年の GM. VII, 29-30）。これは合同概念と変換概念による図形の同値類の構成と解釈することができる。しかし、ここでの変換の対象となる図形同士の関係がどのようなものなのかは必ずしも明確ではない。「量の変化なしに」と言われているが、量が図形の面積と体積に相当するものであると考えると、円と楕円を同等とみなすことができない場合が生じる。引用箇所に続いてライプニッツ自身は同等関係にある図形として、正方形と、それを対角線で二つの二等辺三角形に切り分けて一方の三角形を移動させることでつくられる二等辺三角形を例に挙げている。この二つの図形は、面積が等しいという意味での同等な図形であり、それゆえに、形を保持しないが大きさを保持する変換による同値類をなすものとして考えられる。

　以上から明らかなように、『幾何学的記号法』における変換概念は、合同な図形同士に対して適用されている。しかし、同時期の『幾何学一般について』では、同質概念は「相似か変換によって相似となりうるもの」（Mugnai, 31）と定義されている。すなわち、図形の形が同じであれば大きさに関わらず同質と捉える立場が表明されているのである。また、「連続変化（continua mutatione）すべてにおいては、変更を行うことで（varitatione）、より小なるものからすべての中間点を通過して、より大なるものへと到達する」（Mugnai, 47）というように、図形の大きさを捨象する仕方で連続変化が捉えられている。この二つの草稿から、1679 年頃のライプニッツによる変換概念の規定に、関係概念と同様の多義性を認めることができる。

　では、この時期以降の変換概念にはいかなる規定が与えられているのか。これを解明するためにはライプニッツの幾何学研究のみを単独で検討するだけでは不十分であり、無限小解析の諸成果や連続体合成の迷宮の問題を考慮して草稿の検討を行う必要がある。この作業は次章で詳細に行うが、以下では最晩年の『数学の形而上学的基礎』における変換概念を検討して、幾何学的記号法の変換概念の最終形態を明らかにしておきたい。

3.2.2 『数学の形而上学的基礎』における変換概念

ライプニッツは最晩年の 1715 年頃の草稿『数学の形而上学的基礎』において、変換概念に基づく同質概念を用いて、二つの図形間の同値関係を導入している。

> 同質（homogeneum）とは、同等でかつ互いに相似なものが付与される場合を言う。A と B があるとする。A と同等な L と、B と同等な M が取られ、L と M が相似であるなら、そのとき A と B は同質であると言われる。
>
> 以上から、同質とは、たとえば曲線と直線のように、変換によって（per transformationem）互いに相似になりうるものであると私は言う。つまり、もし A がそれと同等な L に変換され（transformetur）、B が M に変換されるとすると、A は B あるいは M と相似になりうる。　　　　　　　　(GM. VII, 19 = I, 2, 70)

同等とは量が同一であることを指し、相似とは質が同一であることを指す。量とは共通の尺度によって測定される外延量であり、質とは図形が単独で考察される場合に知られる性質である（ibid.）。したがって、変換によって質の側面がより一般化されたかたちで捉えられることになる。たとえば、まん丸のゴムまりと、それを押しつぶして平べったくしたものは同じ質を持つとされる。これを図形の同値関係として捉えると、直線と曲線との間には同値関係が成立し（すなわち、直線上の点と曲線上の点との間に一対一の対応をつけることができ）、取っ手の付いたコップと真ん中に穴の開いたドーナツは同一視されることになる。

位相幾何学においては、二つの図形が同値であることは、両者の間に連続写像が存在することとして定義される。ライプニッツは「同質間の完全な［量の］判定では、一端から他の端への連続的移行によって（transeundo continue）中間点すべてが通過されるという法則が成立する」（GM. VII, 22 = I, 2, 74-5）と述べる。ここでの「中間点」は同値関係にある図形に対して同値である図形と考えることができる（なぜなら、もし同値でない中間点が存在すれば、同質間での量の判定が不可能となるから）。したがって、上で触れた変換は連続的であると考えられる。すなわち、同値関係にある二つの図形の間に、さらにこの両者に対

して同値関係にあるような図形を取ることができ、この操作は無際限に続けることができる。この草稿では「変換」の明示的定義はなされていないものの、ここでの同質関係を、位相幾何学における連続写像、あるいは、ユークリッド空間から長さや角度などの計量概念を除去したアフィン空間における変換（始域と終域が一致するのでアフィン変換）による図形の同値類の構成として解することができる。[7]これは、連続変換における連続性が空間の稠密性として理解できることを意味している。[8]このことを現代的に表現すれば、写像の始域と終域が一致すると仮定した場合、ユークリッド空間の部分集合 M が写像 f によって N に写像され、かつ M 〜 N（〜 は同等を表す記号）ならば、M 〜 M′〜 N となるような集合 M′ が存在することに等しいのである。

　このように、『数学の形而上学的基礎』から読み取ることができる空間は位相幾何学の観点から見て重要な性質を持つ。すなわち、連続性は稠密性として捉えられ、図形は同質関係としての同値関係によって分類される。とりわけ、形を維持しない変換による同値類の構成は位相幾何学の発想に極めて近い。[9]

　以上、本節では幾何学的記号法の変換概念の変遷をたどった。1679 年頃の草稿では変換概念には図形をそれに合同な図形に移す程度の規定しか与えられておらず、さらに、そうした変換の前後で不変な性質を図形の質として取り出すという発想は見られない。しかし、最晩年の『数学の形而上学的基礎』では、

7　同様の解釈としては、Echeverería［1990］，Solomon［1993］がある。また、幾何学的記号法における関係概念の変遷を詳細にたどるアルカンタラは、なぜか同質概念の持つ重要性を見逃している（Alcantara［2003 p.112］）。

8　クロケットによれば、後期ライプニッツには稠密性としての連続性と、稠密でありかつ数学的観念性を持つものとしての連続性という二種類の連続性概念が見られるという（Crockett［1998］）。空間 S が稠密であるとは、直観的には空間が点でびっしり埋まっていることを指し、形式的には 〈S, ≤〉 を順序構造として、∀ x ∈ S∀ y ∈ S∃ z ∈ S（x ≤ y ⇒ x ≤ z ≤ y）と表現される。数学的観念性を持つとは、幾何学的線分のように、全体としての線分が部分としての点に先立ち、点は不確定な仕方で線分に含まれているような連続体であることを指す。ライプニッツは空間は観念的なものと考えている（GP. II, 279）。しかしその一方で、『数学の形而上学的基礎』では空間は点が充満した延長体とされ、それゆえに部分としての点が全体としての空間に先立つ。また、点は「位置を持つもの」というように、他の点と空間の存在を暗に仮定した定義がなされている（GM. V, 183 = I, 3, 245）。第 2 章でも示唆したが、物理空間と幾何学的記号法によって定義される数学的空間との関連はさらに立ち入って考察する必要がある（Parmantier［1995］）。

9　位相幾何学では形も大きさも保存されない変換により図形の同値類が構成されるが、ソロモンはこの点を幾何学的記号法に認めることができるとする（Solomon［1993］）。

112

変換概念と同質概念が連関して図形の不変量が求められているという点におい
て、初期との違いが見られるのである。

3.3　決定方法概念について

　本節では幾何学的記号法のもう一つの特徴である「決定方法（determinatio）」
概念を見ておこう。位相空間の間の関係を調べるためには写像が用いられる
が、『幾何学的記号法』には写像に相当する数学的操作が決定方法として導入
されている。ライプニッツは、決定方法概念をほぼ字義通りに、図形を一意に
決定する必要十分条件を与えるものとして用いている（A. VI, 4, 74, 171, 418/
GM. V, 172-3, 181 = I, 3, 167, 52）。たとえば、二つの点が与えられれば、その間
の最短距離を経るものとしての直線が一意に決定する（GM. V, 146 = I, 1,
323）。しかし、より重要な点として、適用対象が図形に限定された用法だけで
はなく、「関係の関係」（Alcantara［2003 p.133]）あるいは「メタ幾何学」（Parmentier
［1995 p.345]）としての用法も見られる。すなわち、ライプニッツは、相似、
同等、合同という図形間に成立する幾何学的関係に対しても決定方法を適用さ
せている。『幾何学的記号法』の14節では「決定するものに対して同じ状態に
あるものは、このことによって決定されるものについても同じ状態にある」
（GM. V, 146 = I, 1, 325）と言われている。また、1679年の別の草稿でも、「二
つの事物が、それらを決定するのに十分であるものにおいてのみ合同であるな
ら、それらはすべてにおいて合同である。同じことは相似にも言える」（CG,
118）とされている。1714-5年の『位置計算について』の2節でも、位置計算
の公理として「決定するものにおいて相似、合同、一致するものは、決定され
るものにおいてもそうである。また逆もしかり」と述べられている（C, 548）。
これらは、以下のように定式化することができる（CG, 119, n.12）。Δを決定方
法、Rを任意の幾何学的関係、a, b, c, dを幾何学的対象（図形）とする。

$$\forall R \,\forall a \,\forall b \,\forall c \,\forall d \,((aRb) \wedge (a \Delta c) \wedge (b \Delta d) \rightarrow (cRd)) \quad (3.1)$$

この定式化からもわかるように、ここでの決定方法は、対象間の写像関係とし
て捉えることができる。写像によって対象間の関係が保存されるのであり、さ

らに、この写像について、反射性、対称性、推移性が成り立つことは容易に確認できるので（cf. Schneider［1979］）、Δを同相写像（homeomorphism）[10]に相当する演算子として考えることができる[11]。このようなオペレーターを用いて決定概念の機能を再構成することが比較的容易に可能であるのは、幾何学的記号法が対象間の関係をまず概念化して記号を割り当て、それらを用いて対象を定義するという方法を採る体系であり、写像のような、対象同士に成立する関係を別の対象同士に成り立つ別の関係に対応付ける操作と比較的親和性が高いものとなっているためと考えることができるだろう。

決定方法を写像として捉える観点からは、ライプニッツが決定方法を、異なる幾何学の体系（つまり異なる図形の定義群）の間の関係として考えているという点も重要である。『幾何学的記号法』の38節及び1679年の草稿でライプニッツは次のように述べる。

> 以下のことに注意しなくてはならない。すなわち、ある決定する（判明に認識し、記述する）方法にしたがって事物同士が相似であれば、同じ事物は他の決定方法によっても相似であろう。なぜなら、各々の決定方法は、事物の本性すべてを含むからである。
> (GM. V, 156 = I, 1, 340)

> 事物が、それを決定する方法に関してのみ相似、合同、同値であるなら、それらの事物は他のすべての方法においてもそうである。
> (CG, 118)

この引用で述べられていることは次のように定式化できる。まず、（3.1）を決定方法Δと幾何学的関係Rについての式と考えて、h（Δ，R）と書く。これを用いて、

10　同相写像は、位相空間の位相的構造を保つ写像であり、位相同型写像とも呼ばれる。厳密には、二つの位相空間（X, D）と（X′, D）について、fとf^{-1}がともに連続写像であり、f：X → X′が全単射である場合、fは（X, D）から（X′, D）への同相写像であると定義される。同相関係は位相空間間の同値関係である。

11　クーチュラやシュナイダーは、ライプニッツの決定方法概念を写像として捉えている（Couturat［1901 pp.307-10］, Schneider［1988］）。また、ブルバキも決定方法を写像の定式化の試みとして評価する（ブルバキ［2006, 上巻65頁註43］）。

$$\forall \Delta \, h \, (\Delta , R) \quad (3.2)$$

というように、対象の決定方法であるΔに対する量化を含む式によって定式化することができる。このことは以下の二つの点で重要である。第一に、事物の体系と記号の体系との間の構造的同型性を主張するライプニッツの形而上学的立場が明確にあらわれているという点。表現するものの体系と表現されるものの体系とは構造的に同型であるとするこの立場はライプニッツ哲学においてさまざまな相貌を纏いつつ登場するが、幾何学においては、決定方法概念による写像がその一例であると考えることができる。第2章で論じたように、幾何学的記号法が幾何学として成立するためには、それが「対象間の関係の保存」と「対象との類似性の保持」という二つの条件を満たす必要があった。このうち、決定方法概念によって「対象間の関係」が保存されている。幾何学的対象の定義に対するライプニッツの試行錯誤は既に触れたが、そのように設定される定義群が同一の幾何学的空間を扱うものであることを何らかの仕方で表現する必要がある。記号の体系と事物の体系との構造的同型性に依拠した表出理論を適切に機能させるためにも、〈複数の幾何学的空間の同型性〉を決定方法概念を用いて定式化するのであるが、対象間の関係に着目して、それらが保存されていることと空間の同型性とを同値とみなしているのである。空間に関するライプニッツのこうした洞察には、空間を点の集合に点同士の位置関係（メトリック）を導入したものとして捉える空間観を読み取ることができるように思われる。

　実際、こうしたライプニッツの取り組みから、幾何学的記号法の探究課題が、変換の前後で変わらない図形の性質を取り出すことにあると断定できる一歩手前まで迫っていたことは、たとえば『ユークリッドの公理の証明』において「不変項（invariabilis）」が決まれば決定方法が決まると述べられていることからも理解できるだろう（A. VI, 4, 174）。ここでは不変項として図形の位置と大きさが挙げられているが、この両者が決まれば図形が一意に定まるという意味において、変換前後での不変な性質としてそれらが取り出されている。後の『光り輝く幾何学の範例』においても、「タイプ（typus）」という表現が用いられ、「大きさを持ち、形を与えられたものについては、タイプないし例が与えられたと

言うことが可能である」（GM. VII, 275）と言われている。ここでは合同な図形の集合と「タイプ」はそれぞれ同値類と代表元として捉えることができる。「すべてにおいて一致するものや同じタイプや例にあるもの同士は、数的にのみ異なる」（ibid.）というように、合同な図形は「数的にのみ異なる」、すなわち、同タイプのものであると明確に見なされている。合同な図形による同値類の形成は、図形の大きさも形も保存するユークリッド変換による図形の分類として理解することができる。ただし、変換概念ではなく、決定方法概念によって図形の同値類が形成されている点は、ライプニッツの幾何学的記号法の評価に際しては無視することはできない。19世紀のクライン的幾何学観に結実する発想がライプニッツの決定方法概念に見られるとしても、それは幾何学的記号法の諸概念を後世の数学的資源を用いて解釈したものでしかなく、したがって、発想自体もきわめて萌芽的なものでしかない。

　第二に重要な点として、「対象間の関係の保存」を数学的に表現することによって、空間の数学的構造の探求を可能とする道具立てが整備されているという点が挙げられる。決定方法とは図形を決定する必要十分条件、すなわち図形の定義を与えるものであった。そして、(3.2) において、ある決定方法 Δ によって定義される図形と、別の決定方法 Δ' によって定義される図形が同一であることが、両者によって定義される図形間に同じ幾何学的関係が成り立つこととして主張されている[12]。すなわち、異なる体系を採用しても対象とする空間は同一（同相）であるという主張が、幾何学的記号法においては、単なる前提やアナロジーとしてではなく、決定方法概念を用いて表現されているのである。幾何学的記号法の構想の動機を考慮すると、ライプニッツ自身が問題関心として連続変換ないし決定方法によって保存される図形の性質の探求および定式化を保持していたと言うことは不可能に近いだろうが、取り組みの結果として (3.1) や (3.2) に相当するような着想が得られているのもまた確かである。詳細は第5章で述べるが、決定方法概念のメタ幾何学的使用に、写像によって数学的構造間の性質を調べるという圏論的発想のきわめて萌芽的な形態を見てとる

　　12　パルマンティエによれば、ライプニッツが決定方法を導入した動機として、ライプニッツが図形の定義を様々な仕方で考案した結果、どの定義を採用しても被定義項としての図形は同一であることを意識するようになったという点がある（Parmantier [1995]）。

ことも可能であろう。

3.4　幾何学的記号法の数学史的評価

　これまで検討してきた幾何学的記号法の数学的内容に関して、本節では数学史上の評価を試みる。幾何学的記号法はしばしば位相幾何学の萌芽的内容を含むものとして数学史的に位置付けられてきたが、[13]そのような評価がどの程度正当なものかどうかを改めて検討してみたい。

　まず、幾何学的記号法を位相幾何学の直接的源流として捉える解釈について検討したい。エチェヴェリアは、第1章で触れた『正三角形の作図』などの草稿において「近傍」「開集合」に相当する概念が導入されていることを理由に、幾何学的記号法に位相幾何学の発想が見られると考える（Echeverería［1995 pp.37-8]）。また、エチェヴェリアだけではなく、ソロモンも連続変換による同質概念の定式化を幾何学的記号法の位相幾何学的発想を持つことの証拠として捉えている（Echeverería［1990], Solomon［1993]）。エチェヴェリアに関しては、さらに1679年の未公刊の草稿で、位相幾何学の概念をライプニッツが定式化しているものがあると報告している（Echeverría［1988]）。こうした評価は、幾何学的記号法が断片的に現代的発想を含む点を積極的に評価している。

　他方、幾何学的記号法に位相幾何学の発想を認めることに否定的な解釈者は、ライプニッツが形式的な規定を変換概念に与えていないことを重視する。デ・リージは形式的議論を厭わずに幾何学的記号法を検討し、形も大きさも保存しない同相写像が厳密に定式化されていない点（De Risi［2007 p.161]）、空間が合同関係にある点の集合として捉えられているために位相空間の定式化には達していない点（De Risi［2007 p.176]）、決定方法が関数概念としてはあいまいな規定しか与えられていない点（De Risi［2007 p.223]）などを重要視して、幾何学的記号法と位相幾何学との関連を明確に否定する。メイツも、ライプニッツが図形の関係概念の定義を感覚的概念によって定義している点や現実世界の物理的存在者を対象としている点を理由に、同様の結論に到達している（Mates

---

　13　たとえば、砂田［2010 119-20頁］など。

第3章　幾何学的記号法とはどのような幾何学か　　117

[1986 p.240])。[14] 幾何学的記号法に関数概念を見出すことに否定的なのはムニャイも同様である。ムニャイは、決定方法が関数的性質を含むことは認めるものの、ライプニッツが幾何学的関係に限定して決定方法を適用させていることを根拠に挙げてそれを関数一般の定式化と解することはできないとする（Mugnai [1992 pp.90-1]）。[15] こうした評価は、幾何学的記号法の形式的側面に着目し、それが不十分ないし不徹底である点を重視しているのである。

　では、以上のような諸解釈を踏まえた上で、本書の立場を明確にしておこう。ライプニッツの幾何学的記号法が、変換前後で不変な図形の性質の探究を行っていると解釈できる点においてクライン的幾何学観を、そして、図形同士の関係に着目する点において位相幾何学的幾何学観を、それぞれ含むものであるという点は否定することができないだろう。この点のみでもライプニッツの幾何学的記号法はきわめて現代的な発想を含む数学理論であると言ってよい。しかし、肯定的な解釈の根拠はこれらの点に尽きる。

　実際、発想上の先駆性以上のものを幾何学的記号法に見出すことが可能かどうかについては慎重にならざるを得ないだろう。何よりもライプニッツが生きた 17 世紀という時代的制約は看過できるものではないし、さらに、断片的な草稿しか残されていないために、そこに形式的体系の存在を読み込もうと思えば 17 世紀には存在しない数学的資源による補完が必要である。ライプニッツの幾何学的記号法を位相幾何学の原型と見る評価の是非は、幾何学的記号法の研究対象が変換や写像によっても変化しない性質（位相不変量）であるかどうかという点に依存するが、幾何学的記号法と位相幾何学との間の関連性を認めない解釈はこの点に関して否定的なのである。確かに、ライプニッツ自身は、幾何学的記号法の対象は図形相互の関係であると明言しており（GM. V, 141 = I,

---

14　フロイデンタールやオーテも同様の立場に立つ（Freudenthal [1972], Otte [1989 p.24]）。

15　ムニャイが参照している 1679 年の『幾何学一般について』でライプニッツは、「決定されるものは、その条件が与えられれば、一意でしかあり得ない」（Mugnai [1992 p.145]）と述べており、また、他の草稿でも決定方法の形式的定義を行っているが（Mugnai [1992 p.90]）、それは現代的には、$\forall x \, \forall y \, \forall z \, (F \,(x, y) \wedge F \,(x, z) \Rightarrow y = z)$ と表記される。これは関数の定義そのものである。デ・リージは 1715 年の草稿になってようやくライプニッツが関数概念を定式化することができたと述べるが（De Risi [2007 p.223]）、したがって、この点において、幾何学的記号法に写像（関数）の定式化に繋がる着想を認めることは正当であると思われる。

1, 318)、さらに、決定方法の定式化からもわかるように、幾何学上の関係を写像によって保存される性質としても捉えている。しかし、こうしたライプニッツ自身の証言が形式的理論として具現化されているとは言えない以上、否定的解釈は妥当なものであると考えることができる。

　もっとも、否定的解釈者も、幾何学的記号法が位相幾何学的発想を含むという肯定的解釈者の主張自体には同意するだろう。しかし、厳密さを求めて草稿の内容を詳細にたどれば、結局は両者の結びつきは表面的なものでしかないと言わざるを得ない。したがって、肯定的解釈と否定的解釈は競合するものではなく、むしろ、両者を総合的に捉えることでライプニッツの幾何学的記号法の形式的内容は適切に評価できるものと思われる。もちろん、こうした歴史的評価とは別に、ライプニッツの着想の哲学的重要性を検討することは必要であるが、それは第5章において行う。

3.5　本章のまとめ

　本章では、ライプニッツの幾何学的記号法の形式的側面の検討を行った。関係概念の定義をたどり、幾何学の定理の証明がどのようにして記号法化されているのかを示した。さらに、変換概念や決定方法概念に着目して、それらにどのような概念内容が与えられているのかを明らかにした。これらの検討の結果、ライプニッツの幾何学的記号法を位相幾何学の萌芽とする数学史上の評価は適切なものであるとは言えないことが示された。しかし、本章で検討対象とされた草稿は 1679 年頃のものと晩年のものであり、中間期に属する草稿の検討は保留されていた。この時期の草稿の検討は次章で行うが、そこでは無限小概念や連続体合成問題と幾何学的記号法との関連性が明らかにされるだろう。

第4章

無限小解析から幾何学的記号法へ

　前章では幾何学的記号法の数学理論としての側面について、主に変換概念と
決定方法概念に着目した検討を行った。その結果、1679 年期の資料と晩年の
資料の数学的内容に関しては一定の見通しが得られたが、中期の資料の検討が
残された。とりわけ、1695 年頃の草稿『光り輝く幾何学の範例（Specimen
Geometriae Luciferae)』（以下『範例』）の検討が必要である。この遺稿はライプ
ニッツの幾何学的記号法に関する遺稿の中でも分量的に突出しているだけでは
なく、扱われている主題も、同一性と差異性、一致、内在、決定関係、合同、
同等性、全体と部分の関係、相似性、同質性と異質性、運動概念と連続性、比
例関係など、ライプニッツの幾何学的記号法に登場する概念をほぼ網羅するも
のである（Alcantara [2003 pp.154-62]，De Risi [2007 p.89]）。こうした内容上の
重要性を持つにもかかわらず、この遺稿は先行研究では本格的な検討が十分に
はなされていない。そこで、本章では、この遺稿を中心にして、中期の幾何学
的記号法の取り組みと変換概念についての検討を行う。

　既に述べたように、外交官としてパリに滞在した 1672 年から 76 年の間にラ
イプニッツはホイヘンスの知己を得て当時最先端の数学に触れ、未解決の問題
に自ら取り組むようになる。とりわけ、ライプニッツの卓越した数学的能力を
認めたホイヘンスによって与えられた三角形数の逆数からなる無限級数の和を
求める問題を契機として、ライプニッツは無限小解析の研究に着手する。円錐
曲線やサイクロイドによって囲まれる図形の面積や回転体の重心を求めるため
に無限小面積の総和を利用する手法は既にパスカルによって開発されていた。
ライプニッツはパスカルの仕事から特性三角形を用いた求積という着想を得て

121

無限級数の和を求めた。技法的にはライプニッツはアルキメデスの取り尽くし法を用いている。取り尽くし法とは、所与の領域の面積を無限個の三角形で覆い尽くすことで求めようとする手法であり、ユークリッドの『原論』第XII巻命題5「三角形を底辺とする同じ高さの角錐は、それらの底面に比例する」の証明中に既に登場している。領域が曲線によって囲まれている場合は三角形をどれほど微少にしても領域を完全に覆い尽くすことはできないため、面積を求めるためには近似と極限の概念を導入することが必要であり、この点において積分法の発想の根幹部分を取り尽くし法に見ることができる。

　パリ時代の無限小解析学研究においてライプニッツが達成した多くの数学的成果の中でも、代表的なものとして1674年のいわゆる変換定理を挙げることができる。たとえば1674年10月のホイヘンス宛書簡（A. III, 1, 154-69 = I, 2, 134-45）において明解に表明されているこの定理は、幾何図形上での推論と無限級数の和の計算とを求積問題に応用することで得られたものであり、無限個の無限小三角形の面積の総和は無限個の無限小長方形の面積の総和に等しいものであることを直接的には主張している。ここから、「ライプニッツの級数」と呼ばれる四分円の面積の公式（$\frac{\pi}{4} = \frac{1}{1} - \frac{1}{3} + \frac{1}{5} - \frac{1}{7} + \cdots\cdots$）が得られる。そして、パリ時代以降のライプニッツは変換定理に代表される解析学上の成果を踏まえた上で形而上学的原理としての連続律を洗練させる。1679年のクラーネン宛書簡においてライプニッツは「もし、互いに異なる二つの原因が、望む限り小さくなり、一方が他方に接近して最終的には一方が他方に向うようになるならば、その結果もまた、ますます無際限に接近し、その結果その違いはどんな与えられた量より小さくなり、最終的には一方の結果が他方に向かうようになるであろう」（A. II, 1, 713）と述べるが、これは、コーシー列による極限の定義を思わせる内容を持つ（Granger［1994 p.235］）。さらに、1687年には連続律が「一般的原理」として言及されるに至るが、そこで表明されている「与えられたものが秩序付けられていれば、求められるものも秩序付けられている。（Datis ordinatisetiam quaesita sunt ordinate）」（GP. III, 52 = I, 8, 36）という言明はライプニッツの連続律を簡潔かつ明快に表すものとして考えることができる。

　このように、無限小解析と連続律との間に概念的連関が認められることは、ライプニッツ自身の言明からも容易に了解することができる。当然ながら、パ

リからハノーヴァーに帰還した後にライプニッツが本格的に取り組むことになる幾何学研究についても、無限小解析における数学的実践の影響を見て取ることが期待できよう。この点はこれまでの研究では見過ごされていると言ってよい。[1] しかし、1675 年のフーシェ宛書簡においてライプニッツは、これまではデカルトの『省察』やガリレオの自然哲学の著作を読むのに時間を費やしてきたために幾何学の本を丹念に読む時間がなかったが、これからは懸命に取り組もうと思うと述べているが（A. II, 1, 389）、無限小解析と幾何学研究とはライプニッツにおいて単に時系列順に前後しているだけではなく、発想上の連関を有していると考えられる。

　そこで本章では、幾何学的記号法における変換概念に焦点を当てることで、無限小解析と幾何学的記号法との関連の一端を明らかにしたい。実際、ライプニッツの数学の発展を追うためにも変換概念に着目することは有効である。これは、ライプニッツ自身は変換定理という自らの数学的成果に大いに自信を持っていたという事実だけではなく、実際にその後の数学的・哲学的・数理哲学的思索において変換定理が要となるであろうことを明らかに自覚している点からも正当化できる。たとえば、1680 年 4-5 月のシェーズ宛書簡においてライプニッツは、超越量の問題を通じて新しい幾何学[2]を発明することが必要であること認識するに至ったと述べる。そして、四分円の面積の公式を引き合いに出しながら、「もっとも美しい力学上の問題を純粋幾何学の用語に還元したとき、超越量の問題を発見することができます。この問題は、デカルトの幾何学では十分ではなかったが、そんな例を私は無限に挙げることができます」と続ける（A. II, 1, 797）。ある数学の体系や技法が有する価値を評価する指針の一つとして、ライプニッツが超越量の問題の解決を想定していたこと、そして、[3]

1　たとえば、デ・リージも無限小解析と幾何学的記号法との関連を十分に論じている訳ではない。また、パルマンティエとエチェヴェリアによる羅仏対訳断片集においても、変換概念と無限小解析との関連が示唆されているが（CG, 319）、踏み込んだ考察はない。

2　序章でも触れたように、当時は「無限小幾何学」という言葉が現在の解析学と同義で用いられている。したがって、ライプニッツの遺稿に「幾何学」という語が登場するとしても、それが必ずしも数学の一分野としての幾何学自体を指すとは限らないことに注意しなければならない。本章で考察する『範例』は、前半で幾何学的記号法が、後半で無限小解析が論じられており、「幾何学」の用法には、この両者の意味合いが含み持たされていると考えることができる。

3　たとえば、デカルトは超越曲線（代数曲線ではない曲線、すなわち、代数方程式であらわ

自分のなした業績がその指針から見ても誇るべきものであると考えていたことがわかる。さらに、変換定理に具現化する発想を軸としてライプニッツの数学研究の進展を据えることにより、ライプニッツの幾何学研究に萌芽的に含まれる数理哲学的内容をその発展過程も合わせて明らかにすることができ、ライプニッツの「幾何学の哲学」を数理哲学における一つのリサーチプログラムとして練り上げるという本書の目的にも寄与することができると思われる。

本章の議論は以下のように進められる。まず、変換定理の応用として幾何学的記号法に「図形の変換」という着想が導入されることで図形の持つ諸性質が整理され、結果として面積概念の導入と次元数の拡張の契機が得られたことを明らかにする（1節）。次いで、幾何学的記号法の変換概念の特質を探るために、最小者と点とが幾何学的記号法において持つ身分を分析する（2節）。そして、ライプニッツの点概念の定義には変遷が見られるが、それは連続体合成の迷宮と無限小概念との影響によるものであることを明らかにする。これらの議論を踏まえ、無限小解析が幾何学的記号法の変換概念に与えた影響が単なる類推に留まるものではないことを示す（3、4節）。そして最後に、変換概念の連続性について、ライプニッツ哲学の連続性概念との関連を探る（5節）。

4.1 『光り輝く幾何学の範例』における変換概念

ライプニッツの遺した幾何学に関する草稿を見渡す限りでは、連続変換については、変換を続けて行うという程度の意味付けしか読み取れないように思われる。そこで、まず、変換に関するライプニッツの記述を以下に列挙してみよう。

> 変換とは、［変換の前と後の］両者において同じものである最単純者をつくる変化である。
> (Mugnai, 31)

> 連続変化すべてにおいては、変更を行うことで、より小なるものからすべての中間点を通過して、より大なるものへと到達する。
> (Mugnai, 47)

すことができない曲線を指す。具体的には指数関数や対数関数が超越曲線である）を、明晰判明に認識することができないことを理由に、数学の対象から排除した。

変換とは、何も付け加えたり取ったりせずに、部分の位置をつくるような変化
である。［……］すべての立体は、その相似な部分が全体より先立ってつくられ
るような、均一で継続的な方法によって生じる他の立体に変換可能である。す
なわち、すべての立体は、均一の立体に変換可能である。 （A. VI, 4, 508）

あるものが他のものに変換される、すなわち、あるものが他のものからつくら
れるとは、一方において、もう他方においてあるもののうちにないようなもの
がないときである。 （A. VI, 4, 872）

しかし、直線を曲線に変換するように、球の表面を平面に変換するように、直
線を曲線に変換するように、そしてその逆のように、変換はいかなる部分も保
存しない。よって、保存されるのは最小者のみであり、変換とはあるものから
他のものをつくることなのである。完全な変換においては、同一である最小者
は、［図形を］曲げたり歪めたりすることによって、このように保存されるので
ある。 （GM. VII, 282）

われわれは同質なものがそれ自身からつくられることを連続的に想像すること
ができる。ちょうど、円が連続変換によって楕円になるように。さらに、この楕円は、
あり得る形すべてを持つ無限個の楕円によって通過されうる。 （GM. VII, 283）

同じものを引っ張ったり縮めたりすることによって生成されるものは同質であ
る。 （GM. VII, 283）

これらの引用からもわかるように、変換概念については、一見すると、直観に
訴える程度の説明がなされているに過ぎないように思われる。もちろん、ライ
プニッツ自身は理解の助けとなる具体例を豊富に与えている。たとえば、同質
な図形の例として円と楕円が挙げられる。また、図形の量を保存して形を変え
る変換が可能である図形の例として、同体積の円柱と円錐が挙げられており、
両者の体積の等しさが、両者に注がれた水が同一量であることとして説明され
ている（GM. VII, 272）。連続律の表明として前節で引いた資料においても、「こ

第4章 無限小解析から幾何学的記号法へ　　125

の原理を理解するためには例を示さなければならない」として、楕円と放物線の例が挙げられている（GP. III, 52 = I, 8, 37）。位相幾何学の入門書においては「同じ図形」の例として伸縮自在なゴムによってつくられた図形群や取っ手の付いたカップと真ん中に穴の空いたドーナツなどが挙げられることが少なくないが、ライプニッツの与える説明も理解の容易さの点ではこの種の例と同程度であると言える。しかし、図形の同値類の構成や不変量の探求といった論点を念頭に置いて変換概念を捉え直すと、単なる直観的理解を与える説明にとどまっていては不十分であろう。抽象的かつ厳密な数学的探求のためには、形式的定義が必要である。実際、ライプニッツも、幾何学的記号法において変換概念の果たす役割を重要視しており、したがって、立ち入った説明を与えているものもある。一例を挙げておくと、位相幾何学においては、ある図形が別の図形に変換可能であるとは両者の間に一対一の写像が存在することと同値であるが、「任意の直線は他の直線全体に適用可能である。適用とは、一方の点すべてが他方の点と合同であるということを言う」（CG, 88-90）と述べている 1679 年の資料は、ライプニッツがこうした現代数学に近い発想を抱いていた可能性を示唆している。したがって、幾何学的記号法の数学的内容を適切に評価するためには、このような断片的な記述を手がかりにして幾何学的記号法における変換概念の規定を再構成する必要がある。

　そのためには、ライプニッツが幾何学における連続変換概念を無限小解析における数学的達成に基づいて捉えているという点を考慮に入れなくてはならない。『範例』においては、連続変換が変換定理と関連させる仕方で説明されている記述が見られる。現時点で公刊されている資料の中で、これほどの説明がなされているものは他にはない。そこで以下では『範例』の記述を手がかりにして、無限小解析における変換定理と幾何学的記号法における変換概念との関連と、変換概念における「最小者」概念の規定の二つの点に焦点を当てることで、ライプニッツが幾何学における変換概念をどのように捉えていたのかを探りたい。論点を前もって提示しておくと、求積問題への取り組みである、無限小三角形を徐々に足すことで、本来の求められるべき面積に近似するという手法から、おそらくライプニッツは、面積を保ったまま図形の質（図形の形）を変化させるという着想を得たものと考えられる。

126

まず注目すべきなのは、『範例』においてライプニッツが算術的求積の手法を図形の量の測定と図形の分類に関する問題に適用させている点である。既に述べたように、幾何学的記号法においてライプニッツが直面した課題の一つとして、関係概念を論理的な基礎とした幾何学体系の構築が挙げられる。相似、合同、同等など対象間に成立する概念によって、点、直線、平面などの対象概念を定義することが具体的な作業工程となるが、幾何学的記号法の理念を徹底させるためには、当然ながら図形の質だけでなく量も関係概念により定義される必要がある。この場面において変換定理の応用が見られるのである。ライプニッツは量概念を「尺度によって測定されるもの」として定義している。具体的には、求める図形と同質な図形を尺度として設定し、その尺度を繰り返し当の図形に適用することで（すなわち、尺度と合同な図形の数を数えることで）、図形の大きさが得られるとされる。この規定自体は初期の幾何学研究から後期に至るまで一貫して見られるものであるが（GM. V, 150, 152 = I, 1, 332-4/GM. VII, 19 =I, 2, 69, GM. VII, 36/A. VI, 4, 169）、図形の量の認知過程については『範例』の記述がより明確に与えてくれる。

> 一般的に、あるものの、他の同質なものによる表現（すなわち、合同なものへの分解）は、他のものに対するあるものの比率（ratio）を表現する。まさに、量という関係については比率がもっとも単純なものである。これにおいては、他のものの量の値からあるものの量を表現するために第三の同質なものは仮定されない。
>
> (GM. VII, 267)

しかし、この手続きによって図形の量が得られるのは、当の図形と尺度となる図形との間に共約性が成立する場合、つまり、尺度の有限回の適用で当の図形を覆い尽くしてしまう場合に限定される。この場合ならば問題なく図形の大きさを判明に知ることが可能だが、共約性が成り立たない場合についてもライプニッツは考察している。

> もし、われわれが、それを反復させることによって精確にすべてを測定できるような究極的単位に到達することができない場合は、［……］単位のみを反復す

第4章　無限小解析から幾何学的記号法へ　　127

ることによるこの種の数値の表現には到達しない。しかし、商の数列自体から、特別な比率を知り、それを決定することが可能である。 (GM. VII, 268)

　ここでライプニッツが述べているのは、二つの図形のうち、一方が他方の尺度であり得ない場合、二つの同質な図形に共通する尺度を求める方法である。図形 A と図形 B について、B をそのまま尺度として A に適用させると剰余部分 C が生じるとする (B >C)。このとき、C を尺度として B に適用させ、以下同様の手続きを余剰部分が生じなくなるまで続けて、A = 2B+C = 2(C+D)+C = 3C+2D = 3(D+E)+2D = 5D+3E = 5 × 2E+3E = 13E という結果が得られたとする。このとき、E が共通尺度として設定され、A の大きさは 13E として、B の大きさは 5E として、それぞれ表現することが可能となる。これは任意の二つの整数の最大公約数を求める方法であるユークリッドの互除法であるが、同様の方法は、1680 年から 1684 年の間に書かれたと推定されている『計算や図形なしの数学の根拠の範例』においても (A. VI, 4, 420)、また、最晩年の『数学の形而上学的基礎』においても (GM. VII, 23-4 = I, 2, 76)、説明されている。特に、後者ではこの一連の操作が以下のように連分数によって表現されているため、視覚的な理解が可能である。

$$1+ \cfrac{1}{m + \cfrac{1}{n + \cfrac{1}{p + \text{etc.}}}}$$

　もちろんこの手続きによっても共通尺度が得られない場合も考えられる。しかし、ライプニッツは、そのような場合でも、分割ないし適用を繰り返すことで、求める図形の本来の大きさと現時点で得られている大きさとの間の誤差が小さくなり、後者が前者に漸近すると考える。ここで分数の加減を用いた量の表現が、自らの数学的成果である円の求積を引き合いに出して、導入されるのである。「よって、しばしば、連続して行うことで、誤差は、隣接する列の部分よりも小さくなる。さらに、たとえ与えられた量がどんなに小さくとも、小さい量を表現する分数を得ることができる」(GM. VII, 268)。[4]実際、以下でも

4　さらに、図形の大きさのより適切な表現を得るためには十進法ではなく二進法を用いることが有益である場合もあるとも述べられている (GM. VII, 268-9)。

述べるが、ライプニッツは無限小を用いた求積が有効であることを、取り尽くし法を引き合いに出して説明している（GM. VII, 273）。ある図形によって所与の図形を覆い尽くそうと試みる場合、当の図形の大きさが小さくなればなるほど、実際の図形（P）の面積と覆い尽くされた図形（Q）の面積との誤差は小さくなる。取り尽くす図形を小さくすればするほど面積測定の精度は上がり、したがって、誤差も小さくなる。かくして、ライプニッツはPとQは変換可能であると主張する。

　ライプニッツが算術的求積において導入した同等概念においては、通常理解されるような厳密な意味での同等ではなく、「aとbの差が無限小なら両者は同等である」とする定義が新たに提案されている（GP. III, 52 = I, 8, 37）。物体はその状態を連続的に推移させるという観察から、ライプニッツは、物体の静止状態を速度が無限小である運動の状態として、そして、個体の死をその個体の生命活動が限りなく微少である場合であるとして考えるが、連続律の表明でもあるこの観察を数学的同等概念についても適用させているのである。その結果、同等概念の再定義が技法的にはアルキメデス流の取り尽くし法を可能にしたわけだが、この発想が図形の大きさの測定にも用いられている。これは実質的には1674年の変換定理で用いられた図形の等積変換に相当する操作である。したがって、『範例』に新しい着想が付加されたというわけではない。しかし、以下で示すように、変換概念を用いて幾何図形の分類が試みられている。無限小解析と幾何学的記号法との関連は、こうした点に認めることができる。

　ユークリッドの互除法を用いる際、上述のEに相当する図形をライプニッツは、共通尺度として理解している。その上で、同質なもの同士では変換が可能であること、そして、同質とは共通尺度を設定することができる対象同士に成り立つ性質であること、同質とは相似であるか、変換により相似になりうるものであることを明らかにしている（GM. VII, 282-3）。『計算や図形なしの数学の根拠の範例』や『数学の形而上学的基礎』にも登場する例が、ここではライプニッツの数理哲学の発展における位置付けが比較的明示的になる仕方で述べられている。こうして『範例』において幾何学上の変換概念が整備された。すなわち、複数の図形が与えられて、それらに共通尺度が設定可能かどうかがまず互除法を用いることで検討され、可能であればそれらは同質とされる。同質

であれば変換により合同となる。したがって、同質は変換と相似によって定義
されているため、「同じものを引っ張ったり縮めたりすることによって生れる
ものは同質」(GM. VII, 283) とされるように、面積の等しさは同質の条件とし
ては仮定されてはいない (cf. Mugnai, 31/GM. VII, 282/A. VI, 4, 628, 872)。1679
年の『幾何学的記号法』においては、変換は面積を等しくする図形同士に適用
されていたが、1695 年の『範例』においては既に図形の量が捨象されており、
共通尺度の設定可能性という図形の形に関する性質に関する基準により図形の
分類が導入されている。『数学の形而上学的基礎』においても変換概念は図形
の面積を考慮しないものであるが、こうした変換概念の推移の背景事情と考え
られる論点は次節で検討する。

　以上から、幾何学の対象としての図形の量の測定において変換定理と同種の
発想が用いられていることが明らかになったが、この着想は 1) 面積概念の導
入と 2) 次元概念の一般化という二つの数学的意義を含むものであると考えら
れる。以下順に説明したい。

　1) について。面積とは図形に一つの実数を対応させる関数として考えられ
る。実際、実デカルト平面において微積分を用いると面積は定積分によって定
義されるため、このような関数の存在を示すことができる。ユークリッドの『原
論』は解析学を利用することができなかったため、図形に実数を対応させると
いう手法以外で面積を定義する必要があった。そのため、『原論』では面積が
等しいという意味の「等積」が無定義概念として、そして、等積概念の満たす
性質が公理として、それぞれ導入されているのである (ハーツホーン [2007 227
頁以下])。では、微積分を用いた求積方法の、幾何学における対応物を考える
ことで、より厳密な定義を等積概念に与えることは可能であろうか。言い換え
れば、それ以上の分析を許容しない概念である原始概念として面積概念を扱
い、それゆえに公理の導入という手法で面積概念を定義するほかなかった『原
論』を、図形(すなわち空間)の分析によって乗り越えることは可能であろうか。
ヒルベルトはユークリッド幾何学を公理化することによって、等積概念を無定
義概念としては扱わずに、等積概念が満たす性質を定理として証明した (Hilbert
[1899])。つまり、ヒルベルトは、面積概念とユークリッド幾何学の公理系と
の間の論理的関係を明確にしたのである。他方、変換定理により解析学におけ

る求積問題を進展させたライプニッツも、図形同士を重ね合わせることで等積を判断するという素朴な手法ではなくて、同質概念から等積概念を導出することを試みていたことがわかる。

　与えられた二つの図形について、互除法を繰り返すことで共通尺度を見出し、その尺度を用いて面積が表現される。こうして得られた面積について、等積関係が同値関係であることはライプニッツの草稿から確認することが可能である（GM. VII, 274）。ヒルベルトのような公理的手法が用いられているわけではないが、既知の概念から面積概念を（インフォーマルな仕方ではあるものの）導出することができたという意味において、ライプニッツの幾何学的記号法はユークリッド幾何学にはない特徴を持つと言うことができる。[5]

　2) について。ユークリッド幾何学においては、平面と空間はそれぞれ 2 次元、3 次元のユークリッド空間であると考えられるため、n 次元ユークリッド空間の内部でユークリッド幾何学を展開することができる。しかし、ユークリッド幾何学自体は直観的に理解された空間の特性に基づいて構築された幾何学であり、それゆえに空間概念を n 次元ユークリッド空間へと拡張ないし一般化することは直観という足枷がある限り困難である。歴史的には、19 世紀の非ユークリッド幾何学の発見が、直観から幾何学を解放する契機となったが、ライプニッツの幾何学的記号法において、変換概念の適用に同種の契機を見出すことが可能である。ライプニッツ自身が本節冒頭で引用した資料で「すべての立体は、その相似な部分が全体より先立ってつくられるような、均一で継続的な方法によって生じる他の立体に変換可能である。すなわち、すべての立体は、均一の立体に変換可能である」（A. VI, 4, 508. 傍点引用者）と述べているように、本節で示した幾何学的記号法の変換によると、次元を等しくする図形がすべて同質と分類される。任意の線分は任意の線分に変換可能であるし、任意の立体は任意の立体に変換可能である。このような図形の分類では位相同型（homeomorphic）を適切に表現することはできない。この点において幾何学的

5　ヒルベルトの公理的幾何学においてはユークリッドの『原論』で用いられている面積の性質が証明されているが、共通概念5「全体は部分より大きい」は面積関数の測度を用いて証明されている（ハーツホーン［2007 240-1 頁］）。言うまでもなくこの定理はライプニッツが証明しようと若い頃からしばしば言及してきた定理である。

第 4 章　無限小解析から幾何学的記号法へ　　131

記号法の変換概念による図形の分類の限界が伺えるのは前章で述べた幾何学的記号法の数学的内容の評価を裏付ける。しかし、天下り的に導入された空間の次元に依拠せずに、変換概念により図形の次元を同定することが可能であるため、[6] この意味でライプニッツは次元概念の一般化を行っているものと理解することができる。実際、次節で触れるように、『範例』において、ライプニッツはある n 次元の図形が変換可能であるためには、n ＋ 1 次元の図形が必要であることを示唆しているが、ここからも幾何学的記号法が次元概念の一般化のささやかな契機、言い換えれば、空間概念の直観からのごく部分的な解放を含意するものであることがわかるだろう。

　無限小解析が幾何学研究に与えた決定的な影響は（implicit にせよ explicit にせよ）無限小概念を用いることにより面積概念を分析した上での図形の分類にある。無限小解析においては、特性三角形と無限小長方形の等積変換により曲線が囲む図形の面積が求められた。ポイントは図形の形を捨象して大きさのみを考えるという点と極限の使用である。幾何学においては、所与の図形のみから互除法により共通尺度が設定され、結果として図形の面積が尺度を用いて表現される。ここで尺度となる図形の身分が問題となる。なぜなら、同質概念の規定には相似、合同といった図形の形への言及が含まれているため、それによって形の異なる図形が同質であることが判明するような、形を捨象した変換の仕方が問題となるからである。この点に関しては、尺度や本節冒頭で触れた「最小者」の概念構成が問われなくてはならない。

　以上で触れた操作は無限小解析で用いられたものがそのまま幾何学的図形の大きさの表現に転用されたものであり、その意味で目新しさはない。むしろ、解析学を幾何学的に取り扱うこと（すなわち、図形の面積を代数的にではなく幾何学的に計算すること）がライプニッツの念頭にあった以上、図形の量を、取り尽くし法を用いて計量するという試みは発想としてはきわめて自然であるとも言える。では、幾何学的記号法に対して無限小解析学が与えた実質的な影響

6　これは実質的には「抽象による定義」となっている。すなわち、「ある図形の次元数とある図形の次元数が同じであるとは、両者が変換可能であるときかつそのときに限る」と次元を定義すれば、これは「同じ次元」の定義であり、したがって、次元の定義としては適切なものである。

は以上に尽きるのだろうか。そこで、次節では、『範例』の記述を主に参照しながら、幾何学的記号法における変換概念との関連の探求を続ける。

4.2 幾何学的記号法における二種類の点

前節では、変換定理を応用することによりライプニッツが幾何学に面積概念を導入し、空間の次元数を拡張する端緒が得られたことを確認した。しかし、変換とは「最小者の保存」であるという規定の探求が残っている。そこで、本節では幾何学的記号法における最小者の概念規定について考える。まず、議論の足掛かりとして、いわゆる「連続体合成の迷宮」における最小者について確認する。

連続体合成の迷宮とは、延長を持たない点から延長を持つ線分がいかにして構成されるのかという問題、すなわち、非延長的存在者の離散集合による延長体の合成を整合的に説明するという問題を指す。ライプニッツはこの問題を自由意志と予定調和との整合性を問う「自由と必然性に関する大問題」と共に、自らの形而上学において解かれるべき二大問題とみなしているが（GP. VI, 29 = I, 6, 17）、ごく初期にライプニッツは連続体合成の迷宮を回避する見解を抱くようになる（Arthur［2001］）。それは、点は観念的には線分に先行するが、現実的には線分が点に先行するというように、部分と全体との間の先後関係をさらに二分することで合成の迷宮を回避しようとするものである。この枠組みのもとで、空間と物体と点の存在論的身分も考察される。すなわち、点とは線分の端ないし境界であり、様態でしかなく、それゆえに潜在的に線分に含まれるが、線分の構成要素ではないとされるのである（cf. Levey［1998］, Arthur［2001, 2015, forthcoming］）。

連続体の迷宮は主として自然界における物体の構成に関するものであるが（とはいえ数学的興味を一切持たないわけではない。cf. Levey［1999 p.95］）、ライプニッツは迷宮の解決は他ならぬ幾何学においてこそ可能であると初期の頃から考えていた（A. VI, 3, 449）。また、1716 年のマッソン宛書簡でも、「点とは、厳密に言えば、延長体の端であり、事物の構成部分ではまったくないのです。このことは幾何学が十分に示しました」（GP. VI, 627）と述べてもいる。ここか

第 4 章　無限小解析から幾何学的記号法へ　　133

ら、連続体合成の問題とその解決と幾何学とが本質的な仕方で関わっていることが見て取ることができる[7]。それでは「このことは幾何学が十分に示した」とはどういうことか。以下では、焦点を幾何学的対象の構成に当てたうえで、前節に続いて変換概念の分析を行う。

　幾何学関連の草稿に登場する「最小者」を点と同義と見なすことは可能だろうか。まずは 1679 年前後の草稿における点に関する記述を追ってみよう。この時期の草稿における幾何学的対象の定義に関する記述の特徴として、空間の最小な構成要素としての点から出発して線分、平面、立体と順に定義するという発想と、まず限界を持たない延長体として絶対空間を定義し、その端ないし境界として平面、線分、点を順に定義するという発想が共存しているという点を指摘することができる。たとえば、『幾何学一般について』では、最小者が点として、最大者が空間として、それぞれ規定されている（Mugnai, 61）。また、『幾何学的記号法』では点は最小で部分を持たない最単純者とされている（GM. V, 144 = I, 1, 322/CG, 82, 94）。その一方で、点、線分、平面をそれぞれ次元が一つ大きい対象の端／境界とする定義がこの時期の草稿には見られるのである（Mugnai, 57-59/CG, 275）[8]。

　前者の定義を点の定義として採用するならば、点とは部分を持たない離散的存在者であるために、点から連続する線分を構成するという問題が当然ながら生じる。もちろん、数学的概念の定義としては前者の定義に問題はない。ただ、ライプニッツ自身が幾何学の自然学への適用を重要視している以上、連続体合成の問題を払拭できない前者の定義には問題がある。ライプニッツは運動概念を導入し、点の運動により線分が構成されると考えることで迷宮を回避しようとする。すなわち、線分を点の、平面を線分の、立体を平面の、それぞれ運動の軌跡として定義するのである（CG, 66, 76, 301/GM. V, 145-7 = I, 1, 323-6/Mugnai, 53-55/C, 547）。この意味で点は線分の構成要素であると言えるため、

7　以下の 1716 年 9 月 11 日のダンジクール宛書簡も参照。「しかし、私は、連続体は幾何学的点によって合成されているとは思いません。なぜなら、物質は連続体ではなく、連続する延長体は観念的事物でしかないからです」（D. III, 500）。もちろんこれらの「幾何学」の語はいわゆる幾何学のみを指すわけではない。

8　さらに、位置概念を用いて、点を「位置を持つ」とする定義もある（CG, 138, 266）。これは後の『ユークリッドの基礎について』にも見られる定義である。位置概念による対象の定義の意義については第 6 章で検討する。

この時期のライプニッツは点と線分を同質と見なしていた（GM. V, 152 = I, 1, 334）[9]。

　しかし、この時期の草稿では運動概念は素朴に導入されているに過ぎず、概念的洗練はなされないままであったため[10]、連続体合成の迷宮の問題はそのまま運動概念をめぐる問題に不可避的に横滑りする。つまり、ミクロなレベルでは制止している物体がマクロなレベルでは連続な軌跡を描くことをいかにして説明するかという、ゼノンのパラドクスの一つである、いわゆる「飛んでいる矢は止まっている」のパラドクスと同種の問題が残るのであり、これは実質的には連続体合成の問題と同じものである[11]。

　他方、後者の定義は連続体合成の問題からは免れている。ただし、1675年前後の草稿で見られる、この場合の点が線分の（部分ではなくて）様態であるというような連続体と点についての規定がなされているわけではない。これより、連続体をめぐるライプニッツの思考が幾何学研究に十分な仕方で反映していると考えることはできない。また、点を線分に潜在的に含まれるものとしても、線分をどれだけ分割してもそれ以上の分割を許容しない点には到達することができないという問題は生じる（Levey [1999]）。線分が点に現実的に先立つ以上、点を得る過程に不整合があってはならない。したがって、自然学への適用を正当化し、代数的記号操作による定理証明が可能であるような幾何学というライプニッツの構想を具現化する体系の構築は対象の定義において困難に直面する。

9　運動概念の積極的な使用には、それによって幾何学的対象の定義の実在性を保証する、すなわち、定義が正当なものであることを示すという動機があったと思われる（cf. CG, 197）。

10　実際、たとえば1682年の草稿に「運動とは位置の連続的変化である」（CG, 304）程度の記述は見られるものの、ライプニッツが運動概念を定義したり分析したりするものは見あたらない。ただ、幾何学的記号法における運動概念には、点の運動により線分がつくられるというような、対象構成に関する運動と、想像上の重ね合わせにより図形同士の合同関係を知るというような、対象間の関係を知るための運動という二種類の運動概念（GM. V, 161 = I, 1, 347-8）があることを指摘しておく（cf. CG, 165. n.47）。また、運動概念については、Hayashi [1998] においてロベルヴァルからの影響が指摘されている。

11　運動概念自体は既にユークリッドの『原論』においても導入されていたが、ライプニッツは『原論』における無制限な運動概念の使用に批判的ですらあった。『ユークリッドの基礎について』では、円を、直線の一点を固定してもう一点を元の場所に戻るまで移動させてできる軌跡とする定義に対して、直線は同一平面上にあるように動かされることを前提ないし証明する必要があるとする注釈を加えている（GM. V, 195 = I, 3, 265）。

既に述べたが、幾何学研究に本格的に着手する 1679 年前後では既にライプ
ニッツは連続体合成の問題に対する解決案を手に入れている。しかし、幾何学
研究にその実質的な影響が見られるようになるためにはさらに時間を要したも
のと考えられる。それは、この時期の最小者概念や図形の定義がまさに連続体
合成の迷宮に陥ってしまう類のものであることからも推測できる。この遅延の
原因としては、おそらく、運動概念による対象の定義が問題解決として有効で
あったとライプニッツ自身が考えていたのではないかという点が挙げられる。
また、無限小概念への言及がこの時期の資料にはほとんど見られない点から
も、無限小解析の幾何学研究への影響の遅延を見て取ることができるが[12]、こ
の点からも、後述する無限小解析に基づく連続性概念を用いることで迷宮脱出
を図るという着想を抱くにも時間が必要だったことがうかがえる。ライプニッ
ツ自身は新しい幾何学の開発に積極的であったが、無限小解析のように目覚ま
しい成果を得ることができず、加えてホイヘンスの無理解もあり、結果として
幾何学研究に対する情熱も徐々に冷めたものの、その一方で無限小解析の成果
により哲学的原理としての連続律を洗練させてもいたため、両者が相補的な仕
方で同じ枠組みの中で論じられ、相互の連関が明確にされ、幾何学的記号法に
よりいっそうの洗練がもたらされるにはある程度の時間が必要だったという説
明を与えることができるように思われる[13]。

　以上から、1679 年頃のライプニッツは、連続体合成の問題の解決をもたら
した物体をめぐる存在論的考察を幾何学研究には全面的に取り入れてはいな
かったことが明らかになった。もちろん、ライプニッツの幾何学研究は抽象的・
形式的・数学的考察のみに限定したものではなく、現実の物体や空間の構成に
ついての考察をも積極的に持ち込んでいる。しかし、結果として遺された資料

12　例外としては『幾何学一般について』における接触の定義が挙げられる。そこでは、二つ
の物体が接するとは、両者の間隔が無限小であるとされている（Mugnai, 50）。

13　1695 年にニーウェンテイトとの間において無限小の基礎について議論されるが、この論争
がライプニッツに与えた影響も理由の一つとして挙げることができるだろう（林［2003
173-88 頁］）。実際、1695 年 7 月に書かれたニーウェンテイトへの反論では、点と線分の、
線分と面の非同質性が主張されている（GM. V, 322）。さらにここでは、線分に線分を足
すとしても、足す線分が「比較できないほど小さい」のであれば線分の長さは増えないと
されるが、これによりライプニッツは二つの量の差が比較できないほど小さいものであれ
ば両者は等しいということを主張する。次節以降で触れるように、このライプニッツ独自
の同等性概念は幾何学的対象としての最小者にも関わっている。

からは、ライプニッツの幾何学研究には依然として多くの問題が未解決のまま残されていることがわかる。言い換えれば、ライプニッツが保持していた空間に関する直観的理解とその数学的定式化との間にはなおギャップが認められるのである。これをたんにライプニッツの不徹底としてではなく、より生産的な数学的営為の端緒として捉えるためにも、幾何学的記号法に固有の数学的・哲学的内容を見出す必要がある。そのためにも、以下では『範例』における最小者概念を取り上げて、無限小解析の成果を踏まえた変換概念が点をめぐる問題をいかに切り抜けるのかを示したい。

4.3 幾何学的記号法における点と空間

以前の草稿とは異なり、『範例』においては図形の最小者はその図形と同質ではないとされる。「同じものを引っ張ったり縮めたりすることによって生成されるものは同質である。ただし、最小者と最大者、すなわち端は除く」(GM. VII, 283)。つまり、図形とその最小者との間に変換を施すことはできない。同じことは最大者にも当てはまる。したがって、図形の最小者・最大者のいずれもその図形とも同次元ではないと考えられる。なぜなら、最小者がある図形と同次元であれば、その図形に変換が可能となるからだ。これより、最小者とは点であり、最大者は空間自体であることが導かれる[14]。もちろん、点と線分との非同質性のため、点による線分の構成という方法は採ることができない。よって、この時期では点が線分の構成要素であるとする立場は放棄されているのだが、それに代わる線分の境界としての点という規定についての言及も『範例』

14　点同士は同質であり、それゆえ次元を同じくするが、点は延長を持たないために変換対象には含まれない。また、絶対空間はその一意存在が証明されており (GM. V, 173-4 = I, 3, 169)、それがその部分であるような図形が存在しないため、他の図形に変換できない。しかし、ライプニッツは、n 次元の図形が変換可能であるためには n + 1 次元空間が必要であるということに気が付いていた (Guisti [1992 p.224])。「なぜなら、われわれは、延長体においては、3 次元しか扱えないからである。しかし、もし、われわれがたとえば重さの考察のような、何か新しい考察を導入することを受け入れるとしたら、4 次元を提示できるだろうし、実在的でありかつ異質な立体を提示できるだろう。つまり、その相違なる部分が相違なる重さを持ち、そして、同じ基底の平行線による切り口がすべての回転楕円を与えるような、そのような立体を提示できるだろう」(GM. VII, 285)。こうした見解は、前節で触れた次元概念の一般化の萌芽として捉えることができる。

には見られない。同時期の草稿『真の幾何学的解析』においても、平面は立体の切り口（GM. V, 174 = I, 3, 170）、直線は平面の切り口（ibid.）とする定義は述べられているが、点は「そこでいかなる他の場所も想定されない場所」（GM. V, 173-4 = I, 3, 169）として定義されている。『数学の形而上学的基礎』においても同様であり、点は「もっとも単純な場所、すなわち、他のいかなる場所にもならないもの」（GM. VII, 21 = I, 2, 73）として定義されている。例外的に『ユークリッドの基礎について』においては、点を、部分がなく位置を持つものする定義（GM. V, 183 = I, 3, 245）と、線分の境界とする定義（GM. V, 185 = I, 3, 248）が見られる。しかし、1695 年以降の草稿を全体的に見渡すと、ライプニッツが、線分の境界としての点よりも、非延長体としての点という定義を好むようになっていったのは確かである（De Risi［2007 p.171]）。

　ここから、ある時期を境に、ライプニッツは点に関する見解を変更させた可能性が高いことが見て取れる。点のみでは空間を構成することはできないが（連続体合成の問題）、点同士の位置関係が固定されることで空間を構成することができる。[15] 幾何学的記号法においては、幾何学的対象の間に成立する関係概念も対象化されて図形と同じ身分を付与されている（すなわち、図形も図形同士の関係にも記号が割り当てられて代数的記号操作の対象として取り扱うことが可能となる）ために、点と位置によって空間を構成することが可能となるのだが、それゆえに、ライプニッツが位置概念を用いた点の定義を重視することには一定の数学的理由がある。『原論』の注釈である『ユークリッドの基礎について』の冒頭で、『原論』の点の定義に「位置を持つと付け加えなくてはならない」と付加していることからも、空間構成に際しての位置概念の持つ特質にライプニッツが自覚的であったことがわかる。1679 年の『幾何学的記号法』ではまず空間が「純粋に絶対的な延長体」（GM. V, 144 = I, 1, 322）として導入され、続いて点が空間におけるもっとも単純なものとして定義されているが（ibid.）、この定義では点と空間の論理的関係が不明瞭である。もちろん、ライプニッツが念頭に置いている空間が 3 次元ユークリッド空間である以上、2 点間の最短距離を距離として定める関数を導入することで距離空間が定義できれば問題は

15　点同士の位置関係を定めるものが位相であるとすると、そこから構成される空間は位相空間となる（cf. De Risi［2007 p.174]）。

ない。しかし、空間の曲率という概念をライプニッツは持たないため、そのような意図された距離関数を適切に導入することができたとは言い難い（De Risi［2007 p.241］）。したがって、点を線分から定義するのではなく、だからといって点を孤立して捉えることもなく、あくまでも空間の構成要素の一つとしての意味合いを含むような定義が必要なのである。ライプニッツが点の定義をシフトさせた背景の一つにはこうした数学的事情があるように思われる。

　ライプニッツは点に限らず幾何学的対象の定義を複数通り設けているが、第3章でも示したように、それぞれの定義群によって定義される対象が同一のものであることを保証する必要があることを自覚している。点の定義については、（A）空間におけるもっとも単純なもの、（B）線分の境界、（C）位置を持つが部分を持たないもの、という三種類の定義が見られることは以上で述べた通りだが、これら三つの定義が同一の対象についてのものであることは、（A）と（C）に関しては、「もっとも単純」を部分を持たないこととして理解することができるので（たとえば A. VI, 4, 606）、説明が可能である。しかし、線分の境界としての点という（B）の定義には別の説明が必要である。ライプニッツは『ユークリッドの基礎について』でこの点に触れ、境界概念を再検討しているが（GM. V, 185 = I, 3, 248-9）、線分の切り口（sectio）は大きさを持たないことが無根拠に前提されているため、『原論』を補完する議論としては十分な分析であるとは言えない。

　では、この論理的空隙はいかにして埋められるのだろうか。線分の境界から単純体へとライプニッツが重視する論点は推移しているが、複数の定義が混在している以上、それらの同型性を保証する必要は依然として残る。この問題に直接答えることは現時点での資料の刊行状況では困難であるが、少なくともライプニッツの点概念が慎重に分析すべき内容を含むことの理由は以上からも見て取れるだろう。

　ここで論点を整理しておきたい。解明すべきことは、最小者と点と変換概念との関連であった。そのためにまず点の定義が検討された。ライプニッツは空間を単なる点の集合としては考えてはおらず、それゆえに、空間と点の定義を再検討する必要があった。その結果考案された点の定義は一意には定まらず、したがって、各々の定義が連続体合成の問題やユークリッド幾何学への批判を

第4章　無限小解析から幾何学的記号法へ　　139

契機にして練り上げられた哲学上の要請（点と連続体の先行関係の峻別、ユークリッドの『原論』からの曖昧さの除去）に応じるものであることを確認することが必要となる。これらの作業すべてを行うことはできないが、以下では、変換概念における最小者の規定を明らかにすることで、ライプニッツの点概念の推移の着地点を示す。

4.4　無限小・最小者・点

　幾何学的記号法の探求に際してライプニッツが無限小解析の成果を勘案しているのであれば、点についての見解にも無限小概念が何かしらの仕方で関連しているものと考えることができる。デ・リージは最小者を文字通り数学上の無限小として捉えることに慎重ではあるが（De Risi [2007 p.199]）、実際に「最小者すなわち不定に小さいもの」（GM. VII, 282-3）とライプニッツが述べていることから、最小者の理解の手がかりとして無限小を参照することは一定の正当性を持つ。これはすなわち、無限小の持つ両義的な身分が幾何学的記号法における最小者にもまた当てはまるということを示唆している。そこで、以下では無限小概念と幾何学的点との関連について考察する。

　まず、無限小概念について簡潔に触れておく。ライプニッツの無限小概念の両義性については当時から多くの批判を招いていた。その両義性とは、無限小には対応する実在がないとする立場と、無限小に有限数と同様に対応する実在を認める立場である。ライプニッツ自身が一見すると両立しない二つの見解を表明しているため[16]、解釈上大きな問題となっている。しかし、これら二つの見解は以下のように考えれば両立可能である。ライプニッツは、無限小は「有

16　無限の存在にコミットする見解については以下の 1693 年 6 月のフーシェ宛書簡を見よ。「私は実無限に対してまったく賛成しており、俗に言われるように自然がそれを嫌うということを認める代わりに、自然は創造者の数々の完全性をよりよく示すために、至る所で実無限の様相を呈しているということを主張する」（A. II, 2, 713）。無限を虚構とする見解については以下の 1706 年 3 月 11 日のデ・ボス宛書簡を見よ。「私の場合、哲学的な言い方をするなら、無限に大きな量と同様に無限に小さな量をも確立したわけではありません。なぜなら、両者共に表現の省略法によって精神に対して虚構されたものだと私は考えるからです。それは計算の都合のよいように作られたもので、算術での虚根と同じようなものです」（GP. II, 305 = I, 9, 134）。

140

益な虚構」と捉えており、無限小を用いた計算はそれを用いない計算に書き換え可能であると考えていた。したがって、一見すると実在を指示するように思われる無限小も、このような書き換えによって、計算を短縮するために導入された表現に過ぎず、いかなる実在も指示しないことがわかる (Jesseph [2015])。この解釈であれば、上述の不整合も困難とはならない。すなわち、実無限としての無限小、言い換えれば非アルキメデス的量としての無限小の存在にコミットすることなく、無限小を有限的に取り扱うことができる。

　ライプニッツは原則としては無限を可能無限として捉えているが、解析等においては、一見すると無限小を指示する表現であっても、計算を単純にするものとして積極的に使用する。この立場においては、無限量は、所与の量を更に減じていく過程において見出されるものでしかなく、それ自体が特定の量を実際に指示しているわけではない (Arthur [forthcoming]，石黒 [2003 第 5 章])。こうした無限小の特殊な性質を強調してライプニッツは、1702 年のヴァリニョン宛書簡において、「同様に、無限や無限小は非常に基礎付けられているので、幾何学において、また自然においてさえ、あらゆるものは、あたかもそれらが完全な実在であるかのようになされるのです」(GM. IV, 110) と述べる。極限もまたこのように理解されなくてはならない。たとえば、四分の一円の面積の公式は無限個の項の総和が特定の量に等しいことを主張しているが、無限小を用いた証明はすべてアルキメデス流の取り尽くし法と置換可能であるために、「基礎付けられた」ものであると言ってよい。無限小についてのこのライプニッツの立場はいくつかの段階を経て 1676 年の時点では定まったものと考えられ (Arthur [forthcoming]，Levey [1999 p.88])、それゆえ、幾何学研究にも無限小に関する立場の影響が見られると予測できる[17]。

　では、このような解釈のもとで理解された無限小概念は幾何学的記号法の最小者概念の規定にどのように関与するのだろうか。仮にある図形の最小者が無限小図形であるとするならば（たとえば、線分の最小者を無限小の長さを持つ線分と考え、それを点と等値するならば）、「変換によって最小者が保存される」と

17　事実、1676 年の草稿『無限数』(A. VI, 3, 496-504) において既に無限小を虚構と見なす見解が表明されている。1676 年以前のライプニッツには無限小をめぐる議論に揺れが見られる。これについては Arthur [2009] を見よ。

いう上述の規定の理解が困難になる。曲線と直線が変換によって合同となるとされる一方で、線分を変換して保存されるのが無限小線分であるとされるのは、最小者と元の図形との異質性と不整合であるからだ。しかし、この難点も無限小がアルキメデス量として捉えられることを考慮すれば説明可能である。『範例』の以下の記述を見よう。

> 他方、線分は点から合成されず、面は線分から合成されず、立体は面から合成されないが、しかし、線分は不定に小さい（indefinite parvis）線分から、面は不定に小さい面から、立体は不定に小さい立体から合成されるということを知らなくてはならない。すなわち、二つの延長体は、共通尺度においてそうするように、同等あるいは合同な部分にできる限り小さくして還元することによって、比較可能であることが示される。そして、誤差は常にそのような部分よりも小さいか、あるいは少なくとも、その部分に対して常に、あるいは徐々に、有限の割合にある。ここから、この比較における誤差は、所与のものより小さい。これこそまさにユークリッドの取り尽くし法が関わることである［……］。
>
> (GM. VII, 273)

連続体合成の問題があるために「線分は点から合成されず、面は線分から合成されず、立体は面から合成されない」。それでは線分が「不定に小さい線分」から合成されるとはどういうことなのか。そこから線分が合成されるようなものは、線分以外にはあり得ない。では、それはどのような線分なのか。仮にそれが特定の量を有する線分であるとするなら、確かにそれらの寄せ集めで新たに線分が合成可能であるが、元の線分の出自を説明するという問題が宙づりにされるままであるため、上記の問いの答えとして十分なものであるとは言えない。

　この引用箇所の後半では、図形の大きさを測定する共通尺度は任意に設定可能であるだけでなく、その大きさをいくらでも小さくすることが可能であるということが述べられている。この主張とライプニッツの無限小概念とはどのように関連しているのだろうか。「不定に小さい」線分とは、解析における非アルキメデス的量、すなわちいかなる有限量を掛け合わせても到達不可能な無限小量ないし無限大量としてではなく、所与の量より小さい量を取ることができ

142

るという意味でのアルキメデス量として解することが可能であると考えられる。線分を分割することで、元の線分よりも短い線分が得られるが、こうした分割は原理的には際限なく行うことができ、かつ、各分割で得られる線分は有限の長さを持つ。こうした線分をライプニッツは「不定に小さい線分」と称しているのである。そして、「不定に小さい」の極限として最小者を考えることができる。すなわち、連続律の適用により、こうした無限分割の終局点として、任意の線分よりも短いが、有限の長さを持つ線分を正当に想定することができる。ある図形の最小者とは、その図形と次元数が異なるが、任意の有限図形よりもさらに小さな図形を取るという操作を連続して行う極限として、言い換えれば、それ以上の縮小操作を許容しないという意味で最小なものである。既に述べたように最小者は図形の端ないし境界として理解されており（GM. VII, 283）、図形の次元数が一つ下がったものであるから、これは最小者と元の図形との異質性に反するものではない。こうした考察が幾何学研究に登場するのは、ライプニッツが、無限小解析での様々な成果や自然学への応用が現実的なものであることを認識し、さらには無限小の身分をめぐる論争を経て無限小についての見解を洗練させたという事情があるだろう。実際、繰り返すが、1679年頃の幾何学的記号法に関する草稿にはこうした無限小への言及は見られない。

　以上の分析から、最小者が、図形の縮小操作において登場する不定に小さな図形の極限であることが明らかになった。次に、このように理解された「不定に小さい」図形の身分を更に正確に見定めておく必要がある。無限小解析と幾何学的記号法の関係が単なる類推に留まるものではなく、むしろ、内的な連関を持つということを示すためにも、最小者が点ではなく、線分の無限分割の極限として理解されるとはいかなることなのかを解明しなくてはならない。問題となるのは、上の引用中における「線分は不定に小さな線分から構成される」をどう理解するかである。ライプニッツはこう述べている。

　　精神による変換においては、最小者として、不定に小さいものを最小者のように適用することが可能である。［……］変換に関する限り、求めるものよりも大きな長さの線分が、このような仕方で後続する。そして、ある種の変換と本当のものとの間の違いは、ますます小さくなることがしばしばであるが、それは

まさに誤差が与えられたものよりも小さくなり、真の変換を帰結するというように。

(GM. VII, 282-3)

この記述は、不定に小さいものと最小者とが幾何学的記号法においていかなる身分を持つのかを示している。つまり、点ないし最小者が線分の様態であるという初期から保持されている主張を、無限小解析の成果を踏まえて洗練させた連続律を関連させることによりライプニッツはさらに深化させて、図形の縮小の極限として最小者を設定している。不定に小さい線分から線分を合成することは可能であるが、その際、前者の線分は後者の線分の構成要素として捉えることができる。線分縮小を継続してもこの相関関係は変わらず、したがって、極限としてこれを点として扱うとしても、この場合の点が文字通りの無限小線分ではなくあくまでも有限量を持つ線分であるために、最小者による線分の合成は可能である。

　上の引用では「精神による変換」と述べられているが、この表現から、ライプニッツが線分縮小を数学的操作として捉えていることが受け取れる。現実に線分を縮小し続けても、それ以上更なる縮小ができない段階には到達できないだろう。しかし、連続律の適用により解析において無限個の級数の総和を算出することができるように、抽象的操作の場として解された空間において、線分縮小の極限としての対象を導入し、それを正当な幾何学的対象として扱うことが可能となるのである。こうした点概念にはそれ以上の分割を許容しないという性質を付与することができる[18]。また、一連の操作においては、大きさのみが最小者を用いて表現されるという等積変換がなされている。すなわち、通常解されるような点から図形は構成できないが、線分をより小さい線分によって合成するという脈絡の極限として点を想定することで、等積変換として図形の合成が可能となる。延長概念と位置概念が、後者を対象内部での構成に与るものと解することにより峻別され、非延長体に位置を帰属させることができる。言い換えれば、線分縮小の極限として捉えられた点は、延長を持たずして空間内に位置を持つことができるため、連続体合成の迷宮に迷うことなく幾何学的

18　1705 年 10 月 11 日のデ・フォルダー宛書簡では、物質の無限分割が可能なのは精神によってのみであると述べられている（GP. II, 279）。

対象の構成に参与することが許されるのである。線分の切り口ないし境界という定義から位置を持つ最単純者という定義へとライプニッツの強調点が推移しているのも、こうした無限小概念の影響があるように思われる。

実際、ライプニッツはリーマン積分に見られる発想を定式化していたことがクノーブロッホの研究により明らかにされているが（Knobloch［2002］）、それは、無限小の幅を持った図形の総和（リーマン和）として元の図形の面積を求めるという手法である。これを幾何学において定式化したものとして上の引用を理解することができる。また、図形は無限小の大きさを持った最小者である点から論理的に構成されるが（点の線分に対する観念的先行性）、点そのものは線分の縮小の極限として捉えられている（線分の点に対する現実的先行性）。延長を持たない点から線分を構成することができないという連続体の迷宮の解決としてライプニッツが提出する現実的 - 観念的先後関係という区分が、幾何学的記号法においても一貫して維持されていることが確認できる。現実的には線分が点に先行し、点は線分縮小の極限として捉えられるが、点自体は空間内に位置を持つために、図形の面積表現の尺度としての振る舞いが可能となる。

概念の先後関係の区分は、全体と部分という外延的関係と、ある概念が別の概念の構成要素であるという内包的関係との区分と相即的である。こうした区分が 1695 年の時期の幾何学的記号法に導入されていることは、『真の幾何学的解析』において、物体の境界（terminus）は物体の部分ではなく、構成要素であるとされていることからも理解できる（GM. V, 174 = I, 3, 168）。『ユークリッドの基礎について』においても同様の指摘が見られる（GM. V, 184 = I, 3, 247-8）が、これらの箇所でライプニッツが「立体（もちろん数学上の）」「精神による量についての加法」と断っていることは（cf. A. VI, 4, 605）、幾何学的記号法の研究対象が、現実の物理空間ではなく数学的空間であるとライプニッツ自身が自覚していることを裏付けている。

では、幾何学的記号法における最小者に関する以上のような理解は、本当にライプニッツ哲学と整合するのか。簡単に確認しておこう。『無限数』においてライプニッツは図形の同質概念をアルキメデスの公理を満たす場合として定義している（A. VI, 3, 496）。すなわち、ある図形を実数倍して別の図形に変換することができれば、両者の図形は同質であるとされる。この定義と、最小者

第 4 章　無限小解析から幾何学的記号法へ　　145

を元の図形と同質であるとは見なさない『範例』の規定は整合するだろうか。最小者がアルキメデスの公理を満たさないとは、最小者図形を何個積み重ねても元の図形を構成することができないということを意味している。したがって、最小者図形は図形の構成要素とはなり得ない。この見解は、上述の連続体合成の困難をそのまま反映している。

　以上を踏まえて、変換概念と最小者との関連について改めて考えてみたい。1701年に『学術雑誌』に掲載された短文においては「無限あるいは無限小の代わりに、与えられた誤差よりもさらに誤差を小さくするために諸量が必要なだけ大きくあるいは小さくとられるが、結果として、それはアルキメデスのスタイルと表現が違っているだけである。それらはわれわれの方法においてはより直接的であり、発見の技法によりいっそう適っている」（GM. V, 350）と述べている。ここからもわかるように、無限小と取り尽くし法の単なる類推以上の関連をライプニッツは自覚している。図形を単位図形によって埋め尽くす。単位図形を小さくすればするほど誤差は小さくなり、最小者を用いることで求める図形の面積が極限値として得られる。一方、ある図形を任意回数縮小させることで得られる図形はアルキメデスの公理を満たし、それゆえに各操作で得られる図形は最小者ではないが、縮小の手続きの極限として最小者を理解することができる。それは、図形を構成する部分ではないが図形に潜在的に含まれるものであり、図形の面積の算出には有益なものなのである。ある図形を同質な（つまり同次元である）図形に次々と置き換えることで、別の図形へと変換される。無限小解析と幾何学的記号法における変換概念の規定の平行性はこのように理解される。最小者が図形に観念的に含まれるとすることから「変換による最小者の保存」もまた理解可能となる。すなわち、現実に存在する最小者が不変項として保存されるのではなく、変換の前後で最小者が潜在的に図形に残るという事象を指して最小者が保存されると言われるのである。[19]

　さらに、変換概念に関しては、本章1節で触れた尺度との関連も指摘するこ

19　グランジェはこの保存によって保存されるものは「局所的な相似性」であると述べ、相似性の保存が大域的ではないことを理由に、幾何学的記号法の変換概念と現代数学のそれとの強い関連はないと考える（Granger［1981 pp.24-5］）。第3章でも述べたように、この評価は適切なものであると考えられる。

とができる。『範例』では、共通尺度を持つもの同士は変換によって一方を他方にすることが可能であるとされる（GM. VII, 284）。これは、同質な図形の集合を、それらに合同な図形を代表元とする同値類を形成するものとして捉えることが可能であることを意味する[20]。1685年の『形而上学的・論理学的概念の定義』では、同質概念が変換概念を用いずに、「共通尺度を持つもの」として定義されてもいる（A. VI, 4, 628）。したがって、図形の集合が変換可能であることと同質であることと共通尺度を持つことは同値であることがわかる。共通尺度の設定は一意ではなく、したがって、最小者を共通尺度として捉えることも可能である。最小者を共通尺度として用いると、線分の長さは点により、平面の面積は線分により表現されることとなり、これは積分を用いた通常の解析学の面積算出の手法である。実際、共通尺度は上述の最小者の役割を果たし、より小さい図形を尺度として設定可能であることから（たとえば本章1節で挙げた例のEをさらにEより小なるFによって区分するような場合）、「最小者、すなわち不定に小さい」という言い回しとも整合する。幾何学的記号法においてライプニッツが導入した面積概念は確かに厳密な数学的定式化を受けたものではないが、図形同士の比較による量の表現という『原論』以来の伝統的手法を継承した上で、なおかつ、ブランシュヴィクのテーゼである空間の数学的表現と形式的操作との釣り合いを模索した結果生み出されたものと理解することができるだろう。

　こうしたライプニッツの見解は数学的観点からも理解することができる。点は線分とは同質ではなく、したがって点を単純に反復しても線分は構成できない。しかし、直線を曲線に変換する場合は最小者である点のみが保存されるとされる。任意の線分や曲線の濃度は等しいことがカントールによって証明されているが、ここから、直線が曲線に変換可能であることは、直線と曲線の間に全単射が存在することと同値であることが導かれる。取り尽くす図形そのものは元の図形と同次元であるが、取り尽くし法と近似とを合わせることで、取り

20　第3章でも触れたが、変換された図形同士は同じ「タイプ」に属すると見なされている。「量を持ち、形を与えられたものについて、タイプないし例が与えられたと言うことが可能である。タイプないし例が同じもの同士は、質すなわち形を持ち、それらは合同であると言われる」（GM. VII, 275）。

尽くす図形＝共通尺度＝最小者が元の図形の境界としてあらわれるとき、尺度の実数倍と元の図形の面積が同等となる。この意味において取り尽くす図形から元の図形を合成することはできないが、最小者が「精神による変換」によって獲得されるという意味において元の図形に観念的に含まれると言うことができ、やはり連続体の迷宮の解決とも整合する[21]。

　しかし、無限小解析の変換概念を幾何学に持ち込むことで幾何学が数学理論として洗練されたわけではない。最小者が図形に観念的に含まれるとされることから、変換により最小者が保存される（GM. VII, 282）という、上で触れた事態が理解可能となるが、それは、図形の部分として現実に存在する最小者が不変項として保存されるのではなく、変換の前後で最小者が潜在的に図形に残るという事象を指している。これは、ライプニッツが連続体の濃度と図形の量を区別していないことを意味している。1679 年の資料でも、線分と線分が同等であるのは、それぞれの線分に含まれる点の集合の濃度が等しい場合とする見解が表明されているが（CG, 88-90）、この見解にしたがうと、任意の線分は同等と考えなくてはならない[22]。しかし、ライプニッツは線分に含まれる点の集合の濃度を線分の長さとみなしているため、現代数学の観点からするとこれは不当な概念規定である。面積を保存したまま図形を最小者を用いて別の図形へ変換するという、無限小解析に由来する方法のみでは、集合の濃度と図形の量を区別して理解することは難しい。実際、しばしばライプニッツの幾何学的記号法が現代の位相幾何学の源流であるとされる根拠の一つである、大きさを捨象した図形の考察は『数学の形而上学的基礎』などの後期草稿になってようやく見られるものでしかない（cf. De Risi［2007 pp.148-50］）。

21　それ以上の分割を許容しないが延長を有し、それゆえに幾何学的対象の構成に参与可能である『範例』において表明されている幾何学的点としての最小者概念の性質は、後期ライプニッツの哲学の主要概念であるモナド概念を想起させる。実際、物体の分割の極限としてではなく、物体に観念的に先行するものとして導入される非延長的実体というモナドの規定は、最小者のそれと重なるところがあると思われる。数学や自然学や形而上学の領域を横断的に検討してライプニッツ哲学における「点」概念の変遷を解明する作業は第 7 章において部分的に行っている（『形而上学叙説』から『モナドロジー』に至るライプニッツの実体概念の変遷については Fichant［2004］に立ち入った分析がある）。

22　任意の線分に含まれる点の集合の濃度は実数連続体の濃度（アレフワン）に等しく、それゆえ任意の線分に含まれる点の集合の間には常に一対一の写像が存在することがカントールにより証明されている。

4.5 変換概念の連続性

　前節まで、ライプニッツの幾何学研究に無限小解析の諸成果が与えた影響を、変換概念に着目して明らかにしてきた。算術的求積の手法を幾何学に導入することにより、面積概念が再定式化され、次元数概念の拡張に繋がる発想が可能となった。また、無限小概念の特殊な性質は幾何学的記号法における点概念に継承され、連続体合成の問題の帰結が幾何学的対象の構成に取り入れられることになった。

　本節では、幾何学的記号法における変換概念のもう一つの側面である「連続性」の解明を目指す。既に述べた通り、ライプニッツの形而上学において連続律は充足理由律と並んで中心的役割を担っているが、幾何学研究における変換概念がいかなる意味において連続変換であると言えるのかを考えたい。まず、ライプニッツの連続性概念には複数の意味があることを、先行研究を参照しつつ簡潔に確認しておこう。グランジェはライプニッツの連続律には連続量と連続関数の二種類の連続性が区別されずに含まれていると主張する（Granger[1994 p.235]）。エチェヴェリアは幾何学的記号法においてライプニッツは厳密な意味での位相幾何学的連続性の定義には至ってはおらず、むしろコンパクト性と連結性として解すべきとする（Echeverría[1990 p.76]）。また、アルカンタラはライプニッツにとっての連続性は稠密性に尽きるものではないと考え、連続概念によってメンバーシップ関係と全体-部分のメレオロジカルな関係の区別がもたらされ、それゆえにライプニッツは点が線分の部分であることなくそれに帰属すると整合的に主張することを可能にしたと考える（Alcantara[2003 p.131]）。クロケットは、ライプニッツの連続性を、稠密性としての連続性と稠密性に数学的観念性が付加された連続性との二種類に分類する（Crockett[1999]）。デ・リージも、ライプニッツの連続性概念には様々な相違なる規定があるが、連結性と完備性という二種類の性質を満たしているとしている（De Risi[2007 p.188]）。解釈上の是非はともかくとしても、これらの見解は、ライプニッツが連続性概念について、繰り返し同じ操作を続けることを許容するという程度の直観的規定しか与えていないわけではなく、したがっ

て、連続性概念を分析するためには資料の時期区分に配慮した綿密な検討が必要であるということを教える。では、実際に幾何学的記号法において連続性はいかに取り扱われているのだろうか。また、無限小解析学の成果がどのように幾何学的記号法における連続性に反映しているのだろうか。ライプニッツの連続性概念は連続体合成の問題を契機として練り上げられたが、これは物体をめぐる存在論的考察とも密接に関連している。したがって、幾何学的記号法における変換概念の連続性を明らかにするためには、幾何学的対象の存在論的身分を探ることが必要である。

　時間と空間の存在論的身分に関するライプニッツの考察は、実体と時空間をそれぞれ、実在的領域と実体によって「よく基礎付けられた」観念的領域として分類する初期の立場から、真の実在の領域、それによって物体が基礎付けられる現象世界、観念的領域の三領域を想定する後期の立場へと推移している（第6章を参照）。幾何学的対象に限定して考えると、自然には文字通りの意味において完全な円は存在しないという主張が初期から見られることは既に確認した。個別的な図形を幾何学的対象とみなすためには、その図形を抽象することが必要であることにライプニッツは気付いていたが、こうして獲得された幾何学的対象がいかなる領域に存するのかについては明確な記述を遺してはいなかった。連続体合成の問題を経てライプニッツが数学的対象の領域として観念的領域を見出すのは中期である。実際、1695年の『実体の本性と実体相互の交渉ならびに心身の結合についての新たな説』では「ところで、多なるものの実在性は、真の一性に求める他はない。この真の一性は［物質とは］別のところから出来するが、数学的点とはまったく異なる。数学的点は延長の端でしかなく、それはまた、連続体を合成し得るはずのない様態でしかない」（GP. IV, 478 = I, 8, 75）と述べられ、同じ年に書かれたフーシェに対する反論では「延長すなわち空間や、それにおいて考えられる平面や線分や点は、順序の関係ないし共存在の順序でしかない」（GP. IV, 491-2）として、空間を「共存するものの秩序」とする後期の見解に繋がる立場が表明されるのである。こうして、後期の立場においては、数学的対象は実在的領域ではなく観念的領域に位置付けられるため、「精神的事物（res mentalis）」（GP. II, 268 = I, 9, 119）、「理性によりつくられたもの（entia rationis）」（GP. II, 189）と呼ばれることになる。

ライプニッツの幾何学研究は、現実の物理空間の数学的探究から、数学的空間の数学的探究への推移として捉えることもできる。すなわち、ユークリッド幾何学の公理の妥当性を空間についての直観的理解によって保証するのではなく、同一律と定義と置換法則を用いて証明することを試みることに加えて、幾何学的概念の定義が繰り返し検討され、図形の性質も分析され、決定方法概念や変換概念といった道具立てが生れ、そうした道具立てが適用される空間を数学の対象として設定する観点が得られたと考えることができる。ライプニッツ自身は具体的個物としての物体から抽象的対象としての幾何学的対象へと至る精神による抽象作用について詳細に述べているわけではないが、初期においてそのような抽象作用の不可欠性を自覚して、後期になり実体論の展開に相即して数学的対象を観念的領域に配するに至ったと整理できるだろう。

では、幾何学的記号法の変換概念の連続性はどのようなものなのか。無限小解析が実際に数学的成果をあげることで連続律の有効性が認められ、さらなる洗練を受けることは本章初めでも触れた通りだが、幾何学的記号法への実質的影響が見られるのは、公刊されている資料から判断する限りでは、早くとも1695年以降であることもまたこれまでの議論で明らかになった。したがって、1679年頃の資料と後期の資料における連続性概念との相違点を検討する必要がある。論点を前もって示すと、初期の幾何学的記号法においては、連続性は空間の稠密性として理解されているが、無限小概念の特性が組み込まれた後期になると、状態間の連続移行における連続性が登場するのである。

4.5.1　1679年期の幾何学的記号法における連続性概念

まず、1679年期の資料を検討して初期の幾何学的記号法の連続性概念を探る。この時期の変換概念には図形の形を徐々に変形するという規定が与えられているが、こうした変換操作が行われる場としての空間の性質が探究されている。1679年の『幾何学的記号法』では、図形の合同変換が、空間内での図形の連続移動として解されている。「二つの任意の合同なものの間に他の合同なものを無限に取ることができる。なぜなら、その一つは他の一つの場所へと、合同なものを通ることなしには形を保存して移動することができないからである」（GM. V, 161 = I, 1, 346）。空間内で合同な図形を指定する操作として想定さ

れているこの変換は、図形間の連続な恒等写像として解することができるが、図形移動という直観的な把握がなされているために、図形の構成も移動の軌跡として捉えられている。実際、線分は点の移動により構成されると述べられているが (ibid.)、これは空間が点の稠密集合であることを必要とする。同年の『幾何学一般について』でも、「すべての連続変化においては、変更することで、より小なるものからすべての中間点を通過して、より大なるものへと到達する」(Mugnai, 47) と述べられており、この時期の幾何学的記号法では、図形の連続移動という直観的操作が変換概念を規定していると言えるだろう。ここから、この時期のライプニッツが保持していた空間観は、点 - 集合論的空間観であると考えることができる。

　点 - 集合論的空間観とは、ここでは空間を点の無限集合として捉える見解を指す。既に述べたように、当然ながらこの見解は、離散的非延長体である点により連続体を合成する困難である「連続体合成の迷宮」の問題と真っ向から衝突するため、ライプニッツの形而上学においては整合的に主張可能な見解であるとは言い難い。無限集合とその真部分集合との間に一対一の対応を付けることができることは既にガリレオによって発見されていたが、ライプニッツもこれを受けて、線分が無限の点から構成されると仮定すると、任意の二つの線分について、一方の点を他方の点に対応させることが常に可能であり、それゆえに「全体は部分よりも大きい」というユークリッド幾何学の公理に反するため、点は直線の構成要素ではないと主張する (A. VI, 3, 549)。しかし、既に述べたように、ライプニッツが点の運動による線分構成を導入することでこの問題を解決できると考えていたことは、点と線分の同質性が『幾何学的記号法』でも (GM. V, 152 = I, 1, 334)、『ユークリッドの公理の証明』でも (A. VI, 4, 179)、仮定されていることからも推測できる。『パキディウスからフィラレートへ (Pacidius Philalethi)』(A. VI, 3, 529-71) において確立された、観念的次元と現実的次元を導入して先後関係を腑分けすることで連続体合成の迷宮をいわば封印するという主張が幾何学的記号法に持ち込まれていないことは明らかであろう。

　以上から、1679 年頃の幾何学的記号法における連続変換概念とは、変換がなされる場としての空間の稠密性に帰されていると判断することができる。実際、稠密性を仮定しなければ、合同な図形間に更に合同な図形を指定すること

はできないことから稠密性が連続変換の必要条件となっていることは明らかであるし、また、合同図形を連続して指定することができないことは稠密性の定義である $\forall x \in S \forall y \in S \exists z \in S \ (x \le y \Rightarrow x \le z \le y)$ が成立しないことを含意するため、十分性も明らかである。第1章で論じたように、この時期のライプニッツは図形が幾何学的対象としての身分を持つ条件として、具体的個物からの抽象を要件として想定していたが、こうした形而上学的考察が幾何学的記号法には反映されてはおらず、空間についての数学的分析と哲学的分析とが相互作用することなく独立に進められていたと言うことができるだろう。

4.5.2 1695年期以降の連続性概念

次に、『範例』が書かれた時期以降の連続変換概念を検討しよう。この時期の幾何学的記号法が、主に対象構成の点において無限小解析の成果を踏まえたものであることは既に見たとおりであるが、連続性概念についてはどうであろうか。初期の幾何学研究での主張であった「変換の連続性＝空間の稠密性」という図式では連続性を十分に捉え切れていないことはライプニッツ自身自覚している。「以上から連続変化の本性が理解されるが、任意の状態の間に媒介的状態を見つけることだけでは十分ではない」（GM. VII. 287）。したがって、初期の幾何学研究とは連続性をめぐる議論構成も何らかの変更を受けていると推測できる。まずは物体と連続体についてのライプニッツの考察を追っておきたい。基本的な主張は初期のものから大きく変わってはいない（Hartz and Cover ［1988］）。1706年1月19日のデ・フォルダー宛書簡においてライプニッツは以下のように述べる。

> 現実的なものの内には、離散的な量、つまり、モナドないし単純実体の多数性しかありません。もっとも、現象に対応するどの可感的な寄せ集めにおいても、それはいかなる数よりも大きな数としてですが。ところが連続的な量は観念的であり、可能的なものと、可能である限りの現実的なものとに関わっています。連続体には非決定的な部分が含まれていますが、現実的なものの内には不定なものはありません。現実的なものにおいて分割し得るものは、実際に分割されているのです。現実的なものは単位から成る数のようなものであり、観念的な

ものは分数から成る数のようなものです。部分は現実には実在的な全体の内に
あるのであって、観念的なものの内に存するのではありません。しかしわれわ
れは観念的なものを実在的な実体と混同して、可能的なもの同士の秩序の内に
現実的部分を求め、現実的なものから成る寄せ集めの内に非決定的部分を求め、
そのためにわれわれは連続体の迷宮や解き難い矛盾へと落ち込んでしまうので
す。ところで連続的なもの、つまり可能的なものについての知には永遠真理が
含まれています。これは現実的な現象に左右されることのないものです。とい
うのも、差異は如何なる定量よりも小さいからです。またわれわれが現象にお
いて有しているかあるいは求めるべき実在性の徴標とは、現象が相互に対応し、
また永遠真理とも対応するということです。　　　　　(GP. II, 282-3 = I, 1, 127)

　現実的次元と観念的次元との区別による迷宮の回避は、連続体が離散的非延長
体によって如何にして構成されるのかという問題自体を解消させてしまうた
め、物体論の文脈でライプニッツが連続体合成の問題に正攻法としての解答を
与える取り組みは見られない (cf. Levey [1998 p.64. n.21])。物体の存在論的区
分が幾何学的記号法に導入された結果、空間は観念的なものとみなされ、また、
図形の連続変換も精神による操作として捉えられるようになる。しかし、物体
論の文脈では回避された連続体合成に関する議論が、幾何学的対象としての図
形の構成についての議論において扱われている。本章２節で見たように、ライ
プニッツは、線分を無限小線分の和と、平面図形を無限小図形の和と、それぞ
れ解することで、連続体としての幾何学的対象の構成を説明しようとする。構
成の単位としての最小者は、図形の無限分割の極限として観念的な次元に導入
されているため、現実的次元には存在するものではない。空間自体が観念的で
あり、空間内での図形操作を精神によるものとライプニッツが自覚しているた
め、最小者のリーマン和が連続体としての図形の構成を与えていると考えるこ
とができる。物体論での議論がこうして幾何学研究にフィードバックするので
ある。
　では、『範例』期の幾何学的記号法における連続性はどのようなものなのか。
無限小図形は、ゼロではないが任意の有限量より小さい面積を持つという意味
において、解析における無限小概念の特殊な性質を受け継いでいる (cf. Levey

［1988 p.57. n.11］）。すなわち、幾何学的記号法の点は単なる非延長体であるユークリッド幾何学における点とは異なる。最小者により図形を変換し続けると、その面積は元の図形の面積に漸近するが、上のデ・フォルダー宛書簡からの引用における「差異は如何なる定量よりも小さい」という表現がこの事態を端的に言い表している。「自然は飛躍せず」と主張するライプニッツにとって、連続性とは特定の操作が際限なく続く可能性を意味する。操作を続けるに連れて、ある時点での状態と他の時点での状態との間の間隔が少しずつ小さくなり、やがては間隔に有限数を割り当てることができなくなる。こうして連続性が離散的状態から構成されるのである。

　言うまでもなく連続性についてのこうした知見は無限小解析の成果によるものである。これはたとえば 1703 年の草稿『和と求積に関する無限の学問における解析新例（Specimen Novum Analyses pro Scientia Infiniti circa Summas et Quadraturas)』（GM. V, 350-61 = I, 3, 207-21）において、無限級数の和を引き合いに出してライプニッツが以下のように述べていることからも確認できる。「x と y が離散的項ではなく連続的、すなわち指示可能な間隔だけ離れた数ではなく、連続的に要素分増加する、言い換えれば指示不可能な間隔分増加する切り取られた直線であり、その結果項の列が図形を構成すると仮定する」（GM. V, 356-7 = I, 3, 216）。ライプニッツの無限概念には、それ自身で無限量を表現する実無限としての自義的無限（infinitum categorematicum）と、神自身を意味するハイパーカテゴリマティックな無限（infinitum hypercategorematicum）と、「分割、増加、減少、付加がつねにより以上に漸進する可能性」を指す共義的無限（infinitum syncategorematicum）というスコラ哲学における無限の区分を継承した三種類の無限理解があるが（GP. II, 314-5）、ライプニッツが関与する無限は共義的無限であることはこの引用からも明らかである。「指示不可能な間隔」は、操作を続けることで、小さくなり、操作を加えて得られた量と真の量との誤差もまた小さくなる。この過程に登場する無限とは共義的無限としての無限に他ならず、ある状態から別の状態への連続的推移がこうして表現されるのである（Arthur ［forthcoming］）。

　幾何学的記号法の変換概念の連続性もまたこのように理解されていることは、こうした表現が『範例』にも見られることからも明らかである。既に引用

した箇所だが、もう一度引用する。「変換に関する限り、求めるものよりも大きな長さの線分が、こうした仕方で継続する。そして、ある種の変換と真の変換との間の違いは、しばしばますます小さくなるのだが、それはまさに、誤差が与えられたものよりも小さくなり、真の変換を帰結する、というようにである」（GM. VII, 283 傍点引用者）。図形を分割し単位図形の実数倍として図形を捉えることで面積値を近似していく過程が変換であるが、変換を続けることで変換前の図形の面積値と変換後のそれとの間の差は小さくなる。有限回の操作ではなく無限回の操作を想定している点に、無限小解析の影響が見て取れることは前節まででも触れた通りである。技法的にはアルキメデス流の取り尽し法を継承したものでしかないが、ここに変換の連続性を見て取ることができる。

　では、離散的に数える他ない操作を無限回数行うことを連続的と称するライプニッツにとっての根拠付けを更に探ってみよう。自分の形而上学の根本原理として「与えられたものが秩序付けられていれば、求められるものも秩序付けられている」という言明をライプニッツが連続律として表明していることは既に触れた通りだが、この言明自体が連続性を含意することをライプニッツはどのように捉えていたのだろうか。『数学の形而上学的基礎』においてライプニッツは以下のように述べている。

　　求められるもの、または結果するものは、与えられたもの、または措定されたものに見られるものと同一関係を持つのであり、さらに適切である限りにおいて演算は同一でなければならない。そして、一般的に、与えられたものが秩序付けられていれば、求めるものも秩序付けられていると考えるべきである。こ
　　こから私が創案した連続律が帰結される。　　　　　　　（GM. VII, 25 = I, 2, 78）

引用の前半では決定方法について述べられている。連続律の定式化であるとされる「与えられたものが秩序付けられていれば、求められるものも秩序付けられている」は、文字通りには、所与の体系における関係が別の体系でも保存されるということを述べていると解されるが、これは決定方法に他ならない。幾何学的記法においては決定方法が写像として理解されることは前章で述べたが、ここに連続性についての含意を見出すことは難しい。1682 年の資料では「連

続性は事物ではなく秩序に関わるものである」(CG, 302) と述べられており、連続律と決定方法との関係が微かに示唆されているに留まっているが、晩年になると両者の含意関係を明確に意識されていることは上の引用からも明らかである。したがって、ライプニッツが決定方法と連続律をどう捉えているのかを見ることが必要である。

　連続律が初めて公表される 1687 年の資料をもう一度検討しよう。ライプニッツが「普遍的秩序の原理」(GP. III, 52 = I, 8, 36) と定める連続律は「無限を源泉とし、幾何学においては絶対に必要なもの」であるとされるが、「至高の叡智 (la souveraine sagesse)」である神が幾何学者として振る舞うため、自然学における有用性も保証されている。続けてライプニッツは以下のように述べる。

> 与えられたもの、つまり措定されたものにおいて、二つの事例の差異が如何なる量よりも小さいものとなるならば、求めるべきもの、つまりそこから結果するものにおいても二つの事例の差異は如何なる量よりも小さいものとならなければならない。あるいはもう少し平たく言って、二つの事例（与えられたもの）が連続的に (continuellement) 接近しあい、ついには互いに相手の内に紛れ込んでしまうところまでくると、その帰結としての出来事（求められたもの）も同じようにならなければならない。これはさらに普遍的原理に依拠している。つまり、与えられたものが秩序付けられていれば、求められるものも秩序付けられている。
>
> (ibid.)

連続律が初めて表明される資料でも、「与えられたものが秩序付けられていれば、求められるものも秩序付けられている」という普遍的原理から連続律が導出されることをライプニッツは認めている。すなわち、この原理を連続律そのものとして捉えることは正確ではなく、むしろ、決定方法を仮定した場合、ある体系の微少な変化は別の体系の微少な変化として写像されるため、変換前後で連続性もまた保存されるというように、連続律は普遍的原理としての決定方法の適用事例の一つとして理解されるべきなのである。

　以上から、ライプニッツにおいては事物の体系と記号の体系との構造的同型性という形而上学的主張が根本にあり、ここから決定方法概念が導出され、連

第 4 章　無限小解析から幾何学的記号法へ　　157

続律はその適用事例の一つとして位置付けられることが明らかになった。幾何学的記号法には初期から決定方法概念が導入されてはいるが、連続性と変換概念が結合されて一つの数学的概念として幾何学研究に登場するためには無限小解析研究を経由する必要があったと結論付けることができるだろう。

4.6　本章のまとめ

　本章の議論をまとめておこう。本章では、無限小解析研究が幾何学的記号法にどのような影響を与えたのかを、『範例』の検討を中心にして、明らかにしてきた。初期に確立済みであった無限と連続についての哲学的立場が直接ライプニッツの幾何学研究に寄与したわけではなく、無限小解析における議論を経由してようやく幾何学的記号法に、面積概念の深化と次元数の拡張という形に結実したのであった。これらの結果は初期の幾何学的記号法には見られないものであり、したがって、ライプニッツの幾何学研究は1679年の時点が質的頂点であったとする従来の評価は適切なものではないことがわかる。[23] また、連続変換概念も、無限小解析における区分求積法の発想を直接的に受け継いだものであった。この影響関係は、そもそも無限小解析自体が、幾何学の問題としての求積を算術的手法により解決する数学上の技法であったことを考慮すれば、きわめて自然なものであると考えられるが、こうしたことを明らかにする作業は、幾何学的記号法を、ライプニッツの数学研究や哲学に適切に位置付けるためには不可欠なものである。ライプニッツの連続律が決定方法の適用事例であるということは、普遍数学の理念がそこに由来するような、体系における対象間の関係を自由に把握する視点をライプニッツが手にしていたことを意味している。それゆえに、決定方法を全面的に利用する幾何学研究は、ライプニッツにとっては決して周辺的研究ではないのである。

23　幾何学的記号法が最晩年に決定的な進展を見せることを認める点ではデ・リージも同様の見解に立つ。その論拠としてはデ・リージは後期の空間論への影響やカント的超越論哲学の錬成などを挙げるが、本書は無限小解析の成果や連続体合成の問題の幾何学的記号法への、少なくとも現時点でアクセス可能な資料において跡付けが可能である限りでの影響について考慮した上で、1679年期以降の進展を認める結論に到達している。

第5章

幾何学の哲学としての幾何学的記号法

　序章でも述べたように、ライプニッツの幾何学的記号法に関する研究書である本書が採った基本的方針は、幾何学的記号法を幾何学の哲学の観点から検討することであった。第Ⅰ部の結論として、本章では、これまで論じてきたことを踏まえながら、ライプニッツの幾何学的記号法がどのような哲学的意義を持つものなのかを明らかにしたい。

　ユークリッド幾何学に対するライプニッツの批判点は、主に、それが図形への依存と体系における論理的飛躍という二つの欠陥を持つというものである。いずれも、ライプニッツ自身の普遍記号法の基本的な着想である、記号操作による知識獲得が可能な体系の構築という観点からの評価であるが、とりわけ前者の論点は技術的側面にとどまるものではない。知覚の対象という質料的側面と抽象的対象の認識の媒体という形相的側面とが不可分であるという性質を持つ記号としての図形が幾何学的対象の導入に際して有する特性について、ライプニッツは自覚的であることが遺稿から読み取ることができる。さらに、なおかつその点に、図形による抽象的対象の導入と想像力の機能との相性の悪さという、ライプニッツにとっては看過できない難点を見出したからこそ、ライプニッツは図形の使用を必要としない幾何学を構築しようとする。こうして相似概念や合同概念といった関係概念が記号法の概念として取り出され、それらを基礎にして新たな幾何学が構築された。その結果として構築された幾何学的記号法がユークリッド幾何学の代替物として有効であるためには、前者の適用対象が後者の適用対象と同一であること、すなわち3次元ユークリッド空間であることを示す必要がある。これは普遍記号法においてさまざまな概念の定義に

実在性を求めるライプニッツの定義論の帰結でもあるが、直線概念を分析した上で複数の定義を用意し、それらの外延が同じであることを証明することにより、ライプニッツはア・プリオリな仕方で幾何学的記号法の実在性を論証しようとした。直観的妥当性によってでもなく、経験的確実性によってでもなく、論理的に記号法の妥当性を証明するという、ライプニッツ哲学の根本的立場がここでも見られるのである。

　また、幾何学的記号法は、数学理論としての重要性を高く認めることはできないものの、変換概念と同質概念による図形の分類は図形の同値類の構成として、決定方法概念は写像の導入として、それぞれ後の数学史の展開に繋がる着想を含むものと考えられる。その上、幾何学的記号法の基礎概念となる概念の定義次第では、構成される空間も異なるものとなり、非ユークリッド幾何学の可能性をこの点に見出すことができる。[1]

　また、幾何学的記号法のこうしたメカニズムを解明する過程で、先行研究では十分に考察されてはいなかった無限小解析と幾何学的記号法との関連を明らかにすることができた。すなわち、無限小概念や連続性概念といった、ライプニッツが幾何学研究に着手する以前に既に確立していた概念が幾何学的記号法に対して実質的な影響を与えるのは1695年頃になってであることを示すことができた。こうしたライプニッツ自身の数理哲学の展開は、今後未刊行の遺稿が刊行されるにしたがってさらに綿密に検証されることが期待できる。

1　数学史においてライプニッツの幾何学的記号法が持つ革新的な点の一つとして、空間概念の定義を試みたこと、すなわち、三角形や円といった図形ではなくて、1679年の『幾何学的記号法』9節でも明示されているように（GM. V, 144 = I, 1, 322）、それらの図形の入れ物である空間自体を数学の対象として捉えたことを挙げることができる。実際、ユークリッド『原論』にもそれ以降にも空間概念それ自体の定義は見られず、長らく幾何学の研究対象は空間ではなく空間における図形であった。空間自体を数学の研究対象としたのは、17世紀のパスカルが初めてである。ライプニッツはパスカルの未完成の遺稿『幾何学への序論（*Introduction à la Géométrie*）』を1675年に入手し、読んでいる（この著作には「点の位置」（situs punctum）という表現も含まれる）。ライプニッツへのパスカルの影響は、ドゥビュイッシュによる研究が詳しい（Debuiche [2016]）。もちろん、空間の数学的研究が本格化するのは19世紀になって非ユークリッド幾何学が展開されて以降である（De Risi [2011]）。

5.1 数学史の観点から見た幾何学的記号法

　以上のような一連の探究を通じて、幾何学的記号法からいかなる「幾何学の哲学」を読み取ることができるのか。以下、本節では数学史における幾何学的記号法の位置付けについて検討したい。

　まず、幾何学の歴史についてきわめて簡潔な整理を与えておきたい。測量術への応用を目的として成立したユークリッド幾何学は、現実の物理空間についての直観的理解に依拠して構築されたと考えられる。ユークリッド幾何学は、諸学問が模範とすべき演繹的推論のモデルとしての地位を長らく保っていた。平行線公理を他の公理から証明する試みもまた長く続けられたが、1820 年代にロバチェフスキーとボヤイがそれぞれ独立に非ユークリッド幾何学に関する研究を発表し、ユークリッド幾何学は空間についての数学的探究の科学としての特権的地位を失うことになる。これは幾何学を空間的直観から解放する契機でもあるが、その結果、幾何学自体も飛躍的に進展し、ユークリッド幾何学以外にも、アフィン幾何学や射影幾何学などのさまざまな幾何学が登場することになる。こうした状況を受けて、幾何学を、「変換のもとで不変である性質の探究」として位置付けるという幾何学観が、1872 年にクラインによってエルランゲン・プログラムとして表明される。これは、クラインがエルランゲン大学の教授職に就任する際に公表した研究プログラムであるが、クライン的幾何学観によれば、変換の種類を変えることにより異なった幾何学が登場する。たとえば、ユークリッド幾何学は、合同変換群（ユークリッド変換群）により不変な図形の性質を探究する幾何学として捉えられる。また、多面体の辺・頂点・面の数の和が一定であることを主張するオイラーの多面体定理の発見[2]により登場した位相幾何学も、連続変換群を用いることで図形の形や大きさを捨象し

2　ライプニッツはパリ時代にデカルトの遺稿を入手しているが、入手した遺構群には多面体定理に近い定理の証明がなされている『立体の諸要素について（De Solidorum elementis)』が含まれていた（この遺稿の内容に関しては佐々木［2003 156-75 頁］およびデカルト［2018］の池田による翻訳（111-27 頁）と詳細な解説（273-98 頁）を参照)。ライプニッツはこの遺稿を読んではいたが、自分の幾何学研究へ取り入れようとはしなかったようである。実際、ライプニッツの遺稿にデカルトのこの遺稿への言及があるものは今のところ見つかっていない。

第 5 章　幾何学の哲学としての幾何学的記号法　　161

て接触や分離のみに関連する不変量を探究するものとして整理することができる。20世紀に入り、位相幾何学における不変量の分析装置としてホモトピー論やファイバー束などが導入されるが、これらは現代数学を構成する重要な道具立てとなった。写像を用いて図形同士の関係を調べるというクライン的幾何学観に基づく研究手法は、メタ数学としての数理論理学の発展や公理的集合論の整備を経て、写像を用いて数学的構造を分析する発想を具現化した圏論に受け継がれる。圏論においては、対象と射の集合により圏が表現され、圏から圏への対応付けとして関手が導入されるが、これらの道具立てにより異なる数学的体系の関係を調べて数学的内容を概念的に整理することが可能となる。

こうした幾何学の展開は、われわれが素朴に抱いている数学的理解を分析して類型化する分析装置としての数学が洗練される過程として捉えることもできるだろう。クライン的幾何学観が空間についての理解の精緻化の契機であり、圏論的数学観は数学についての理解の精緻化の契機であり、位相幾何学が両者の橋渡しとして、すなわち、空間の構造の探究から数学的体系の構造の探究への、あるいはこう述べてよければ、空間の数学化から数学の空間化への移行期にあるものとしてみなすことができるように思われる。

では、以上のような幾何学の展開を踏まえた上で、ライプニッツの幾何学的記号法はどのような意義を持つのか検討してみたい。第1章で論じたように、ライプニッツは記号には、知覚の対象という質料的性質と、数学的真理の観念の認識のインターフェイスという形相的性質との二つの性質があると考えていた。この二つの側面が共に機能するからこそ記号の使用が学問において有益なのである。幾何学的対象としての図形は、単なる観念そのものでもなければ、知覚の対象としての事物でもなく、その中間的性質を持つが、そのような対象を表現する手段として、記号としての図形は確かに有効であった。他方、記号の体系と事物の体系との構造的同型性により、記号は多様な質料的性質を持つことが許される。たとえば、円の代数方程式も幾何学的記号法における円の定義も、幾何学的対象としての円の表示としては有効である。しかし、記号を用いて推論する他ない（A. VI, 4, 23 = I, 8, 114）人間精神にとっては、あらかじめ神の知性の領域に存在するものであるとされる数学的観念も、記号により認識する他ない。これは、見方を変えれば、認識手段としての記号法が洗練される

ことで、数学的観念の多様な内容を人間に発見させる契機に繋がることを意味している。それまで他の記号法により得られていた数学についての理解が、新たな記号法により更に精緻なものとなることが期待できるのである。実際、ライプニッツはこうした記号観を保持していたことは『幾何学的記号法』冒頭部分の記述からも明らかである。

記号は、ある事物であって、それによって他の事物の相互関係が表現され、後者よりも容易に扱われるものである。したがって、記号において行われるすべての演算には事物におけるある言明が対応している。そして、しばしば事物自体の考察を記号の処理の完成まで延期することができる。実際、求められるものが記号において発見されるならば、初めから設定されている事物と記号との対応関係により同じものが容易に事物において発見されるであろう。［……］しかし、記号自体が精密であればあるほど、すなわち、それによって事物の関係が多く表現されればされるほど、その有効性が明らかになる。

(GM. V, 140 = I, 1, 318)[3]

ユークリッド幾何学で用いられる記号としての図形は、抽象的対象を感覚できるように表示するという機能を持つ。しかし、第2章で論じたように、直観的理解を仮定することなしに、感覚に依拠した認識のみでは抽象的対象としての幾何学的対象を適切に把握することはできない。かくして幾何学的記号法が構想されるわけだが、図形という媒体に制限されることなく幾何学的対象を多面的に表現することが可能となった。この点において幾何学的記号法の哲学的重要性を認めることができるだろう。すなわち、ユークリッド幾何学に基づく、また、ユークリッド幾何学が基づくわれわれの空間理解を分析し、新たな理解をわれわれの空間概念にもたらす道具立てとして幾何学的記号法を捉えることができる。実際、変換概念による図形の分類により、形自体は異なるが等面積である図形を同質と分類し、それらを同じタイプと見なす発想が生れている。これは、幾何学を変換により不変な性質を探究する科学として捉えるクライン

3　記号を用いることでわれわれの持つ錯雑した観念を明晰にすることができるという主張は1678年5月のチルンハウス宛書簡でも強調される（A. II, 1, 623）。

第5章　幾何学の哲学としての幾何学的記号法　　163

的幾何学観の発想の萌芽である[4]。実際、幾何学的記号法の遺稿からは、ライプニッツが図形を決定する最小要素を得ようと試行錯誤している様子を読み取ることができるが、そこでは決定関係概念が図形の複数の定義間の同型性を保証するものとして導入されていた。こうした道具立てを練り上げる過程として幾何学的記号法の発展を捉えると、合同な図形同士を変換する『幾何学的記号法』の変換概念から、図形の形と大きさを捨象し、繋がりのみを保存する変換となっている晩年の『数学の形而上学的基礎』のそれへと推移する幾何学的記号法の変換概念を、クライン的幾何学観と重なるものとして整理できる。

さらに記号法の発展においては、記号法の対象である概念に関する分析を、いったんは整えられた記号体系としての記号法に反映させることで記号法が更に洗練されるという、記号と概念との相互作用もまた重要な要素である。たとえば、ユークリッドの『原論』の公理を証明する過程で、直線の定義を再検討する必要にライプニッツは気付き、直線の定義を複数想定し、それらが同対象の定義であることを決定関係によって説明するために、「二点間の最短距離」が一意に定まることを示す必要があるという認識を得るに至る。これは空間の曲率という概念が獲得される一歩手前であり、空間概念の数学化の契機であると言える。

極度に抽象化された現代数学が単なる記号操作の集積ではなく、数学としての資格を持つとすれば、その理由の一つを記号の発見的機能に見出すことができるだろう。先に引いた『幾何学的記号法』からもわかるように、単なる推論を助ける手段としてのみならず、発見的機能をも有するこうした記号の特性を、ライプニッツは若い頃から自覚していた。1677年9月のガロア宛書簡においては「その［理性的言語ないし文字の］真の用途は、［……］言葉ではなく、思想を描き、目よりもむしろ知性に語りかけるというところにあります」（A. II, 1, 569）と述べて、以下のように続ける。「なぜなら、記号はきわめて曖昧ではかないわれわれの思考（pensée）をこの方法によって定めるからです。これは、記号という手段を用いなければ、想像力には容易にはできないことです」

4　ソロモンはライプニッツの位置解析とエルランゲン・プログラムを比較し、両者に共通する着想として変換概念があることを指摘した上で、さらに、ライプニッツが図形間の相似を変換概念を用いて定義していないことから、「変換のもとで不変な量の探求としての幾何学」という発想をライプニッツに帰することは否定している（Solomon [1990 pp.117-8]）。

（ibid.）。記号の役割として、われわれの直観的思考を形式化し、想像力によってではなしえない精緻な思考を可能にすることが挙げられるが、こうした役割は、記号自体が洗練されて「アリアドネの糸（un filum Ariadnes）」（A. II, 1, 570）として思考を精密に表現することによって科学を発展させるというライプニッツの普遍記号法の理念にも見出すことができるだろう（清水［2007 199頁]）。特に、幾何学に関しては、図形的直観が強力な制約となるため、非ユークリッド幾何学の発見が困難となっていたわけだが、ライプニッツ自身は想像力に依拠しない概念理解を自らの幾何学的記号法に積極的に取り入れていた。図形的要素を幾何学から排して幾何学の成立要件を探る幾何学的記号法は、この点において、「直観からの解放」という方向性を持つ数学理論として位置付けることができる。

　圏論においては、ある圏と別の圏とが同型構造を有することが関手を用いて表現されるが、異なる定義間の同型性を説明するために導入された決定関係は関手として捉えることもできる。射を用いて数学的対象を定義する研究手法を有する圏論的数学観は、対象としての集合を導入してその上で演算規則を設けて数学を展開する集合論的数学観と対比させることができるが、幾何学的対象としての図形を、図形同士に成立する関係概念によって定義し、さらには、同じ対象に複数の定義を与えた上で決定関係により定義の同型性を保証するというライプニッツの幾何学的記号法は、圏論的数学観と親和性が強い。このように、19世紀以降の幾何学観の系譜をきわめて萌芽的であるとはいえ、内包するものとして幾何学的記号法を捉えることができる。

　実際、現代の形式体系と比較してみても、幾何学的記号法は興味深い点を持つ。関手は集合論における写像とは異なり、集合のみに適用されるものではない。たとえば、ホモトピー関手は、位相空間の圏から群の圏への共変関手である。幾何学的記号法の決定関係も、幾何学的対象の集合のみに適用される写像としてではなく、単純概念としての対象にも適用されているという意味においては関手であると見なすことができる。すなわち、第2章で述べたライプニッツの普遍記号法における分析と綜合としての概念構成を思い起こせば、経験的所与としての対象を概念分析することでより単純な概念に分解し、それらから新たに記号法の対象を構成するという方法は算術や幾何学という個々の数学理

論や他の科学理論を横断して行われるものであるために（cf. Fichant [1998]）、決定方法概念を、単純概念の圏から空間の圏への関手として、すなわち、代数的対象から幾何学的対象への関手として捉えることもできる。また、対象概念を構成する単純概念間の関係が関係概念によって別の対象においても保存されることから、幾何学的対象間に成立する関係概念は射としても捉えることができる。領域横断的に機能するオペレーターとしての決定方法概念は、現代的観点から見ることにより、普遍記号法としての意義を持つことが明らかにされると思われる。

　このように、20世紀前半の数学基礎論における論理主義の立場の萌芽としてしばしば捉えられるライプニッツの普遍記号法は、むしろ20世紀の現代数学の展開を予告するものとして理解することもできることは明らかだろう。もちろん、幾何学の基礎付けというきわめて古典的な問題との関連でもライプニッツの幾何学的記号法は重要である。なぜなら、ライプニッツの思考は幾何学の基礎に関する数学者や哲学者の思考の足跡に受け継がれているからである。すなわち、ユークリッド幾何学の公理に証明を求める立場は公理系の論理的整合性の証明を対象領域の存在証明とする形式主義としてヒルベルトに、事物の体系と記号の体系との間の構造的同型性の数学的表現である決定関係に根ざす写像概念を重視する立場は構造主義としてブルバキに、定義の実在性として対象構成の具体的提示を重要視する立場は直観主義としてブラウワーに、という系譜学を描き出すことも可能であろう。しかし、こうした系譜学を試みることで析出されるライプニッツの幾何学的記号法の特殊性は、基礎付け的ないし認識論的動機に牽引された幾何学の哲学とは異なる思考も含意するようにも思われる。そこで、第I部の締めくくりとして、次節では、ライプニッツの幾何学的記号法が幾何学の哲学としていかなる意義を有するのかを検討する。

5.2　幾何学の哲学としての幾何学的記号法

　前節では、幾何学の歴史を参照しながらライプニッツの幾何学的記号法がどのような位置付けを持つものかを検討した。最後に、幾何学的記号法の哲学的意義について論じておきたい。

数理哲学の分野において幾何学の哲学として研究されてきたテーマは、主に、ユークリッド幾何学と非ユークリッド幾何学との関係を探るものや、幾何学の直観による基礎付けというテーマに関してカントやフレーゲといった哲学者の見解を検討するものなどを挙げることができるだろう。こうした基礎付け主義的関心からのアプローチが重要であることは認めなければならないが、しかし、数理哲学の一分野としての幾何学の哲学が、こうしたリサーチプログラムにとどまっていることは望ましいことではない。むしろ、現代数学の展開を視野に入れた上で、幾何学とはいかなる営みなのかという問いを探究することは、数理哲学が避けずに答えるべき課題であろう。

　この点を念頭に置いた上で、幾何学の成立要件とは何かという問いについて考えてみたい。微分幾何学、位相幾何学、代数幾何学、数論幾何学といった現代数学における幾何学の展開を考慮すると、幾何学は代数学と解析学に還元されてしまったようにも見える。実際、これらの幾何学において用いられる「空間」という用語は、われわれが直観的に理解している空間概念からは遠くかけ離れたものを指している（深谷[2006]）。したがって、現在「幾何学」の名を持つ数学理論は、慣習的にその名を用いているだけであり、「幾何学に固有な要素」は雲散霧消する寸前に至っているとの印象も生じる。ここから、幾何学的空間から「直観的空間」の含意を除去して残るものが「幾何学に固有な要素」であるとする構文論的アプローチは確かに一定の説得力を持つと言えるだろう（たとえばヒルベルトによる公理的幾何学はこのタイプに属する）。しかし一方で、「幾何学的直観」（Ryckman[1998 p.32]）が数学において果たす役割を重視するという立場も有効であろう。実際、現代を代表する幾何学者であるマイケル・アティヤは、数学者の思考法を幾何学的思考法と代数的思考とに区別し、図形を用いた視覚的理解の有用性を幾何学の特徴として見出している（Attiya[1982]）。数学者が図形的直観ないし幾何学的直観なるものが存在すると素朴な実感を表明すること自体はよいとして、幾何学の哲学としてこうした信仰告白を捉え直すとき、たとえば、n次元多様体なる対象を直観するとはいかなる事態を指すのかという問題は答えるのが難しいのではないかと思われる。もちろん、たとえば、フッサールに由来するカテゴリー直観という概念を洗練させることでこの問題に答えようとする立場は幾何学の哲学として十分実りあるも

のであると考えられるだろう[5]。しかし、数学の歴史が数学からの直観の排除の歴史と軌を一にすると解されることは確かである以上、数学の営為の分析に素朴に直観を持ち出すことに対する違和感は拭いきれない。とりわけ幾何学の哲学に関しては、カントに由来する直観概念に依拠するのではない、そして、数学者の特殊な能力に言及することもない、更に言えば経験科学との類推で捉えるのでもないアプローチがあり得るように思われる。

　第Ⅰ部を通じてしばしば参照したブランシュヴィクのテーゼが重要な意義を持つのもこの点である。幾何学の進展を、現実の物理空間が抽象されて数学的空間が整備される過程として捉えるのではなく、空間の数学的表現とそうした表現が持つ論理的関係との調和の探究として捉えるというブランシュヴィク的幾何学観は、抽象による図形の獲得というそれ自体がライプニッツによって問題視される方法を用いずに幾何学の固有性を説明するため、ユークリッド幾何学からしばしば抽象化の極地と呼ばれる数論幾何学に至る幾何学の歴史を包括的に捉える視点をもたらすことが可能である。さらに、幾何学の歴史的展開を踏まえ、かつ、現代数学の成果を積極的に取り入れた上で幾何学の成立要件が問えるようになるまでこの幾何学観を洗練させることで、幾何学の概念内容や構造を適切に理解することが期待できる。そして、ライプニッツの幾何学的記号法はまさにこのブランシュヴィク的幾何学観を体現した幾何学として考えることができるのは繰り返し述べた通りであるが、幾何学的記号法から、幾何学の哲学としての要点を引き出すとすれば、1）空間概念の構成上の柔軟性および図形的直観を排除した上での幾何学の成立要件の探究、2）数学理論としての幾何学の特殊性の明示化、3）図形を用いた推論の特性分析、という三点を挙げることができるだろう。以下順に述べよう。

　1）幾何学的記号法は、われわれが持つ空間についての直観的理解を分析して、より単純な概念群に空間を分解し、それらを用いて新たに空間を構成する

5　現象学的アプローチによる抽象的対象としての数学的対象の認識という主題に関しては鈴木［2013］がフッサールのテキストに依拠しつつ詳細に論じている。ただし、こうしたアプローチは主に抽象概念をめぐって回避しがたい困難に直面していると思われる（稲岡［2015］）。

という手続きによって整備される。ライプニッツが幾何学的記号法の基本概念として相似概念と合同概念とを想定していたことは既に触れたが、『数学の形而上学的基礎』のように相似概念を基本概念として採用した場合、大きさは異なるが形は同じ図形が同質として分類されることになる。さらに、『光り輝く幾何学の範例』における変換概念のように、形は異なるが大きさが同じ図形を同質と見なす立場もある。これからもわかるように、空間概念は相当に自由な構成が可能である。

　そして、このように構成された空間に関して、それが空間であるのはいかなる資格においてなのかという探究が必要であろう。その際、ライプニッツはわれわれの持つ図形的直観や素朴な空間的理解を引き合いに出さずに、既存の幾何学理論（ユークリッド幾何学）の定理を証明することや、直線の複数の定義の一意性を示すことにより幾何学的記号法の空間概念の妥当性を示そうとする。直観的空間理解から離れて幾何学的対象を構成し、そうしてつくられた空間の性質を調べるという幾何学的記号法は、幾何学が幾何学であるための条件を探究する幾何学と見なすことが可能である。

　2）こうした探究が幾何学の内部で行われるという点は、幾何学の特性をよく示している。このことが示しているのは、幾何学の展開から圏論的数学観が生まれたことは単なる偶発的な歴史的事実ではなく、幾何学の本質的な部分に関与しているという点であると思われる。そして、17世紀を生きたライプニッツがこのような着想を持ち得た理由の一つとしては、幾何学における記号としての図形の役割や、普遍記号法における記号の役割についての徹底した考察があるだろう。この点にこそ、幾何学的対象に関する存在論や認識論の問題にはとどまらないライプニッツ独自の「幾何学の哲学」の源泉があるように思われる。

　3）作図により幾何学的対象を構成する方法は、ユークリッド幾何学でも用いられていた。幾何学における作図は、単にノートや黒板に図形を描くという素朴な行為としてではなく、ある条件を満たす図形に対して特定の操作を行うという過程の連続から成立している。すなわち、証明において、与えられた図

形に補助図形を書き加えることによって、求められる図形を構成することを意味している。こうした幾何学的対象の構成方法は、現代の証明論の観点からは、適切なスコーレム関数を求めることとして理解することが可能である。すなわち、∀x∃yΦという形式を持つ論理式においては、各xについてΦを満たすyの存在が保証されているが、このことは、ある条件を満たす図形が与えられたときにΦに相当する操作を実効的に提示することが幾何学的対象の構成として考えられることを意味している。ユークリッド幾何学の証明を遂行する過程において、適切な補助図形を加える仕方それ自体を、演算規則にしたがった記号操作の過程がそうであるように、盲目的に、すなわち、図形の意味を考慮することなく自動的な手続きで遂行可能なものにするという幾何学的記号法の目的を実現するために、ライプニッツは、さまざまな図形の構成方法についての分析を残している。たとえば、『幾何学的記号法』において、ライプニッツは合同概念を用いて直線や円を定義している。具体的には、任意の2点が与えられたとき、その2点に対して合同となる点の集合を与える方法を提示することによって直線が定義される（GM. V, 158-9 = I, 1, 344）。また、第3章3節でも触れたように、ライプニッツは「決定方法」(determinatio) を図形を一意に決定する条件として捉えているが（A. VI, 4, 74, 171, 418/GM. V, 172-3, 181 = I, 3, 167-8, 52）、それだけでは図形は一意に決まらず、他の条件を付加する必要のある条件として「非決定方法」(indeterminatio) を導入してもいる（GM. VII, 287）。決定方法と非決定方法概念の規定も考慮し、ライプニッツが想定していると思われる作図の過程を論理式によって述べ直せば、∀x∃yΦという形式を取るものと解釈することができる。こうした一連のライプニッツの取り組みからは、ある条件を満たす図形に特定の補助線や補助図形を付加することで対象を構成するという、単に紙に図形を描くことに留まらない幾何学的対象の構成の仕組みについての認識を読み取ることができる。「質料的な直線を提示することと思惟によって把握することは別のことである」(CG, 226) と考えるライプニッツが、幾何学的対象の実在的定義としてこうした構成概念を保持していたと解することは不可能ではないだろう。

　これより、論理学的記号を操作することによる証明と幾何図形を用いた証明は、推論システムとしてはまったくの別種のものではなく、両者には共通する

メカニズムが存在し、そのメカニズムを記号法化することがライプニッツにとっての幾何学的記号法の構想であったと理解することができるだろう。以下簡単にこの点を敷衍したい。

　ライプニッツは図形の大きさと図形の形は異なる種類の性質であると考える（GM. V, 172 = I, 3, 166/CG, 276）。前者は単位によって測定される算術的性質であるが、図形を同定するためにはその大きさだけではなく形も考慮しなければならないため、図形の形も組み込んで幾何学を理論化する必要がある。かくしてライプニッツは、図形の形を扱うための基礎概念として、図形同士の関係概念である「相似」（単独で観察すると識別不可能である図形同士に成立する）や「合同」（重ね合わせることができる図形同士に成立する）を導入した上で、それらを用いて幾何学的対象を定義する。ここで重要なのは幾何学的対象の構成要件に図形の定量的性質が関与していない点であるが、こうした諸概念の改訂を踏まえて再構築されたユークリッド幾何学の定理の証明もまた図形の定性的性質のみに依拠したものとなる。たとえば、円と直線との関係に関する定理（『原論』第3巻命題10, 11, 12に相当する）をライプニッツは図形の辺や角度を引き合いに出さず関係概念のみを用いて証明しようと試みている（GM. V, 177-8 = I, 3, 173-4）。実際の証明には合同概念の定義に同等性という量的観点が入り込んでいるという不徹底が見られるものの、少なくともこうした一連の試みから読み取れるのは、ライプニッツが、ユークリッド幾何学の定理の持つ一般性ないし必然性は証明の過程で実際に描かれた図形には依拠しないことだけではなく、幾何学の必然性を確保するためには図形の定性的性質を適切に扱うことが必要であることもまた把握していたということである。第1章3節で引用したように、『人間知性新論』では、幾何学の定理は定義と公理を用いた推論のみに依拠し、描かれた図形とは独立にその妥当性が示されると明確に述べられているが、定性的性質のみによって幾何学的対象を定義することは幾何学の証明の理解にもこうした帰結をもたらす。ライプニッツは『原論』の証明を批判的に検討することで、境界、接触、交差といった位相的概念を練り直しているが（CG, 266-72/GM. VII, 284-5）、ユークリッド幾何学批判を通じてライプニッツは、幾何学的対象の定量的性質と定性的性質を区別した上で、幾何学の厳密化のためには後者に着目する必要があるという見解に到達したと見て取ることができる

第5章　幾何学の哲学としての幾何学的記号法　　171

だろう。ライプニッツが図形に依拠した幾何学の証明に批判的であったのは、第2章2節で述べたように個別的図形からの抽象に慎重な態度の表れであったが、より詳細に述べれば、想像力は図形同士の局所的な繋がりをも捨象してしまうので（たとえば、離れている二曲線間の距離が微少であるときに両者を接するものと捉えてしまう）、図形を用いた推論は対象の定性的性質を正確に捉えられず、したがって、図形を幾何学における推論の道具として適切であると見なすことができないという点に批判の根拠があると言うことができる。

ライプニッツ自身は幾何図形上での証明はすべて代数的記号法による証明によって取って代わられるべきものと考えていたが、それは適切な作図法を得るアルゴリズムが存在しないためでもあった。しかし、ライプニッツが図形を用いた推論の特性について無頓着であったわけではないことも確かである。ライプニッツ自身は幾何図形を用いることの利点を十分に理解した上で、なおかつ幾何学的記号法のような独自の幾何学を構築しようと試みる。このことは、見方を変えれば、ライプニッツと同じ幾何図形についての認識を持ちつつも、幾何図形を用いた証明をより洗練させるという選択肢も可能であったとも言えるだろう。実際、近年試みられているユークリッド幾何学の形式化研究や図形推論研究はこの路線を追求したものと考えることができる。[6]

5.3 本章のまとめ

第Ⅰ部の総括として、本章では、ライプニッツによる幾何学的記号法の試みは、数理哲学の観点から、数学的空間概念がどのような概念構造を持つかを分析し、記号法によって具現化する試みとして理解することができる点を指摘し

---

6 現在の図形推論研究はマンダースによるユークリッド『原論』の証明における図形の機能分析を契機として広がりを見せるようになったが、マンダースは、ユークリッドが図形の定性的性質（マンダースは定量的性質と定性的性質の区別を指すものとして、exact と co-exact という区別を用いている）を利用して証明を試みていたことを指摘する（Manders [2008a, 2008b]）。ユークリッド幾何学における幾何図形を用いた推論の形式化に関する最近の研究については稲岡 [2014] を参照。また、ライプニッツにとどまらず、過去の哲学者や数学者の研究から図形推論に関する論点を取り出すというリサーチプログラムの実践例の一つとして、ラブアンによるプロクロスに関する研究を挙げておく（Rabouin [2015]）。

た。また、幾何学的記号法の構想の動機の一つである、幾何図形を用いた証明への批判は、批判の動機付けが現代の図形推論研究に直接的に繋がる論点を含む点も指摘した。

　もちろん、こうして素描したライプニッツ独自の幾何学の哲学がさらなる洗練を待つものであることは言うまでもないだろう。現在、数理哲学という領域は個別分野の数学理論に焦点を絞った研究に多様化していると言ってよい。こうした研究状況を踏まえた上でも、幾何学の哲学に関して、幾何学的記号法が持つ哲学的側面はそれ自体がリサーチプログラムとして洗練させる価値を持つを有することもまた確かであろう。第Ⅰ部がここまで示したことは、ライプニッツにとって幾何学研究は周辺的分野では決してないということであり、同じことは現在においてライプニッツを研究する者にとっても同様であるということである。

第 5 章　幾何学の哲学としての幾何学的記号法　　173

第Ⅱ部

空間とモナドロジー

第6章

実体の位置と空間の構成

空間論と実体論はどのような関係を持つか？

　第Ⅰ部では、「位置解析」や「幾何学的記号法」などの名称で呼ばれるライプニッツの幾何学研究がどのようなものであったのか、ユークリッド幾何学への批判、幾何学的記号法によるその克服、形式的側面、連続や変換概念、数学史における位置付け、数理哲学としての意義といった論点に着目した検討を行った。第Ⅱ部では、幾何学的記号法をより広いパースペクティブからライプニッツの知的営みに位置付けるためにも、幾何学研究が実体論や空間論といった主題とどのように関わっているのかを探りたい。この点に関しても、序章でも述べたように、実体論や空間論といったライプニッツ哲学の主要な論点に幾何学的記号法が深く関与していることを示した 2007 年に出版されたデ・リージによる大部の『幾何学とモナドロジー』が重要な論点を提供している（De Risi [2007]）。デ・リージは、アカデミー版に未収録のものも含む幾何学的記号法に関する遺稿を綿密に検討した上で、ライプニッツはパリから帰国して 1678-9 年頃に幾何学的記号法に本格的に取り組むものの、ホイヘンスにその重要性を理解されず、取り組みに対する意欲自体も減退したという、従来の理解に異議を唱え、ライプニッツは生涯を通じて幾何学的記号法を重要視しており、1712 年以降の遺稿、とりわけ 1715 年に書かれた『直線の定義』『位置計算の基礎』『位置計算について』（De Risi [2007 pp.612-5, 616-9]，C, 548-56）がそのことを示すと主張する。クラークとの往復書簡と同時期に書かれたこれらの遺稿は、単に執筆時期が往復書簡と同時期であるだけではなく、内容的にも両者は連関しており、位置概念による空間概念の定義を探る中で、物自体としてのモナドが現象としての延長空間を基礎付けるというカント的な超越論哲学に

177

結実したとデ・リージは診断する。ただし、幾何学的記号法の草稿の念入りな検討を行う一方で、デ・リージが、解釈の基本的な枠組みである最晩年のライプニッツの「現象学的」傾向を正当化するための十分な論証を行っていない点には注意が必要である（後に触れるがこの点はデ・リージ自身も自覚している）。

　さらに、デ・リージの研究を全面的に受けるかたちで、アーサーは、最晩年の関係空間説に至る以前の時期の空間論もまた幾何学的記号法と関連を持つと主張する（Arthur［2013］）。彼は 1678 年の時点で既にライプニッツが延長体を位置と量を用いて定義している点に着目し、1680 年代の段階でライプニッツは空間論と幾何学的記号法を関連付けているとする。また、初期の連続体合成の問題を経て、個体的実体がその視点から世界全体を表象するという、『形而上学叙説』で述べられ、晩年の『モナドロジー』に受け継がれる実体論と連動する仕方で、位置概念を用いた空間概念の現象学的構成がなされているともする。

　本章はこうした最近の研究を批判的に参照しつつ、中期（1695 年期）ライプニッツの空間論に幾何学的記号法との関連を読み込むことが正当であるかどうかを検討する。[1]ライプニッツの空間論の展開を追う上でこの時期の重要性は少なくとも三点ある。まず、モナド概念がライプニッツの形而上学に導入される時期である（cf. Garber［2009 pp.331-5］）という点。さらに、この時期は「よく基礎付けられた現象」としての空間から観念的空間へと推移する（cf. Hartz and Cover［1988］）という意味でライプニッツ空間論のターニングポイントであると言える点。最後に、この時期はボーデンハウゼンとの往復書簡を契機にライプニッツが幾何学的記号法への取り組みを深める時期である点。[2]確かに位置概念を用いて空間を定義する遺稿は初期から散見されるが、それが幾何学的記号法の産物であることまでは含意しないという主張が本章の結論である。

　　1　序章でも述べたように、幾何学的記号法の時期区分を、1678-9 年頃の初期、1695 年頃の中期、1712 年以降の後期の三つに分ける。

　　2　エチェヴェリアは第 4 章で検討した『光り輝く幾何学の範例』はボーデンハウゼンに宛てて書かれたものと推測しているが（CG, 9）、具体的な根拠は挙げていない。ボーデンハウゼンとの往復書簡の重要性については既に複数の指摘がなされている（De Risi［2007 p.82, n.90］, Debuiche［2014 p.375］）。

6.1 モナドによる空間構成

　まず、デ・リージを参照して最晩年のライプニッツの空間論を簡潔に再構成する。位置から延長が発生するという見解が表明されるのは1707年7月21日や1709年4月24日のデ・ボス宛書簡である。前者では、「単純実体は、たとえそれ自身において延長を持たないとしても、位置を持ちますが、位置は延長の基礎です。なぜなら、延長は位置を同時に連続的に反復したものであるからです。ちょうど、線分が点の継続的変化であるように。点が描く軌跡には、さまざまな位置が連結されているのです」(GP. II, 339) と、位置から延長が生じる仕組みが述べられる。後者では、魂に固有の身体部分を割り当てることの誤りが、点が物質の部分ではないこと、点が集まっても延長を構成しないことを根拠として論じられる (GP. II, 370 = I, 9, 145-6)。[3] さらに、クラークとの往復書簡において、ライプニッツは、事物が空間をいかに構成するのかを述べる。第3書簡4節では、空間とは同時存在する事物の秩序が可能的に示すものとされ、われわれは複数の事物を同時に見ることで事物相互の秩序に気づくとされる (GP. VII, 363 = I, 9, 285)。さらに、第4書簡41節において、物体とは独立に空間が存在すると考える絶対空間説に対して、空間は特定の物体が占める特定の位置には依存しないが、秩序 (order) によって物体が位置を持つことが可能となると答える (GP. VII, 376 = I, 9, 309)。クラークから秩序なる語の意味を問われて、第5書簡47節でライプニッツは物体の共存在の秩序としての空間というアイデアの敷衍を試みる。ある事物が他の事物に対して取る関係から、場所 (place) が定められる。現実の事物だけではなく、ある事物の場所とある事物の場所を想像上で交換するという反事実的仮想によって事物の場所が得られる。かくして、空間とは「すべての場所を含むもの」とされる (GP. VII, 400 = I, 9, 352)。ここで、位置と場所は同義であるとみなしてよい。また、104節では、空間とは事物同士が可能的に取る位置の秩序であることが確認さ

3　デ・リージは前者には言及していないが、後者の書簡をライプニッツの位置解析と空間論との結びつきの典型とみなす。しかし、この書簡では空間が議論されているわけではないので、この評価には留保が必要であろう (De Risi [2007 p.94])。

第6章　実体の位置と空間の構成　　179

れ、空間の抽象性ないし観念性が強調される（GP. VII, 415 = I, 9, 380-1）。

デ・リージはこの空間論に実体論を組み合わせる。モナドは他のモナドを表象する性質を持つが、この表象作用をデ・リージは準同型写像（homomorphism）として捉える（De Risi［2007 pp.323f］）。現象としてのモナド同士の位置関係もまたモナドによって表象されるが、こうした表象の集合によりモナド同士の位置関係においてモナドが個別化される。かくして構成されたモナド相互の位置のネットワークが、空間のフレームワークとなる[4]。さらに、デ・リージは、こうしたモナドによる空間の構成には幾何学的記号法が寄与していると捉える。デ・リージが重要視するのは、空間をすべての位置の集合とする定義が最晩年の幾何学的記号法の草稿に見られる点である（De Risi［2007 p.175］）。実際、1715年の『直線の定義』や『位置計算の基礎』には空間をもっとも大きな場所とする定義が見られる（De Risi［2007 p.614, 616］）。こうした幾何学的記号法の空間定義がクラーク宛書簡での空間構成に不可欠な仕方で関与したとデ・リージは見るのである。すなわち、最晩年のライプニッツの空間構成の議論は、大きく言えば、幾何学的記号法における空間概念の定義と表現作用を持つ単純実体（モナド)によるその実装という二段階の議論として整理することができるのである。

デ・リージによるこの整理は、アカデミー版全集に未収録の資料をも含む広範囲の資料検討に裏付けされた説得力を持つ一方で、解釈の大前提である、ライプニッツのカント的超越論哲学への傾斜ないし現象主義的傾向という読み込み、すなわち、物自体としてのモナドと現象空間の二元論という枠組みをライプニッツ哲学に読み込むこと自体が根拠付けられていないという問題がある（Garber［2010］）。デ・リージ自身も根拠付けの重要性を意識していたことは、彼のライプニッツ解釈の基本方針を印象的に示す以下の箇所からも伺える。

　　その本質的作用が表象することにある実体としてのモナドというライプニッツの定義から、空間における現象の表現、したがって、空間そのものに対する超越論的要求を導出できるかどうかを示したい。いかにして、また、どの程度、意識がその対象を純粋知性においてではなく感官の形式によって把握する必要

───────────
4　モナドが延長を持たない点をライプニッツは強調するが、空間的位置まで持たないかどうかについては立場が微妙に揺れている。

180

があるのか、最後には、どの点において、ライプニッツ的空間は、カント的空間と同様に、感性的直観の形式とみなすことができるのかを明らかにしたい。

(De Risi [2007 p.300])

しかし、こうした文言に反して、デ・リージは読み込みの正当性を十分に裏付けることはできていない。実際、彼自身もテキストの分析によって自分の読みを裏付けることは放棄していると述べてもおり（De Risi [2007 p.399]）、最晩年のライプニッツには、表現概念に関する説と幾何学の基礎について説明する十分な時間が残されていなかったと推定するにとどまっている（De Risi [2007 p.401]）。[5]

また、仮にデ・リージの再構成が正当であるとして、ライプニッツ自身がいかなる過程を経て最晩年の空間構成論に到達したのかも解明すべき論点としては残る。実際、ライプニッツによるスピノザ哲学の受容を知る上で重要な初期の『事物の総体について』に、クラーク宛書簡における空間論の萌芽を読み込むパーキンソンの解釈もある（Parkinson [1992 p. xxxvi]）。しかし、ライプニッツの空間論の展開を解明するためには、幾何学的記号法を含む数学研究や実体論や形而上学などの議論との連関を押さえることが必要である。絶対空間の実在性を主張する初期の空間論から、よく基礎付けられた現象としての空間、事物相互が取りうる関係としての空間という後期の空間論に至る過程は、空間論のみが孤立して展開されたものではない（cf. Vailati [1997 p.112]）。デ・リージ自身は、後に、草稿の年代を考慮しても、幾何学的記号法は初期から段階的に発展して、最晩年の空間論に結実するとの見立てを提示するが（De Risi [2011]）、詳細まで述べられているわけではない。

6.2　中期哲学の空間構成論

デ・リージの研究を全面的に参照するかたちで、アーサーが中期哲学におけ

5　もっとも、空間論に限るならば、モナドを物自体、空間を現象とみなす解釈はそれほど特異なものではない。たとえば、Adams [1994 p.250]，Futch [2008 p.155]，Rutherford [1995 p.192] などはこの解釈に肯定的である。

る空間論と実体論と幾何学的記号法との関連の解明を試みている[6]。彼は、ライプニッツが実体的形相説を自分の形而上学に導入する 1679 年が幾何学的記号法に本格的に取り組むようになる時期でもあることに着目する。すなわち、デ・リージが最晩年の立場としてライプニッツに帰属した、実体相互の表象による空間的位置の表現という空間構成の議論が最晩年以前の時期にも認められると考えるのである。その証拠として、位置によって延長体を定義する見解が既に見られる点、具体的には、1678-9 年の『自然学の基礎についての小さな本の概要』において、既に延長体は大きさと位置を持つものという定義があることを指摘する（A. VI, 4, 1987）。位置は合同で定義される[7]。合同は事物の同時存在を前提することを考えると、「相互に位置を持つ同時に存在する部分の全体」という延長体の定義が導かれる。かくして、1683-5 年の『項の分解と属性の列挙』では空間が延長と位置によって定義される（A. VI, 4, 565）。

また、モナドの位置とはモナドが持つ観点であり、すべてのモナドの位置がひとつのモナドの表象内容に含まれると考えられることから、空間構成の「現象学的アプローチ」（Arthur［2013 p.518]）が可能になったとアーサーは捉える[8]。これは、『項の分解と属性の列挙』で述べられる「すべての同時表象に共通するものとしての延長」という規定に含意されているアプローチである。実際、クラーク宛書簡において明示的に議論される「いかに人々が空間の概念を形成するのか」（GP. VII, 400 = I, 9, 351）という論点も、大きさと経路の「現象学的演繹」（Arthur［2013 p.518]）を 1679 年の『幾何学的記号法』に見出すことが可能であるように、初期の頃からライプニッツが幾何学的記号法として取

6　アーサーはデ・リージより以前から継続して空間論に関する研究を公刊しており（Arthur［1994］など）、クラーク宛書簡に見られるような空間構成の理論をそれ以前からライプニッツが保持していたことを示そうと試みている。したがって、アーサーがデ・リージの議論を参照しているのはあくまでも 2013 年の論文に限ってのことである。

7　位置が合同によって明示的に定義されていないので、アーサーの議論には補足が必要である。ライプニッツは、対象の集合の間に成り立つ位置関係が同一であることの条件を定義することで位置を定義する、既に触れた「抽象による定義」と呼ばれる手法を用いている（GP. VII, 401-2 = I, 9, 355）。すなわち、同等関係を合同によって定義した上で、A と B の位置関係と C と D の位置関係が同じであることと、A と C、B と D が同等であることが同値関係にあるとするのである。

8　表現作用を持つモナドの観点をモナドの位置と捉え、空間の構成要素をモナドとする理解は既にゲルーが提出している（Gueroult［1946]）。ただし、ゲルーが依拠する資料は、デ・ボス宛書簡、『フィラレートとアリストとの対話』など、後期のものばかりである。

り組んでいたものである。事物の同時表象の要素を綜合することで空間概念を形成する実体の働きは「空間的綜合」(De Risi [2007 p.408]) として理解することが可能であり、また、こうした綜合作用は、表象から内容を取り去り、形式だけを保持する抽象作用を含み持つため、ここで構成される空間は抽象空間でもある。かくして、以下の『幾何学的記号法』の一節は空間の現象学的構成として読むことができるだろう。

> われわれが二つの点を同時に存在するものとして認識し、なぜそれらが同時に存在するものなのかと問うならば、それらは同時に表象されるから、あるいは少なくとも、それらは同時に表象されうるから、とわれわれは考えるであろう。何かを存在するものとして表象するときはつねに、それが空間にあるものとして表象している、すなわち、完全に識別できない不定に多くのものが存在しうることを表象しているのである。 (CG, 228-30)

空間は相互に識別できないものとしての点により構成される。点は延長を持たないため、点と点を合成しても延長空間を作り出すことはできない(連続体合成の問題)。しかし、実体は他の実体を表象し、その表象内容にはすべての実体相互の位置関係も含まれる。確かに、実体には純粋な外的規定はないとする原理にしたがえば、実体相互が取る位置関係もまた外的規定であるため、それが表象内容に含まれるとは言いがたい。しかし、現象する限りでの位置関係は、実体の内的規定に還元される。すなわち、二つの実体 A、B の間の距離と位置関係は、B を表象する A が持つ内的性質、A を表象する B が持つ内的性質の帰結なのである。そうした位置関係としての実体の場所が現象世界における空間を構成するのである。これは『形而上学叙説』やアルノー宛書簡で表明される個体概念の完足性に由来する主張であるが、アーサーは以上の主張の根拠として 1696 年頃の『不可識別の原理について』を挙げる(C, 8-10)。そこでは、実体は、他の実体との距離を、程度の差はあっても自らのうちに表象することが主張されている。かくして、1689 年の動力学論文『物体的自然の力能と法則に関する動力学』で明示的に語られるように、点によって空間が「合成ではなく構成されると私は言う (Constitui dico, non componi.)」(GM. VI, 370)。すな

わち、点の反復による外延的な合成ではなく、表象のネットワークにより空間を構成することが可能となっている。実際、1685年の『空間と点について』では空間がすべての点の位置（locus）として定義されており（De Risi［2007 p.624]）、最晩年の実体の表現による空間構成法がこの時期に既に登場しているのである。[9]

　この解釈に従えば、1679年の『幾何学的記号法』や1683-5年の『項の分解と属性の列挙』などで表明されている、対象の同時表象により空間や延長体が得られるという見解が1695年の「普遍空間とはすべての点の位置である」という空間定義や、モナド相互の表象が同質空間を生むという見解を準備するとライプニッツ空間論の展開を整理することが可能だろう。確かに、モナドを自分の形而上学へと本格的に導入する1695年以降のライプニッツが、空間構成の役割をモナドによる表象に担わせるのは無理のない筋書きであるように見える。また、幾何学的記号法における空間の定義の試行錯誤が、時期を経るにつれて、点による空間構成という見解に収斂するのも確かであろう。実際、デ・リージも、1679年期の空間の定義に関して、主体による対象の同時表象としての空間構成が見られるとして、後期の表現作用による構成とのゆるやかな連続性を認めている（De Risi［2007 p.407]）。

　しかし、アーサーによるこの指摘は実はデ・リージの解釈に対する重要な問題提起を含む。なぜなら、デ・リージは幾何学的記号法と空間構成の議論との相関性を最晩年より遡って認めることには否定的であるからである。デ・リージは、ライプニッツの空間構成論は、表現作用を持たない点の集まりとしての空間という規定から、表現作用を備えた点（モナド）による表現関係としての空間構成へと推移すると整理した上で、1679年の『幾何学的記号法』の時期には見られない「表現的綜合」が最晩年になり見られるようになると捉えている（De Risi［2007 pp.412-3]）。また、位置から延長が生じるという見解が本格的に登場するのは1690年頃であること、さらに、超感性的領域を感覚的表現によって表現するという図式を『人間知性新論』以前に遡って認めることはで

9　アーサーの議論はさまざまな時期の空間論を横断することの正当性が十分に示されているとは言い難い。しかし、この点を不問に付すとしても、アーサーの解釈には問題があることを指摘する点に本章の目的の一つがある。

きないだろうことを付加してもいる（De Risi［2011 p.215］）。デ・リージ自身は
この主張に対する具体的な根拠付けを与えていないが、1696 年頃の資料に基[10]
づくアーサーの主張が正当であれば、デ・リージが主張するような幾何学的記
号法と空間論との関わりを最晩年よりも以前の時期にも認めることができるだ
ろう。そこで次節では、アーサーの解釈の正当性について検討する。

6.3　実体の構成と分解

　まず注意すべきは、ライプニッツが位置概念を用いていることを素朴に幾何
学的記号法と空間論との間の影響関係の証拠として捉えてはならないことであ
る。『結合法論』定義 3 でも位置概念が既に登場するが（A. VI, 1, 172 = I, 1,
14）、「部分の場所性（localitas partium）」という位置概念自体にライプニッツ
独自の定義は見られず、たとえばホッブズの『物体論』第 2 部第 14 章「直線・
曲線・角および図形について」の 20、21 節での位置概念の定義と実質的には
違いがない（ホッブズ［2015 235-7 頁］）。幾何学的記号法においても、位置概念
それ自体の練り上げではなく、位置概念を用いて図形や空間を定義することが
目的であった。実際、位置概念を洗練すること自体がライプニッツの幾何学的
記号法の目的には含まれないことは、『幾何学的記号法』での、複数の事物が
相互に取りうる関係という位置概念の規定が、クラーク宛書簡第 5 書簡 47 節
でも繰り返されていることからも裏付けられる。最晩年の幾何学的記号法と空
間論の影響関係を考える際、前者における「対象の位置関係によって構成され
る構造としての空間」と、後者における「単純実体による他の実体の表象が構
成する空間」との整合性を評価軸として捉えるデ・リージはこの点もよく踏ま
えている（De Risi［2007 pp.484-5］）。確かに、クラークとの往復書簡と 1715-6
年の幾何学的記号法に関する資料の内容上の類似は両者の間の影響関係の存在
を立証するための強い「状況証拠」として解釈することは可能であろう。問題

10　間接的な証拠として、デ・リージは場所を用いた空間構成はクラーク宛第 5 書簡 47 節に
　　おいて初めて登場すると報告している（De Risi［2007 p.175 n.45］）。しかし、これは彼自
　　身が発掘した 1685 年の資料の内容と食い違う。2007 年の『幾何学とモナドロジー』では
　　この草稿への言及はない。

第 6 章　実体の位置と空間の構成　　185

は、これに相応する強さの証拠能力を持つ資料が最晩年以前にも見られるかどうかである。すなわち、問うべきは、幾何学的記号法なしには空間の構成についての議論もなかったと断定できるような議論構成が中期以前のライプニッツに見られるか、である。

以上を踏まえると、幾何学的記号法と空間論との関わりの有無を評価する際の論点を、幾何学的記号法における空間の定義、空間の存在論的身分、実体論の三点として整理できるだろう。アーサーの解釈は、空間を点の位置の集まりとする定義（1685 年）、事物の同時表象による空間の認識（1679 年）、実体の表現内容に実体相互の位置関係が含まれる点（1696 年頃）、の三つの論点から構成されている。他方でデ・リージの解釈は、すべての位置の集合という空間の定義(1716 年)、関係空間説に基づく空間の観念化(1716-7 年)、モナドロジー(1714 年）の三つの論点から構成されている。デ・リージとは異なり、アーサーが提起する論点の時期は初期から中期に渡るものである。そこで、以下では中期哲学の、すなわち、1695 年期のこの三点の関連について、空間の定義と実体論の二つの観点からの検討を行う。

初期の幾何学的記号法での空間の定義は点の運動により線分が構成され、線分の運動により空間が構成されるという、運動概念を用いた素朴な定義であり、連続体合成の問題にも抵触する。ライプニッツが連続体合成の問題を踏まえた上で幾何学的対象の定義を試みるのは（現在アクセス可能な資料から判断する限りでは)1695 年期に入ってのことである(第 4 章を参照)。アーサーがデ・リージを引用する仕方で点による空間構成が中期に見られる証拠として間接的に提示する 1689 年の『物体的自然の力能と法則に関する動力学』の該当箇所を正確に引用すると、「すべての運動する平面は無限の線分から構成されるが、その任意の運動は等しく分散されている。また、すべての立体の運動は無限の表面によって構成されているが、その任意の運動は等しく分散されている。合成ではなく構成されていると私は言う」である。すなわち、物体の運動をそれより低次の物体の運動によって説明するという内容であり、合成という言い回しが避けられてはいるものの、内容的には初期の幾何学的記号法における幾何学的対象の構成と同一である。実際、デ・リージも、この箇所を運動概念を用いた空間構成の議論として正当に捉えている(De Risi[2007 p.174. n.43])。したがっ

て、「合成ではなく構成」というライプニッツの言い回しだけを踏まえて、この時期の空間構成が連続体合成の問題を回避するものであり、点の場所による空間の構成という最晩年の定義に繋がるものとして理解することは難しい[11]。

　また、この時期（1695 年）に書かれた『光り輝く幾何学の範例』は空間概念の定義を含まない。1698 年の『真の幾何学的解析』では『範例』（GM. VII, 283）と同様の、空間が最大で点が最小という規定が見られるが（GM. VII, 174 = I, 3, 169）、空間構成の議論はない。確かに 1695 年の資料には空間をすべての位置の集まりとする定義もあり（De Risi [2007 pp.587-8]）、後期の空間論への漸近がうかがえる。しかし、本節冒頭で挙げた三つの論点に内容上の相関を認めるためには、少なくとも、点の反復による空間の構成ではなく、点による点相互の位置関係の表現としての空間構成という、連続体合成の問題を回避する仕方での議論がなくてはならない。かくしてこの時期のライプニッツは、そうした見解には達していなかったと考えられる。実際、1700 年代に入っても議論の変更は見られない。たとえば、本章 2 節で引いた 1707 年 7 月 21 日のデ・ボス宛書簡でも、線分は点の軌跡（vestigium）として捉えられているのである。運動概念が明示されてはいないが、これは実質的には初期の幾何学的対象の定義と相違ない。したがって、中期哲学の幾何学的記号法の草稿に幾何学的記号法と空間論の相関関係を立証するに十分な内容を読み込むことは難しいと判断できるのである。

　次に実体論の観点からの検討を行う。アーサーが依拠する『不可識別の原理について』では、「純粋な外的規定は存在しない」という主張と不可識別者同一の原理の帰結として、実体の位置という外的規定も内的規定の帰結であることが確認され、実体の本性としての力が言及される。モナドの語も用いられており、確かに後期のモナドロジーに対応する内容が述べられている。1695 年の『実体の本性と実体相互の交渉ならびに心身の結合についての新たな説』でも同様の表現作用が実体に認められる（GP. IV, 484-5 = I, 8, 86）。したがって、

11　「合成（compose）」と「構成（constitute）」の違いにこの時期のライプニッツが敏感であったことは、延長する物体とその構成要素であるものとの関係からも見て取ることができる。延長体は受動的力の拡散によるものであるが、それはジグソーパズルのピースが集まって一つの大きなピースを合成するという意味ではない（Arthur [2014 p.121]）。

この時期のライプニッツが実体相互の位置関係が実体単体の表現内容に含まれるという見解を保持していたことは確かである。しかし、ここから、非延長体としての実体が、表現作用によって、延長する空間を構成するという議論までライプニッツが保持していたことは帰結しない。以下はそのことを示す。

　物体の本性は延長概念にはないという主張はデカルト批判とも結びつき、初期から繰り返される。1675-6 年のデカルトの『哲学原理』の註解では、第 2 部 4、11 節に対して、延長に加えて、不可入性（impenetrabilitas）が物体には存すると主張される（A. VI, 3, 215）。この時点ではまだ延長と不可入性の関係は不明だが、1692 年の『哲学原理』の註解では、第 1 部 52 節に対して、「延長の概念は原始的なものではなく、分解可能なものである。なぜなら、延長体には、そこにおいては多数の事物が同時に存在するような連続した全体が必要とされるからである。これを詳しく述べるならば、その概念が相対的である延長体においては、牛乳における白さのように、延長するものや連続するものがなくてはならない。そして、物体においてはまさにそれが物体の本質をなすのである。（それがどのようなものであれ）それの反復が延長体である」（GP. IV, 364）と記され、後の実体論に直接的に繋がる論点が提示される。しかし、この時点でも、何が延長を生み出すのかを特定するには至っていない。1686 年の『形而上学序説』12 節では、実体的形相が物体を構成すると示唆されるが、ここでの議論も明解なものではない（A. VI, 4, 1545 = I, 8, 159）。1694 年の『第一哲学の改善と実体概念』でも延長と不可入性を実体の本質とする考えが批判され、代わって力概念が言及される（GP. IV, 468-70）。

　議論の強調点が変わり、物体の基礎的概念がいかにして延長体を構成するのかという論点が登場するのは、デ・フォルダー宛書簡においてである。書簡が交わされ始めて間もない 1699 年 3 月 24 日の書簡では、延長体には連続している何かや拡散している何かが想定されなくてはならないと、上に引いた 1692 年の『哲学原理』註解の引き写しに近い内容が記される（GP. II, 169-70）。すなわち、この時点でもライプニッツは延長を生み出すものを特定するには至っていないのである。実際、1698 年 8 月 26 日のベルヌイからの書簡で非延長体のモナドが延長体を構成するという困難の説明を問われるが、明解な答えをライプニッツは出していない（cf. Lodge [2013 pp. xxx-xxxi]）。1701 年 12 月 27 日

のベルヌイ宛書簡からは、物体の本性としての延長概念にこだわり続けるデ・フォルダーの態度にライプニッツが辟易する様子すらうかがえる（GM. III, 689）。しかし、1703年6月20日のデ・フォルダー宛書簡では「モナドは、それ自身は延長していないとはいえ、延長の内に一種の位置を有している、すなわち他のものに対して秩序付けられた共存的関係を、当のモナドに現前している機械を通じて有しているからです。［……］延長体は位置を持った多くのものをそれ自身の内に有しています」（GP. II, 252 = I, 9, 104）と、非延長体としてのモナドによる延長体の構成が議論の俎上にあげられる[12]。ここで述べられている、非延長体としての単純実体、位置、延長という発生の図式は幾何学的記号法の空間構成に沿うものであり、デ・ボス宛書簡でも継続して議論されるのである。

　以上から、アーサーの解釈は、年代のばらつきのある資料を組み合わせたものであるにも関わらず、中期における幾何学的記号法と空間論との強い結びつきを立証するには至っていないと考えられる。確かに、『新たな説』では形而上学的点、数学的点、物理的点と三種類の点が区別された上で、形而上学的点が事象の究極の要素であるとされる（GP. IV, 483 = I, 8, 83）。しかし、非延長実体が位置関係を表現することによって延長空間を構成するというメカニズムまでが明示化されているわけではない。延長概念についてのデカルト派との論争を踏まえた上での空間構成論が登場するのは1700年代以降のことであるが、アーサーのように1695年期のライプニッツに最晩年に見られる空間構成と幾何学的記号法の連関に相当する内容を認めることは難しいと思われる[13]。

12　ガーバーによれば、ライプニッツが非延長体による延長体構成の問題を取り上げたのはこの書簡が初めてである（Garber［2009 p.359］）。

13　本章で批判的に検討したアーサーの議論の本書の立場との対立の背景の一つには、ライプニッツの実体論の展開の解釈があると考えられる。第4章でも触れたように、また、第7、8章でも詳しく検討するように、ライプニッツの実体概念は、アルノー宛書簡や『形而上学叙説』で展開される個体性を重視した個体的実体から、『モナドロジー』などで議論される単純性を重視したモナドへと推移しているが、この推移を、実体概念の内実の変化と捉えるか、単なる強調点の変化と捉えるか、に関しては解釈が分かれる。アーサーは、第8章で取り上げるガーバーやリーヴィとは異なり、ライプニッツは一貫して同一の実体概念として個体的実体概念を保持していたとする。さらに、本章でアーサーの議論の不適切さを示す根拠の一つとして挙げた、延長概念に関するライプニッツの批判に関しても、アーサーは、ライプニッツは1679年の段階で延長概念批判の核となるアイデアを保持していた（が、それを表立って論じてはいない）と考える。確かにライプニッツは初期の頃か

6.4 本章のまとめ

　本章では、最晩年の関係空間説に至る以前の時期のライプニッツの空間論に
も幾何学的記号法との関連を読み込むことができるとする解釈の批判的検討を
行うことを通じて、中期（1695年期）ライプニッツの空間論に幾何学的記号法
との関連を認めることが正当であるかどうかを検討した。これにより、中期に
はそうした結びつきを認める資料上の証拠はないことを示した。本章での考察
が正当であれば、幾何学的記号法と空間構成論を結びつける明示的な証拠は、
本章が検討しえた中期遺稿の範囲においてはまだ見つかっていない。今後は、
位置概念が議論される1695年頃のボーデンハウゼンとの往復書簡やデ・フォ
ルダーとの往復書簡などの資料を分析し、それらの空間構成論における位置付
けを検討することで、ライプニッツ空間論の展開をより精密に再構成できるこ
とが見込まれる。他方、ライプニッツの空間論が実体論とどのように連動する
に至ったかという経緯を解明するためにも、ライプニッツの実体論の展開もま
た押さえておく必要がある。次章以降はそうした作業に当てられる。

ら表現作用を実体に認めている。アーサーが、実体相互の位置関係を表現することで空間
のフレームワークが構成されるという空間構成の議論を後期以前にも認める理由の一つに
はこうした背景がある。しかし、第7章で論じるように、ライプニッツがモナドの特徴と
して単純性を強調するのは後期以降である。すなわち、アーサーのような、ライプニッツ
にとっての実体概念は個体的実体であるという立場では、単純性への傾倒を適切に説明す
ることが難しいのである。したがって、実体概念の変遷説の立場からは、非延長体である
単純実体が延長空間をいかにして構成するのか、という問題設定自体が後期になって成立
するものと考えられるため、ライプニッツによるその問題への解答もまた後期にのみ意味
を持つものと考えられるのである。このように、本章3節で挙げた、位置解析と空間論と
の関わりの有無を評価する三つの論点のうち、実体論における解釈上の対立が位置解析と
空間論の関わりについての解釈上の対立をもたらしているものと整理することができるだ
ろう。このことは、ライプニッツの空間概念の展開を解明するためには実体概念の展開を
考察することが不可欠であることを意味している（Inaoka [2016]）。

第7章

モナドロジー前史

ライプニッツはなぜモナドという概念を必要としたのか？

　これまで本書では幾何学的記号法のライプニッツ哲学における位置付け、数理哲学としての意義、空間論との関係を論じてきたが、とりわけ、前章で示したように、ライプニッツのモナド概念の展開は空間構成の理論の展開と密接な関連を持つという点は、今後の中期以降の全集の刊行が進むにつれて、さらなる解明が期待される論点の一つである。本章と次章で明らかにするように、ライプニッツの実体論の展開という、先行研究の蓄積が豊富な主題においては、個体性を重視する初期の立場から単純性を重視する後期の立場への段階的移行を認める見解や（フィシャン、ガーバー、リーヴィなど）、ライプニッツは初期から後期まで一貫した実体説を保持していたとする見解（アーサー、マーサー、フェミスターなど）など、対立する解釈が混在した状態が続いている。第6章では空間論と幾何学研究の関連を解明するためには実体論も視野に入れた検討を行う必要があることが明らかにされたが、本章と次章では、モナド概念の展開に着目することで、ライプニッツ空間論の展開の解明という主題への準備としたい。

　「モナドロジー」と呼ばれるライプニッツの哲学は、主としてモナドと呼ばれる実体の究極の構成要素を軸とした実体の構成および本性に関する形而上学的議論を指している。『モナドロジー (Monadologie)』や『理性に基づく自然と恩寵の原理 (Principes de la Nature et de la Grâce fondés en Raison)』（以下『原理』と略）といった最晩年（1714 年）の論考やデ・フォルダーやデ・ボスとの往復書簡などにおいて断片的に披露されるこの哲学に、ライプニッツはどのような過程を経て到達したのかという問いはライプニッツ研究において大きなト

191

ピックの一つとなっている。[1] かつてはライプニッツ哲学の代名詞として受容されてきたモナドロジーも、遺稿研究が進展するにつれて、ライプニッツが長い思索の果てに達した一つの立場と捉えられるようになり、モナドロジーに相当する内容は初期哲学に既に用意されているという解釈はもはや維持できないものとなっている。とは言え、若い頃に機械論哲学とアリストテレス的実体的形相説との間で揺れ続けたライプニッツにとって、モナドロジーが思索の到達点あるいは完成形であると素朴には断言できるわけではない。

　ライプニッツが「モナド」の語を初めて用いるのは 1695 年 6 月 12/22 日のロピタル宛書簡においてである。「この主題に関する私の学説の鍵は、真に実在的な一性、すなわち、モナス (Monas) であるものについての考察にあります」（A. III, 6, 451）。しかし、この時点ではまだ後のモナド概念に相当する内容まで保持していないと考えられる。同年に書かれた『実体の本性と実体相互の交渉ならびに心身の結合についての新たな説（Systeme nouveau de la nature et de la communication des substances, aussi bien que de l'union qu'il y a entre l'ame et le corps)』（以下『新たな説』と略）において「形而上学的点」と呼ばれるものが後のモナドであるが、『モナドロジー』におけるモナドをライプニッツが「モナド」という名称のもとでまとめあげるのは 1700 年代に入ってからである。もちろん、モナド概念の特徴付けの揺らぎがすっきり解消されたわけではない。実際、それらは錯綜を極めている。

　ライプニッツは 1695 年以降、後にモナドと呼ばれる概念にさまざまな名称を与えている。既に触れたように「形而上学的点」という名称が登場する『新たな説』では、他にも「実体的統一」「実体のアトム」「形相的アトム」「実在

1　1676 年 11 月のハーグでのスピノザとの面会を中心としたスピノザ哲学の批判的受容がライプニッツの思考形成において果たした役割は、必然的世界観に対する可能世界論の提示、心身問題の解決として心と身体をともに唯一の実体である神の様態であるとして両者を同一視する見解に対する心身の予定調和説、デカルトの運動論を継承するスピノザの相対運動説に対しての批判など、多岐に渡るが、実体的形相概念の復権もまたスピノザ哲学の影響下においてなされている。ビスターフェルトの概念を受け継ぐ仕方で、ライプニッツは 1681 年に書かれた遺稿で、表現と欲求を行為の主体としての実体（原始的力）に帰属させている（Arthur [2014 p.114]）。もちろん、ここからただちにライプニッツが初期の段階でモナドの発想を既に持っていたと認めることには慎重にならなくてはならない。第 8 章で述べるように、モナドには単純性と一性という二つの性質が帰されており、両者を持つようになるのが 1695 年以降であるためである。

的で生命を持つ点」とされ、1696年9月3/13日のファルデッラ宛書簡では「本質的点」と呼ばれ（A. II, 3, 192）、1698年11月18/28日のベルヌイ宛書簡では「生きる点」「形相を付与された点」と呼ばれる（A. III, 7, 944）。最終的には「一つ」を意味するギリシア語モナスに由来するモナドという名称によってまとめられることになるこれらの概念は、なぜそう呼ばれなくてはならなかったのか[2]。書簡や作品の書かれた文脈に応じてライプニッツがさまざまな呼び方を用意したと考えることができるだろうが、さらに言えば、ライプニッツ自身が、実体の究極の構成要素の特徴付けを与えるのに苦心したのではないかと推察することもできるだろう。機械論哲学と実体的形相説を調和させるため、無限分割可能性に違反せず、かつ、物体の一性を保証することができるような性質を持つ「何か」が必要であるが、その「何か」に適切な名称を与えるための試行錯誤はまたモナド概念の特徴付けの試行錯誤でもあるように思われる。

　ライプニッツは既にアルノーとの往復書簡においてその「何か」を意識している。1687年4月30日のアルノー宛書簡において、物体の塊を単なる寄せ集めではなく、真の一性を持つものとする「何か」が求められなくてはならないとして、その「何か」の候補として数学的点、エピクロスやコルドモアの自然学的アトム、あるいは物体にいかなる実在性をも認めない、という三つの選択肢が提示される（A. II, 2, 184-5 = I, 8, 329）。数学的点は数を構成することができるが、それ自体部分を持つため、真の一性を持ち得ない。幾何学的点は部分は持たないが、そこから物体を構成することはできない。アトムを認めることは物質の無限分割可能性に反する。物体に実在性を認めずにすべてを現象とする選択肢も取らない。ライプニッツはこれらの選択肢を列挙した上で、「真の

2　1714年以前に公刊された資料でモナドの語が登場するのは1698年の『自然そのものについて』と1710年の『弁神論』396節のみである。後者では「私は、あらゆる魂、原始的エンテレケイア、原始的力、実体的形相、単純実体、モナドなど、とにかくどんな名称で呼んでもよいが、それが自然的には生成も消滅もしないと考えられているからである。また私は、派生的な性質や形相、もしくはいわゆる偶有的形相を、原始的エンテレケイアの変様と見なしている。それはさまざまな形が物質の諸変様であるのと同じである。そのため単純実体は存続しても、それらの変様は永遠の変化の内にあるのである」（GP. VI, 352 = I, 7, 138-9）とされ、ある概念を指示する複数の名称が列挙され、モナドもそこに含まれている。こうした新しい語彙の拡散的使用は同時代のライプニッツの読者に当惑を与えるものであった。実際、ライプニッツがモナドロジーの体系の哲学者として捉えられるのは死後以降のことである（Fichant［2004 pp.133-4]）。

第7章　モナドロジー前史　　193

統一を持つ実体」の探求が必要であると結論付ける。[3]

こうしてライプニッツ哲学の舞台に姿を現す「何か」について、無限分割可能性に反しないが実体の究極の構成要素であること、実体の抵抗力、不可入性の源を持つこと、などの性質をライプニッツは帰属させていく。前者は延長を持たない単純実体として、後者は表象と欲求として、モナドに受け継がれる。しかし、『モナドロジー』や『原理』では、他の資料のように、第一質料、第二質料という概念を用いてモナド概念が特徴付けられているわけではなく、こうした試行錯誤の痕跡を認めることは難しい。本章では、近年の研究を参照しながら、これら最晩年の資料で提示されるモナド概念に、1695年に登場したモナド概念がどのように繋がっているのかを、モナドと身体的部分、一性の原理としてのモナド、モナドと合成実体、という点に着目して示したい。[4]

7.1　モナド概念の登場 ── 第三の点としてのモナド

既に触れたように、ライプニッツがモナド概念を導入する経緯には、初期からの機械論的哲学と実体的形相説との調和の模索という背景がある。物体の無限分割可能性に関するデカルト的見解をライプニッツは全面的に受け入れる。他方で、実体の一性の原理を延長に求めることはできない。したがって、この二つを両立させる哲学の構築がライプニッツにとっての課題となる。力学的自然観と生物学的実体観をうまく保つためのライプニッツの解決策は、一度は拒否したアリストテレス的実体的形相説の復活であった。精神的実体としての実体的形相を認めて、実体の一性と機械論的自然観を調和させるというライプニッツの基本姿勢は1679年には既に定まったものになっていた。

1686年から90年にかけて交わされたアルノーとの往復書簡においては、前半では主に個体概念の完全性や人間と神の自由の問題について議論され、後半では実体的形相説や心身結合について議論される。アルノーとの論争を経て自

3　ある問題点を解決するために、あり得る選択肢を列挙して、維持できない選択肢を除外した結果残ったものが正しい選択肢であるというタイプの推論をライプニッツは心身結合についても用いている（フィシャン［2001 110-1頁］）。

4　ここでは、ライプニッツ哲学の時期区分として、『形而上学序説』やアルノー宛書簡までの時期を初期、それ以降から1700年代までを中期、それ以降を後期、とする。

説をストレートに開陳することに慎重となったライプニッツは、以降しばらく
自分の形而上学を披露する論考の公刊を控えるようになる。こうした雌伏の時
を経てようやく自分の哲学を論文の形で世に問うのは 1695 年のことで、それ
が『新たな説』である。この『新たな説』に対しては、ライプニッツの友人で
あり懐疑論者であるフランスのシモン・フーシェが反論文を寄せているが、こ
れに対する再反論文の冒頭で、ライプニッツは、「（自説を公表するまで）9 年は
秘めるべし」というホラティウスの一節を引用するかたちで、『新たな説』で
述べた哲学的内容は 10 年以上前に既に持っていたとする（GP. IV, 490）。すな
わち、アルノーとの往復書簡を交わす時期に既に『新たな説』に含まれる内容
は保持していたということをライプニッツは示唆している。具体的には、物質
のうちに真の一性を認めるために実体的形相が必要であることや、実体的形相
の本性は力にあるといった論点は既にアルノーとの書簡で披露されている。し
かし、「形而上学的点」への言及や表現概念や予定調和説[5]の導入は、『新たな説』
において初めて見られるものである。したがって、『新たな説』はライプニッ
ツが新たな段階に一歩踏み出したことを意味している。この意味で、『新たな
説』は『形而上学叙説』から『モナドロジー』へと推移する移行期の資料とし
て重要である。

　『新たな説』では、若き日のライプニッツがいったんは機械論哲学を受け入
れたものの、実体的形相の概念を呼び戻すことの必要性に気付き、この概念を
さらに練り上げる経緯が回顧的に語られる。ライプニッツはアリストテレスの
束縛から逃れたあと、空虚や原子を認めていたが、真の一性は物質の中に求め
ることはできないということに気付く。物質は部分の集合でしかなく、その実
在性は物質とは異なるところに求められなくてはならない。かくしてライプ
ニッツは、実在的一性を見出すために実体的形相を復権させ、その本性が力に
あること、それが感覚や欲求に類比するものを持つこと、魂に似たものである
ことを明らかにしていく。こうした経緯で、11 節において、ライプニッツは「形
而上学的点」について言及する。

5　「予定調和」の語自体は翌年の『第一解明』において初めて用いられる（GP. IV, 496）。

さらに、魂もしくは形相によって、われわれにおけるいわゆる自我に対応する真の一性が存在する。これは人工の機械の中やいかに組織だっていても単なる物質の塊の中には見られない。物質の塊は軍隊か羊の群れ、魚がたくさんいる池、もしくはバネや歯車を合わせて作った時計のようなものとしか考えられない。ところが、真の実体的一性がないとすれば集合の中には実体的なところも実在的なところもないことになる。そこでコルドモア氏は真の一性を見出すためにデカルトを見限ってデモクリトスの原子説を採らなければならなくなった。しかし、物質の原子は理屈に反する。まず、それはやはり部分が合わさってできている。一つの部分がどうしても離せないように他の部分に付着しているとしても、（仮にこのことを合理的に考え、あるいは仮定することができるとしても）原子の多様性を損なうことにはならないからである。作用の源、事物の合成の絶対的な第一原理、いわば実体的事物の分析の究極の要素であるものは、実体の原子すなわち部分をぜんぜん持たない実在的で絶対的な一性の他にない。これは形而上学的点（points metaphysique）と呼ぶことができるだろう。これにはどこか生命的なところと一種の表象（perception）がある。数学的点（points mathematiques）はこの形而上学的点が宇宙を表出する（exprimer）ための視点である。しかるに、物体的実体が収縮しているときはその器官全体はわれわれから見ると一つの物理的点（points physiques）になる。であるから物理的点は不可分だと言っても外観だけの話である。数学的点は厳密な点であるが様相でしかない。ただ（形相すなわち魂によって構成されている）形而上学的点すなわち実体の点のみは厳密なかつ実在的な点である。この点がなければ実在的なものはまったくなくなってしまう。真の一性がなければ多数性もないのである。　　　　　　　　　　　　　　　　　　　　　（GP. IV, 482-3 = I, 8, 82-3）

軍隊や羊の群れのような寄せ集めによる存在とは異なり、真の一性を持つ物体は、究極の構成要素として部分を持たないものを持つ。形而上学的点は物理的アトムと異なり物質の無限分割可能性に反することもなく、それ自体は様相でしかない、すなわち、独立した対象ではない数学的点とも異なる。[6] 既に触れ

6　自然的アトムに反対するライプニッツの議論には、いわゆる不可識別者同一の原理を用いた以下のような議論もある。すなわち、仮にアトムが存在するならば、それらは完全に相

たアルノー宛書簡と同様に『新たな説』においても、厳密で実在的な形而上学的点について、「この点がなければ実在的なものはまったくなくなってしまう。真の一性がなければ多数性もないのである」と、それが存在しなければ不整合に陥るという議論によりその存在が保証され、単純性や本性としての力といった概念内容が解明されていく。[7]『新たな説』での「形而上学的点」には生命的な部分や表象作用が認められ、また、「多」はその実在性を本当の「一」から借りるしかないが、この本当の「一」を物質に求めても無駄であり、それは他のところから来る、とされる。さらに、『モナドロジー』5-7節で表明される、モナドには生成も消滅もないというテーゼに相当する主張も既に見られる（GP. IV, 480-1 = I, 8, 77-8）。しかし、『新たな説』以降の特徴付けの過程は『モナドロジー』にストレートに到達する道筋を描くわけではない。物理的点でも数学的点でもない、第三の点としてのモナドがモナドロジーと呼ばれる哲学理論の中心を担うに至るにはまだ時間が必要であった。[8]

7.2　モナドと身体的部分

1698 年 9 月に『ライプツィヒ学報』に発表した『自然そのものについて（De

似している。しかし、完全に相似している複数の対象は存在しない。ゆえに、アトムは存在しない、というタイプの議論である。ロドリゲス - ペレイラは不可識別者同一の原理はデカルト的物体概念やニュートン的絶対空間に対する批判など、ライプニッツの哲学キャリアの初期からさまざまな場面で用いられているとする（Rodriguez-Pereyra [2014]）。

7　その存在を論理的に認めなければならないが、それ以上の特徴付けに苦心するのは、デカルト的延長概念に対する批判に関しても当てはまる。延長概念はそれ以上の分析が不可能な原始概念ではなく、多数性、共存性、連続性にさらに分析可能であるが、第 6 章でも述べたように、それらの性質の担い手となる対象としての力という見解に到達するのは1700 年代に入ってのことである。背理法による議論は、1682-3 年のデカルトの物体概念批判である『物体は単なる現象かどうか』でも用いられている。すなわち、デカルト的物体概念が正しいのであれば、物体は一性を持たず、それゆえに、単なる現象となってしまうという、物体の現象性の否定の上に成立する議論である（A. VI, 4, 1464）。

8　「形而上学的点」という特徴付けをライプニッツが他の箇所では用いていないように見えることから、『新たな説』における物理的点、数学的点、形而上学的点の分類を重要視しない解釈もあるが（たとえば、山本 [1953 277 頁]、佐々木 [2002 152 頁註 3]）、むしろ、ライプニッツがモナドに対してさまざまな呼び名を与えており、形而上学的点はその一つでしかないという点に着目するべきであろう。すなわち、実体に一性を与える要素に対して積極的な特徴付けができなかったライプニッツは、「形而上学的」という形容詞を用いざるを得なかったのである。

Ipsa Natura)』では、『新たな説』では登場しなかった「モナド」の語が用いられる。この論文では、自然の本性に関して、まず、それが何でないか、次いで、それが何か、が論じられる。自然においては「原理」と「そこから派生したもの」を厳密に区別しなければならないが、自然を機械論的に説明することではそのような原理には届かず、そうした機械論的説明は「形而上学的源泉」により可能となるものである（GP. IV, 505）。その上で、物体が持つ作用や運動は延長という属性に帰することはできず、受動的な抵抗力や不可入性の担い手としての第一質料が認められることになる。しかし、能動的な運動は第一質料ではなく「原始的運動力」によるものであり、これこそが実体的形相であるとされる。それは質料と共に真の一性である実体をつくるものであり、「私がいつもモナドと呼ぶもの」でもある。「私がいつもモナドと呼ぶもの」には『新たな説』と同様に、表象と欲求の性質が帰されており、この時期の「モナド」がライプニッツ独自のテクニカルタームとして整えられたとライプニッツ自身は考えていたことが伺える。第一質料、第二質料（materia prima/ materia secunda）の区分が初めて登場するのは1695年の『物体の力と相互作用に関する驚嘆すべき自然法則を発見し、かつその原因に遡るための力学提要』である（GM. VI, 236-7 = I, 3, 495）。そこでは第一質料は抵抗と不可入性の源である「受動もしくは抵抗の原始的力（vis primitiva patiendi seu resistendi）」であるとされるが、第二質料の特徴付けは十分なものではなかった。[9]『自然そのものについて』では、第二質料は「完全な実体」（completam substantiam）（GP. IV, 512）とされ、魂ないし形相が身体的部分を持ったものとされるが、それ自体が実体なのか、あるいは他の質料の寄せ集めなのか、については明確ではなく、このあいまいさは以降も引き継がれるのである。

　しかし、『自然そのものについて』では生物における魂と同義であり、質料と共に実体をつくるとされたモナドに関して、同時期の1698年9月20/30日に書かれたベルヌイ宛書簡では異なる規定が与えられている。

9　「第一質料」の語自体は『個体の原理に関する形而上学的討論』（A. VI, 1, 15）や『第一質料について』（A. VI, 2, 279-80）など、初期の頃から登場する。後者ではアリストテレスやデカルトの説と自説との比較がなされている。1687年10月9日のアルノー宛書簡では第二質料が言及されるが、そこでは実体の集まりとされている（A. II, 2, 250 = I, 8, 373, n.56）。

198

不完全ということで何を意味しているのかとあなたは問うています。お答えすると、能動的原理なしの受動的原理、受動的原理なしの能動的原理です。[……]完全なモナド（monad completum）、すなわち、個体的実体は、魂ではなく、動物自体あるいは動物に類比するもの、有機的物体を授与された魂ないし形相なのです。 (A. III, 7, 908-9)

『新たな説』や『自然そのものについて』ではモナドは精神的な実体とされたが、この書簡では、完全性というさらなる特徴付けが与えられ、完全なモナドは個体的実体であり、有機的身体を持つものとされる。デカルト主義者のベルヌイから、物体に魂を認めることについてさらなる説明を求められたライプニッツは、同年 11 月 18/28 日の書簡では、以下のように答える。

デカルト主義者は、物体には魂あるいは魂に類比するものがあることを否定しますが、われわれはそれにしたがうわけにはいきません。なぜなら、物体が魂あるいは魂に類比するものを持つことを否定する理由がないからです。われわれが想像できないことは存在しない、ということまで帰結しません。[……]どれだけ分割すれば有機的物体すなわちモナドに到達するのか私にはわかりません。とはいえ、われわれが無知だからといってそのことが自然について予断をもたらすのではないことは容易にわかります。私は、最小の動物や生物は存在しない、有機的物体を持たないものは存在しない、その物体が多くの実体に分割可能ではないようなものはないと考えています。したがって、生きる点、形相を付与された点に到達することはないのです。魂の明晰な観念を持てば形相の明晰な観念を持つのです、というのも、それらは異なる種の同じ属なのですから。 (A. III, 7, 944)

モナドが有機的身体と同一視されているが、その同一視の理由付けは、想像不可能であることと存在不可能であることを切り離す、すなわち、モナドと有機的身体が同一であることを想像することができないからといってそれが不可能であるとは限らないという程度の弱い議論にとどまっている。[10] さらに、物体

---

10 モナド概念の正当化として想像可能性ではなく論理的可能性を引き合いに出すことは、第2章3節でも引用した 1704 年 9 月 16 日のマサム夫人宛書簡にも見られる (GP. III, 362)。

第 7 章 モナドロジー前史　　199

の分割を進める先にモナドに到達できるかという、モナドロジーでは否定される問いについてもライプニッツは解答を保留している。『自然そのものについて』では「私がいつもモナドと呼ぶもの」とされてはいるものの、その概念内容については、後の『モナドロジー』に相当する特徴付けを与えるには至っていないと判断することができる。[11]

　実際、ガーバーはモナド概念に身体的部分が帰せられているこれらの資料に着目し、この時期のライプニッツは未だ後のモナドロジーにおけるモナド概念を手にしていないとする（Garber [2009 pp.142-4]）。しかし、モナドと身体的部分の関係についてライプニッツが後に態度を固めているわけでもない。『新たな説』の補遺として書かれた文書では、魂と身体について、一方が他方なしには自然的にはないとされる（GP. IV, 573）。また、たとえば、1703 年 6 月 20 日デ・フォルダー宛書簡ではモナドが第一質料としての受動的力を持つことだけでなく、有機的身体を持つことが積極的に主張されているように見える。「どの有限実体も身体から全く分離して存在することもないし、それゆえ、宇宙に共存する他の事物に対する位置や秩序を欠くこともないと私は考えます」（GP. II, 253 = I, 9, 104）。1705 年の『生命の原理と形成的自然についての考察』においても「有機的身体には必ず魂が伴い、魂は決して有機的身体から分離していない」（GP. VI, 545 = I, 9, 18）とされる。1710 年の『動物の魂』にも同様の記述が見られる（GP. VII, 330 = I, 9, 27）。また、1711 年のビールリンク宛書簡でも、創造されたモナドはすべて有機的身体を付与されているとされる（GP. VII, 502）。1714 年の『原理』では、モナドはすべて身体を持ち、その身体もまた他のモナドの集まりであるとされ（3 節）、魂と身体をモナドが形成するという立場が表明される。精神的実体としてのモナドと身体的部分の関係は、物体に

　　　「非延長的実体のイメージをあなたは持つことができないが、だからといってこのことが、この概念を持つ妨げにはならないと私には思われます」とライプニッツは述べ、延長を欠いた単純実体というモナド概念の理解可能性を想像可能性とは別個に考えることを求めている。もちろん、この議論ではモナド概念が論理的な不整合を持たない、という程度のことしか主張することができず、背理法を用いた議論のように、存在論証としては十分なものではない。

11　アーサーは、モナドはその活動のためには常に身体的部分を必要とすることから、モナドと身体的部分の分離不可能性を主張する（Arthur [2014 pp.121-2]）。このことは、モナドと物体的実体の違いを見えづらくもするだけでなく、ライプニッツがモナドに身体的部分を認めるかどうか逡巡したという事実をも覆い隠してしまう。

モナドがある、モナドが物体を持つ、モナドが物体となって他のモナドに属する、というように定まったものではないものの、モナドに何らかの仕方で身体的部分を帰属させる傾向自体は維持されていると言える。

　他方で、1700年代のライプニッツは上述の傾向に反する見解、すなわち、モナド以外の存在者を認めない見解を持っていたとも考えられる。たとえば、1709年1月19日のデ・フォルダー宛書簡では、自然には単純実体とそれからの帰結である寄せ集め以外に実在的なものはないとされる（GP. II, 282）。『モナドロジー』での主張もモナドのみの存在を認めるものであり、モナドに身体的部分を認める1700年前後の見解から、モナドのみの存在を認める『モナドロジー』、そうではなく合成実体も認める『原理』という、相反する見解が混在する立場へと展開している。モナドと身体的部分に関する特徴付けには最晩年においても揺れがあったものと考えることができるだろう。

　しかし、いずれにせよ、延長を持たないモナドが身体的部分をいかにして構成するのか、という、ライプニッツが『新たな説』において、物体の真の一性を与えるものの候補から数学的点を除外した理由である連続体合成の問題は避けることはできない。『モナドロジー』7節に書かれ、後に抹消された箇所では、「モナドは数学的点ではない。なぜなら、数学的点は端点でしかなく、線分は点からは構成されないからである」とあり、連続体合成の問題のためモナドは数学的点とは異なるという主張が繰り返される。物体はモナドによって合成されないが、モナドは物体を「帰結」する、という説明が用いられるのもこうした事情がある。

　1690年3月に書かれたいわゆるファルデッラ・メモでは、物体とは別に、真の一性を持つ実体が認められなければならないとされるが、この不可分な実体は物体の合成に部分として入るものではなく、「本質的な内的要請（requisitum internum essentiale）」（A. VI, 4, 1669）であるとされ、点と線分とのアナロジーが引き合いに出されている。すなわち、点がそうであるようにモナドもまた、物体の構成を説明するために要請されたものであるが、点とは異なり実体は様態ではなく、それ自体で存在するものである。モナドと数学的点とのアナロジーは、それが物体や線分を構成する要素として措定されるという点では成立するが、独立した存在かどうかという点では成立しない。

数学的延長体と延長実体とのアナロジーは 1695 年のフーシェへの反論の備考においても議論される（GP. IV, 491-2）。観念的なものと現実的なものを分けることにより、数学的延長体に関する連続体合成の問題は解消できる。しかし、現実的な分割のみを含む実体に関しても同様とは言えない。実体はあくまでも単純実体の結果なのである。ガーバーはこの箇所がモナドロジーを連想させる内容を含むことは認めつつも、単純実体により合成実体がつくられるという図式ではなく、単純実体は実体の寄せ集めに一性を付与する原理であるという見解が表明されていることから、むしろアルノー宛書簡の時期に近付けて読むべきとする（Garber［2009 pp.333-5]）。しかし、次節で見るように、単純実体がそれ自体実体であるか一性を与える原理であるか、ライプニッツは後期においても決めることができていない。むしろ、この資料は、1695 年のモナド概念を、アルノー宛書簡か『モナドロジー』かのどちらかに引き寄せるのではなく、両者を繋ぐ紐帯として読むことの正当性を裏付けているように思われる（この点は次章でも詳しく検討する）。

中期哲学のモナド概念と後期哲学のモナド概念との相違点を探る規準として、ガーバーが想定するような、モナドが合成実体をつくるか、合成実体に一性を付与するかという点は、それのみを捉える限りでは十分なものではない。むしろ、モナドと有機的身体の関係だけではなく、他の観点、具体的には、実体的形相の多義性を考慮に入れる必要があるだろう。

7.3 一性の原理としてのモナド

ライプニッツは実体的形相を物体の一性を担保するために自らの哲学に導入し、単純性、表象作用、生命的なところを持つ、というように、実体的形相の概念内容の特徴付けを行っている。では、こうした性質を持つ実体的形相それ自体はいかなる存在者なのだろうか。ライプニッツは、実体が物体的実体（substantia corporalis）であることと個体的実体が身体を持つことを同義と語っているように見える（Pasini［2006 p.83]）。『モナドロジー』でもモナドは単純実体であり、支配的モナドとして物体に一性を付与する原理でもあるとされる。『形而上学叙説』とほぼ同時期の 1684-5/6 年に書かれた『現前する世界に

ついて』では、以下のように言われる。

> 物体的実体は部分と種を持つ。部分とは質料と形相である。質料とは受動的原
> 理、すなわち、原始的な抵抗力であり、一般的に物塊や対形（antitypy）と呼ば
> れるものであり、そこから、物体の不可入性が生じるものである。実体的形相
> とは、作用の原理、すなわち、原始的な活動力である。そして、実体的形相す
> べてにおいては、何かしらの認識、すなわち、事物における個体の外的表現な
> いし表象があり、これによって物体はそれ自体で一なるものとなる。
>
> （A. VI, 4, 1507-8）

実体的形相は、実体の作用の原理であり、事物を表現する。パッシーニはこの
箇所の「部分」が外延的部分なのかあるいは他の意味での部分なのか明確では
ないとする。仮に前者の意味であれば、形相が外延的に実体に含まれることに
なり、形相が部分を持ち、かつ、物体に一性を与える原理でもあることになる。
形相がエンテレケイア、モナドに比されていることを考慮すると、形相が実体
の外延的な部分であると考えることはできないだろう。ライプニッツ自身がこ
の多義性の問題に自覚的であったことは、1687 年 10 月 9 日のアルノー宛書簡
でも見て取ることができる。この書簡では実体的形相がなければ実体の一性は
思考や精神によって与えられるものでしかなく、現象としての一性しか持たな
い、物質に確かな存在を与えるのは形相である、という見解が披露され、形相
と実体の関係が問題視される。

> こうしたテーマをめぐって紛糾するのは、特に、一般にひとびとが全体と部分
> について十分に判明な概念を持たないからです。部分とはつまるところ、全体
> の無媒介な要請（un requisit immediat du tout）、言ってみれば等質的な要請な
> のです。したがって、全体が真の一性を持つにせよ持たないにせよ、諸部分は
> 全体を構成することができるのです。真の一性を持つ全体であれば、われわれ
> が日々経験するように、諸部分を失っても獲得しても、厳密な意味で同じ個体
> であり続けます。ですから、諸部分とは、時宜に応じて（pro tempore）の無媒
> 介な要請でしかないのです。　　　　　　（A. II, 2, 251 = I, 8, 373, n.56）

人間の身体はその部分が刻々と入れ替わるものの、一性を失うことはない。それは個体としての人間が形相としての魂を持つためである。同じことは物体一般にもあてはまる。物体は第二質料が集まり、形相によって一性を付与されたものである。つまり、形相は物体的実体の外延的ではない部分として、寄せ集めに一性を与える原理として捉えなくてはならないのである。

　実体の部分でもありかつ実体に一性を与える原理でもある形相の特性はこのまま保持される。1703 年 6 月 20 日のデ・フォルダー宛書簡では、エンテレケイア、第一・第二質料、支配的・従属的モナド、完足的モナドといった、ライプニッツがモナドを特徴付ける概念が用いられ、モナドによる有機的身体の構成が語られる。

　　物塊が多くの実体を含む寄せ集めであると想定しても、物塊が第一エンテレケイアによって生命を与えられた有機的身体を構成するならば、そこに一つの優越的な実体を認めることができます。すなわち、第一のエンテレケイアによって生命を与えられたものを認めることができます。しかもこのエンテレケイアを伴った完足的な単純実体たるモナドに対しては、有機的身体をなす物塊の全体に与る原始的受動力のみが結びつけられます。その身体の諸器官に配された残りの従属的モナドは、部分をなすわけではありませんが、それにとっては直接的に必要なものとなっています。そしてそれらは第一のモナドと合流することによって動植物のような有機的な物体的実体になるのです。それゆえ私は以下のような区別をします。1. 第一エンテレケイア、すなわち塊、2. 第一質料、すなわち原始的な受動力、3. これらの両者からなる完足的なモナド、4. 物塊、すなわち第二質料、つまり有機的身体、ここには無数の従属的モナドが合流しています、5. 動物、すなわち、物体的実体、機械の中の支配的モナドがこれを一なるものにします。　　　　　　　　　　　　　　(GP. II, 252 = I, 9, 101-2)[12]

モナドは部分を持たないので、モナドを構成する第一エンテレケイアと第一質料はモナドの部分としてモナドを構成するのではない。『モナドロジー』では

12　訳出に際しては、ロッジにしたがってゲルハルト版哲学著作集のミスを修正している（Lodge［2013 p.265］）。

エンテレケイアはモナドと同義とされるが（18、62、63節）、ここではモナドの「基本的性質」（Adams [1994 p.265]）と見るべきである。さらに、モナドは第二質料とともに物体的実体をつくる。形相と質料という伝統的な概念の理解を読み替えて、ライプニッツは、支配的モナドとしての第一質料と従属的モナドとしての第二質料に基づく実体説を構想する。第二質料は寄せ集めであり、それ自体では一性を持たないが、魂としてのエンテレケイアと原始的な受動力を持つ第一質料からなる完足的モナドによって一性を与えられ、物体的実体として存在するようになる。ここでは、上に触れた、形相が実体の部分であり一性を与える原理でもあるという見解が、伝統的な語彙を用いて敷衍されている。完足的モナドによって一性を付与された物体的身体もまた従属的モナドとして、他の物体的実体の構成に与ることができる。『モナドロジー』1節で示される、単純実体が合成実体に「入っている（entre dans）」とはこうした意味で理解するべきであろう。同じ実体が、ある観点ではそれ自体一性を持つものとして、別の観点では他の実体の構成要素として捉えることができる。こうした入れ子状の物体構成は『モナドロジー』70節や『原理』4節でも語られている。[13] パッシーニも強調するように、機械論的原理と生物的原理のどちらによっても実体が説明可能となるための鍵となり、自然学のレベルと形而上学のレベルとを繋ぐ役割を担わされているからこそ、モナドがこうした両義性を不可避的に持つと見ることもできるだろう。[14]

---

[13] 実体の構成要素もまた実体であるという構造は『新たな説』10節などで「自然の機械（machines de la nature）」と呼ばれる（GP. IV, 483 = I, 8, 79）。自然に存在する実体と人工物とでは神と人間という製作者の違いだけがあるとされる。自然の機械はその部分もまた機械であり、どこまで分解しても機械であるが、人工物はそうではない。すなわち、自然の機械は通常の意味での機械よりも、より機械なのである。

[14] ガーバーは、ライプニッツが物体的実体について二つの見方を混在させたままであることを指摘する（Garber [2009 p.206]）。すなわち、多くの実体をまとめて魂や形相によって一性を付与されたもの、という見方と、形相と第一質料によって構成された単一の全体（a single coherent whole）という見方である。この両義性は後のデ・フォルダー宛書簡でも解消されないとガーバーは捉えている。次節で述べるようにこの両義性は「一性」自体の両義性と関連しているものと考えることができる。

7.4 単純実体としてのモナドと合成実体

モナドロジーにおける問題の一つに、延長を持たない単純実体としてのモナドがいかにして延長実体を構成するのかという問題がある。実在するのはモナドのみであるという存在論からは、物体的実体はすべてモナドから何らかの仕方で結果する現象でしかないという解釈が成立する。しかし、ライプニッツは動物や他の有機体のような実体の存在を認めているように思われる。『原理』3節では「合成実体（substance composée）」という語が用いられるが、『モナドロジー』では「合成体（composé）」という語が用いられており、実体性の有無があいまいにされている。写字生が複写の際にこの箇所を「合成実体」としたが、ライプニッツはわざわざ線を引いて取り消して修正している。すなわち、合成実体という語を用いることを意図的に回避していることになり、『原理』と『モナドロジー』のうち、後者の記述がライプニッツの真意に合うようにも見える。

リーヴィは、ライプニッツは単純実体の存在論証のためには合成実体の存在を仮定せざるを得ず、結果的に、単純実体のみの存在論の確立に失敗していると診断する（Levey［2007］［2011］）。アルノー宛書簡の時期に問われている一性とは物体的実体についてのものであり、物体的実体の一性の論証は単純実体の一性を帰結しない。実際、「単純実体」の語が初めて登場するのは『新たな説』が書かれた1695年である（GP. IV, 491）[15]。一方、『モナドロジー』や『原理』の時期では、物体的実体は寄せ集めであり、真の一性を持つ単純実体の存在が要請として論証される。後者の議論が妥当なものであるためには、ライプニッツは物体的実体が一性を持つという主張を否定しなければならない。なぜなら、物体的実体が一性を持つという主張と物体的実体が寄せ集めでしかないという主張は両立できないからである。しかし、ライプニッツ自身は物体的実体の一性の否定を適切に根拠付けることができていない。少なくとも、ライプニッツの残した資料をたどる限りでは、物体的実体の一性を認めない見解をどこか

---

15 『形而上学叙説』35節には「単純実体」という語が見られるが、これは後に作成された複写に書かれたものである（A. VI, 4, 1584）。

の時点で決定付けることはできないのである。[16]合成実体や物体的実体の構成
に関する説と整合する仕方で単純実体の存在が論証されなくてはならないのだ
が、実際、既に見たようにライプニッツは第三の点としてのモナド、すなわち
単純実体の存在を、それが存在しなければ物体的実体が一性を持ち得ないとい
う背理法による論証によって導いているため、モナドロジーの根幹である単純
実体のみの存在論の確立には失敗しているのである。

　これらの点を踏まえてリーヴィは、ライプニッツ哲学に整合的な体系を見出
そうとするならば、単純実体の存在と、それを導く過程で必要な物体的実体の
存在が両立しないというジレンマを含意するモナドロジーは放棄されなくては
ならないとまで断言する。リーヴィはこうした問題の原因の一つとして、一性
という概念の内容が確定的ではないという点を挙げる。すなわち、ライプニッ
ツは「一性」を、物体の実在性がその構成要素に依存していないという意味と、
単一（single）のものであるという意味の二通りで用いており、それぞれに対
応して単純実体の存在論証も異なっているとする。一つには、1704 年 1 月 21
日のデ・フォルダー宛書簡に見られるような、物体的実体はその実在性を究極
の構成要素である単純実体であるモナドに依拠するというものであるが（GP.
II, 261 = I, 9, 111）、この論証には物体的実体の存在が暗黙に仮定されている。
もう一つは、『モナドロジー』2 節に典型的に見られる、多があるのはそれを
構成する一が真の実在性を持つため、という論証である。これは物体的実体が
寄せ集めであることを仮定している。しかし、ライプニッツはこの仮定を正当

16　「単純実体」の語は 1690 年のファルデッラ・メモに登場するが（A. VI, 4, 1673）、この語
　　は後になって書き込まれたものである可能性がアカデミー版全集の編者によって指摘され
　　ている（Garber［2009 p.331, n.86］）。また、フィシャンは、『新たな説』に登場する「単
　　純実体」の語を後のモナド概念として捉え、1695 年の段階でライプニッツが単純実体を中
　　心とする実体説にコミットしていたとする（Fichant［2005 pp.38-9］）。では、ライプニッ
　　ツはどのような経緯によって、物体には不可分の一性がなくてはならないという見解とそ
　　の一性は魂に類するものであるという主張から、単純実体の説へと推移したのだろう。こ
　　の問題に関してリーヴィは、質料形相論と物体的実体の合わせ技により単純実体説を帰結
　　する議論の再構成が可能だとする（Levey［2007 pp.77-8］）。すなわち、物体的実体を質料
　　と形相に分解し、質料をさらに質料と形相に分解することを継続すると、それ自体による
　　存在である形相に到達し、それがモナド概念である、という議論である。当然ながらこの
　　ような解釈には、無限小解析におけるような極限移行を実体論に持ち込むことの正当化や
　　資料上の裏付けの乏しさといった問題がある。ライプニッツがどの時期に物体的実体に関
　　する態度を変更させたのか、については今後刊行される全集を踏まえた上でのさらなる検
　　討が必要であろう。

第 7 章　モナドロジー前史　207

化することができていない。いずれにしろ、モナドロジーにおける単純実体と
合成実体はその存在を両立して主張することができないのである。[17]

　モナドとは物体の構成要素として要請されたものであり、ある延長体が別の
延長体を構成するようにはモナドは物体を構成することはできない。したがっ
て、ライプニッツはしばしば物体はモナドから「帰結する」という言い方を用
いる。モナドから物体が帰結することを示す典拠として、フィシャンは 1703
年 6 月 20 日のデ・フォルダー宛書簡を指示する（Fichant [2003 pp.24-5]［2005
p.52]）。

> 現象すなわち結果的な寄せ集め（aggregatum resultans）においては、すべて
> がただちに機械的に説明され、物塊は相互に動かし合うものと理解されます。
> このような現象にあっては派生的力のみを考察すればよい、つまり、寄せ集め
> からなる現象が諸モナドの実在性から結果するということについて同意すれば
> よいでしょう。
> （GP. II, 250 = I, 9, 99）

しかし、この箇所で議論されていることは、物体の運動を生み出す派生的力は
モナドから結果するということであって、構成としての結果とは直接には関係
がない。確かに合成実体を単純実体の「結果」とすることにより、自然の機械
としての側面を説明することができるが、合成実体ないし物体的実体の現象性
を避けることが難しくなる。実際、1704 年 6 月 30 日のデ・フォルダー宛書簡
では、現象としての物体が単純実体から結果すると言われる（GP II 268）。
1670 年代には抵抗や不可入性といった受動的力の担い手は形相とされたが、
『自然そのものについて』では物体に変更され、物体における受動的力の担い
手としてモナド概念が導入される。しかし、このように所与の物体から「下向
きに」導入されたモナド概念は、「上向きに」は物体の合成の問題と物体の現
象性との緊張関係を不可避的に呼び起こしてしまうのである。[18]

17　詳細は次章で検討するが、後にリーヴィは両者の論証にさらなる検討を加え、前者のタイ
　　プの論証に見込みがあるとする（Levey [2012]）。
18　単純実体の存在論証の不備を指摘するリーヴィに対する批判において、ラザフォードは、
　　ライプニッツは早くから単純実体のみの存在論にコミットしており、後期のモナドロジー
　　においてもその立場は維持されているため、存在論証自体が不要であったと考えていたの

208

デ・ボス宛書簡で論じられる「実体的紐帯（vinculum substantiale）」はこうした問題を念頭に置いて捉えるべきだろう。実体的紐帯とは、合成実体の構成の議論に際して言及されるもので、デ・ボス宛書簡において登場するが、他の作品や書簡にはほとんど登場しないこともあり、解釈上問題とされている。『モナドロジー』に見られるような、モナド間の従属関係によっては合成実体の一性を説明することはできない。実際、1716年5月29日のデ・ボス宛書簡でも分割可能なものは寄せ集めであり、一性を持つ実体は分割不可能であるという初期から保持されている見解が述べられている（GP. II, 517 = I, 9, 193）。「物体的実体、すなわち諸モナドからなる実体的紐帯」（GP. II, 482）の存在を認めるのであれば、単純実体の存在論証の仮定として物体的実体の存在を主張することができる。しかし、ではなぜライプニッツは実体的紐帯について、『モナドロジー』や『原理』などで言及しなかったのかという問題は依然として残るのである[19]。

7.5 本章のまとめ

以上、本章ではライプニッツが「モナド」という語を用いた1695年から晩年の『モナドロジー』に至るまでのモナド概念の展開を、モナドと身体的部分、一性の原理としてのモナド、単純実体としてのモナドと合成実体の観点から追ってきた。それがなければ実体の真の一性を説明できないという背理法的な

ではないかと主張する（Rutherford[2008 pp.216-7]）。彼が提示する論拠は『形而上学叙説』33節である。確かにそこではわれわれの身体が本質には結びついていないことが言われている。しかし、この主張は、実体はその身体的部分の移り変わりにおいても常に不変であり一つであること、すなわち、実体は固定した身体的部分を持つわけではないことを主張しているものと読むべきであり、単純実体のみの存在論を積極的に主張しているものではない。ラザフォードは、心身結合に関する予定調和説に依拠することで後期のライプニッツは合成実体へのコミットメントを放棄しているとみなすが、単純実体への傾斜自体は予定調和説以前にも見られるものであり、こうした解釈は妥当なものではない（Levey[2008]）。物体の現象性と合成実体の構成の問題は依然として避けがたいのである。

19　1712年に書かれたと推測される『理性の原理の形而上学的帰結』では、物体的実体は羊の群れのような寄せ集めではなくそれ自体が一性を持つ動物のようなものであるという見解、合成実体は複数のモナドが合成したものであるという見解、単純実体のみが実体であるという見解が順に述べられており、この時期のライプニッツでも物体的実体の位置付けに不確定なところがあることを読み取ることができる（C, 13-4）。

議論により導入された実体的形相の特徴付けを、ライプニッツは、物理的点や数学的点といった点との違いを示しつつ、伝統的な概念や語彙を借りながら進めてきた。単純性、表象と欲求、生命的であるところ、といった性質は1700年代には既に整えられていたと考えられる。しかし、物体的実体とモナドの関係、合成実体と単純実体の関係については『モナドロジー』においても確定した内容が提示されてはおらず、解釈上多くの問題を呼び起こすことになる。

　ライプニッツは自らの哲学遍歴を語る1714年1月10日のレモン宛書簡で、自然現象の力学的説明と形而上学的説明が調和可能であることを、デカルトやホイヘンスの不備を指摘しながらも強調する（GP. III, 607）。モナド概念はそのような調和した哲学の中核を担うものとなるはずであった。しかし、数多くの問題を含むモナド概念をさらに練り上げるためにライプニッツに残された時間はわずかであり、結局、モナド概念は整合しないいくつかの主張を伴ったまま、後世に残されることになったのである。とりわけ、延長を持たない精神的な実体というモナド概念を哲学の中に持ち込むことの正当化は同時代から議論の対象であった。次章では、本章で触れたリーヴィの解釈の本格的な検討を通じてこの問題の考察を試みたい。

第8章

モナドロジーとはどのような哲学なのか？
世界の存在論的構造の探究としてのモナドロジー

　後期のライプニッツを象徴する「モナドロジー」と呼ばれる学説の中心とな
る、延長を持たず、魂に類されるモナドが世界の唯一かつ究極の構成要素であ
るという主張は、通常の意味での物体や動物の実在を認めるライプニッツの実
在論的傾向[1]との緊張関係を生み出している。また、こうしたモナド概念は、
たとえば、延長を持たない単純実体がどのようにして延長実体を構成するのか
という問題や、モナド自体は物体的部分を持つかどうかという問題といった解
釈上の問題を多く抱えている。とりわけ、そもそもなぜライプニッツはモナド
を中心とした哲学を体系化しようと考えたのか、また、モナドはライプニッツ
の哲学において十分に根拠付けられているのかという問題は、たんにライプ
ニッツのテキスト解釈としての重要性を持つだけではなく、その後の哲学や思
想の歴史に少なからずの影響を与え続けているモナド概念が持つ、哲学の概念
としての有用性や耐久性といった点をより正確に確定するためにも、避けるこ
とのできない問題であるだろう。

　前章でも触れたように、ライプニッツは 1695 年に『新たな説』において「形
而上学的点」としてモナド概念を導入する。既にアルノー宛書簡でも一性の原
理の存在は主張されていた。そこでは、それが存在しなければ実体の一性が説
明できないという議論によって導き出されている。したがって、実体が一性を
持つために必要とされたこの概念が、延長部分を持たないこと、すなわち、単
純であることは、直接は主張されていない。実際、ライプニッツは 1700 年以

1　ハルツはライプニッツが通常の意味での動物の存在を認めていたと考えられる資料を初期
　から最晩年に至るまで約 40 箇所例示している（Hartz［2007 pp.162-76]）。

降単純性の論証を別立てで用意するようになる。本章では、ライプニッツによる単純実体の存在論証を歴史的展開を踏まえて再構成する解釈、および、それに批判的な解釈を検討することを通じて、ライプニッツにとって単純実体の存在論証はどういう意味を持つのかという問いに答えたい。まず、ライプニッツによる単純実体の存在論証を再構成する解釈を整理し（1、2節）、ライプニッツがそのような論証自体を必要としたかどうかという問題を検討し（3節）、最後に「還元」という観点からひとつの解釈を提示する（4節）。ライプニッツにとっては、物体を基礎的存在者に還元するために単純実体であるモナドの存在を論証することそれ自体ではなく、物体と基礎的存在者との間の還元・構成関係を明示的にすることが課題であり、単純実体の存在論証はその課題を部分的に果たすものと捉えることができる。これにより、本書第Ⅱ部が議論している空間概念と実体概念の関わり、すなわち、空間の構成要素としての実体という考え方がライプニッツの中でどのように展開されてきたのかという論点を解き明かす基盤が整備されるであろう。

8.1 一性の論証

ライプニッツによる単純実体の存在論証は、実体の一性に関する論証、実体の実在性に関する論証、多数性に関する論証という複数の論証を組み合わせたものである。本節と次節ではリーヴィの整理（Levey［2007, 2008, 2011, 2012]）にしたがって、その論証を提示する。1678-9 年の『自然学の基礎についての小さな本の概要』において、物体においては非物体的形相が存在することが論証されている。魂ないし形相が存在しなければ、物体のうちに、さらなる分割が可能ではない部分を指定することはできず、したがって、物体が一つの存在であると言えなくなるためである（A. Ⅵ, 4, 1988)。もちろんこの論証は十分なものではない。たとえば、なぜ物体の部分はさらなる部分から構成されているのか、なぜ物体が際限なく分割可能であることが物体が一つの存在であることを妨げるのか、なぜ物体的存在の一性を保証するために要請されるべきものが物体的原理ではなく形相や魂なのか、などが十分に明らかにされない限り、これは不備を含む論証である。物体の一性を保証するために非物体的実体が要請さ

212

れるというタイプの論証をリーヴィは「一性の原理の論証」（Principle of Unity Argument：PUA）と呼び、以下のように整理する。

1. 何かが実体であるならば、それは真に一である、ないし、一性を持つ。
2. 物体はすべて部分を持つ。
3. 部分を持つものが一性を持ちうるならば、それは一性の原理を持つ。
4. 延長には一性の原理を持つものはない。
5. よって、物体が実体であるならば、それは一性の原理を持つ。
6. よって、物体が実体であるならば、それは延長のみから構成されない。

このタイプの論証は1694年のアルベルティ宛書簡まで継続して提示される（GP. VII, 444）。また、この論証には暗黙の仮定として、「実体である物体が存在すること」が想定されている。仮に物体が現象であれば論証は結論を導かないが、主として書簡において提示される論証であるため、ライプニッツにとっても書簡の相手にとっても物体の存在は自明とされているものと考えることができる（Look［2010］も同様の見解）。また、一性の原理の存在論証が背理法によって導かれているため、存在が論証された一性の原理としての非延長体がどのような性質を持つのかという別の議論も避けがたく呼び起こすことになる。

　この論証のターゲットは物体的実体の一性である。すなわち、合成体を寄せ集めではなく一性を持つものとして理解する立場の正当化が試みられているのであるが、当然ながら、『モナドロジー』や『原理』で提示される、単純実体のみの存在を認める立場とは整合しない。したがって、ライプニッツはどこかの段階で見解を変更したと推測できる。また、この論証には単純性が関与しない。すなわち、この論証で存在が示される魂ないし形相が単純実体ではなく合成体であることは論理的には不可能ではない。実際、単純概念に対するライプニッツのコミットメントは初期から中期には見られず、モナド概念が明示的に登場する1695年以降に表舞台に登場するのである。

　1686年12月8日のアルノー宛書簡の下書きでは、PUAの論証が提示されたすぐ後で、寄せ集めでは一性は得られないという観点からの論証が提示される（A. II, 2, 114-5）。物体が寄せ集めであれば、それは実在性を持たない。なぜ

なら、寄せ集めは実在性をその構成要素に依存するが、同じことがそれぞれの構成要素についても当てはまり、無限後退となるからである。アルノーは寄せ集めだけがあるという見解をよしとするが、ライプニッツはそれを認めない。したがって、寄せ集めである物体に実在性を保証する何か、すなわち、その実在性を構成要素から得る必要のない何かの存在を論証しなくてはならない。それが「借りてきた実在性論証」（Borrowed Reality Argument：BRA）である。この論証は1704年1月21日や6月30日のデ・フォルダー宛書簡で典型的に提示される。以下は前者の書簡からの引用である。

> また私は、このようなもの［一性］が存在することを、もしそれがないとしたら物体の内には何も存在しなくなってしまうということから証明してみます。この、何も存在しなくなるという帰結を次のようにして示しましょう、まず第一に、多くのものへと分割可能なものは、多くのものから構成された寄せ集めです。第二に、多くのものが寄せ集まってできたものはまた、精神によってのみ一なるものとされ、そこには借りものとしての実在性、つまり、寄せ集められた諸事物が持つ実在性しかありません。したがって、第三に、諸部分へと分割可能なものは、それらの諸部分の内に、さらに諸部分へと分割可能ではないものが存在するのでない限り、実在性を持つことはありません。むしろそれらが持つ実在性とは、そこに内在する諸々の一性が有している実在性なのです。
>
> （GP. II, 261 = I, 9, 110）

こうした論証は以下のように整理することができる。

1. 多くのものから成り、多くのものに分割可能なものは、寄せ集めである。
2. 寄せ集めはその実在性を構成要素から借りる。
3. 借りられていない実在性があるのは不合理である。
4. よって、多くのものに分割可能なものは、寄せ集めではない構成要素を持つ。

この論証では、一性という性質が寄せ集めではないものに適用されている。したがって、物体的実体が寄せ集めではなく一性を持つことが仮定されるPUA

とは異なる結論を導出する論証である。また、この論証には、分割可能性が分割の前と後でものの本性を破壊するかどうか、「寄せ集めではない構成要素」とはどのような存在か、といった問題がある。「構成要素から得るのではない仕方で実在性を得るものの存在」を認めるとしても、それが精神的なものか非精神的なものかまでは確定することができない。実際、1687年4月30日のアルノー宛書簡での一性の論証において、ライプニッツは一性の候補としての、数学的点、物理的点（アトム）、あるいは、物体は現象でしかない、という三つの選択肢を挙げた上で、数学的点でも物理的点でもない、後のモナド概念に通じる第三の点の存在を論証しているが、この議論自体はBRAとは独立のものである（A. II, 2, 184-5 = I, 8, 328-9）。さらに、BRAによって論証される一性の原理を持つものは単純性を含意しない。実際、一性の原理を持つものが部分を持つとしても論証自体は成立する。たとえば、1687年10月9日のアルノー宛書簡では、動物は分割可能であるが一性の原理を持つことが指摘されている（A. II, 2, 251 = I, 8, 373-4）。

　また、一性を多数性から導く論証もライプニッツは提示している。多くのものがあるならばそれを構成する一性が存在しなくてはならないというタイプの論証で、1687年4月30日のアルノー宛書簡に登場する。多のみがあり、一性はないのではないかというアルノーからの問いかけに対応する形で、ライプニッツは以下のように述べる。

　　　真の一性を持たない多数性は存在しません。手短に述べるならば、以下の、強調点によってのみ異なっている同一性命題を公理とみなします。すなわち、真に一つの存在でないものは、真に一つの存在でもない。一と真は互換的であると考えられてきました。存在と複数の存在は別のことです。しかし、複数は単数をつねに前提としています。そもそも一つの存在すらないところに多数の存在はあるはずがありません。これ以上明晰なことは申し上げられないでしょう。

　　　　　　　　　　　　　　　　　　　　　　　　（A. II, 2, 185-6 = I, 8, 330）

PUAやBRAとは異なり、この論証では分割可能性や構成関係や借りられた実在性といった概念は用いられていない。この論証は以下のように整理するこ

とができる。

1. 存在するものは一性を持つ。(一性と存在の互換性)
2. x が複数あるならば、そのうちのひとつであるような y が存在する。(複数が単数を仮定する)
3. よって、多くのものが存在するならば、一性が存在する。

多数性に着目するこの論証をリーヴィは「多数性論証」(Multitude Argument: MA) と呼ぶ。この論証によって導出されているのは、一性を持つ何かの存在であり、これにより、一性が存在の本質ではないという主張を退けることができる。しかし、一性を持つ存在が部分を欠く単純実体かどうかまでは定まっていないのである。

　ここで PUA と BRA と MA の相違点を整理しておく。PUA は実体である物体が存在することを仮定して、一性を持つ合成体に対して、一性の原理として機能する非延長的な何かの存在を論証する。BRA も同じく一性を持つ存在を論証するが、それが物体か非物体かについては関与しない。MA は多であるものの存在を仮定している。前者二つの論証はデカルト的物体論に対する批判として構築されたものである。デカルト派もライプニッツも認めるように、物体的世界が分割可能な存在を含むのであれば、自然界には非物体的要素である魂ないし形相が存在しなくてはならないが、アルノー宛書簡では物体的実体が、デ・フォルダー宛書簡などの議論では分割不可能なものが、それぞれ一性の担い手として念頭に置かれている。よって、これら三つの論証はライプニッツの存在論の中心となるものの推移に対応するものになっている。

8.2　単純性の論証

　ライプニッツはアルノーとの往復書簡を交わす 1680 年代に物体の一性を認めるために主に三つのタイプの論証を用意していた。中期になり、『新たな説』において「形而上学的点」としてモナド概念が導入されて以降、単純実体へのコミットメントが見られるようになる。では、実体の単純性はどのように論証

されているのか。デカルト的物体概念に対する批判でもある、物体に一性を与え、それ自体は不可分である非物体的実体としての魂の存在論証それ自体から、そうした実体が単純であることは帰結しない。なぜなら、単純性と合成性、分割可能と分割不可能という概念対は相互に独立であるためである。実際、1690年のファルデッラ・メモや1698年9月20/30日のベルヌイ宛書簡には動物が単純であるという主張も見られる（A. VI, 4, 1669/GM. III, 542）。

　1714年の『原理』1節では単純実体の存在論証が明示的に示される。そこでは、「合成体あるいは物体は多である。単純実体は一である。それがなければ合成体もないので、単純実体がなくてはならない」（GP. VI, 598 = I, 9, 246）とされるが、合成体や物体を多とする主張は以前には見られないものであり、MAを拡張する仕方で単純実体の存在論証が提示されていると言える。ところが、「合成体は多である」という主張は強い主張である。なぜなら、多であることは一ではなく、一ではないことは実体ではないので、多であることは実体ではないことを帰結し、合成体が実体ではないという主張とこの主張が同値となるためである。ライプニッツは、動物は分割可能であるが単純実体であることを認めているため、こうした主張をライプニッツが保持していると理解することは難しい。

　『原理』と同様の論証はそれより以前に書かれた1700年6月12日のハノーヴァー選帝侯妃ゾフィー宛書簡にも登場する。この書簡はライプニッツが単純実体の存在論証を明示的に提示した最初の資料である。

　　世界中の誰でも、物体は部分を持つこと、それゆえに、物体は羊の群れのような多くの実体の多（multitude）であることには同意するでしょう。しかし、すべての多は真の一性を仮定しますので、この一性は物体についての一性ではないことは明白です。なぜなら、もしそうだとすれば、真の一性はまたしても多となってしまい、多をつくるために必要な真の純粋な一性ではないだろうからです。ですので、一性は実体の側にあり、分割可能ではなく、それゆえに消滅可能でもないのです。なぜなら、分割可能なものはすべて、分離する前に識別可能な部分を持つからです。しかし、実体の一性に関しては、この一性自体に力や表象が存在します。というのも、それらがなければ、それら一性からつく

第8章　モナドロジーとはどのような哲学なのか？　217

られるものにも力や表象がないからです。それらは、既に一性において存在するものの反復と関係を含むことしかできないのです。かくして、感覚を持つ物体においては、ユニークな実体、すなわち、表象を持つ一性が存在しなくてはならないのです。それこそまさに単純実体であり、実体の一性であり、魂と呼ばれるモナドなのです。　　　　　　　　　　(A. I, 18, 113-4 = II, 1, 307-8)

この書簡は、デカルト的心身論の立場に立つ神学者モラヌスの著作をゾフィーから送られて意見を求められたライプニッツがそれに答えるという文脈で書かれたものである。モナドとしての単純実体の存在が初めて論証されたものとして明確に登場する資料であり、この論証は以下のように整理することができる。

1. 多が存在するならば、多でないものが存在する。
2. 合成体や物体は多である。
3. よって、多が存在するならば、単純なものが存在する。

先に引いた『原理』1節での議論と同様に、この議論も MA を拡張したものである。しかし、2 から 3 への推論に必要な、合成体や物体でない多は存在しないのはなぜか（合成体ではないが多であるものの存在を考慮していないのはなぜか）という説明はない。仮に合成体や物体が寄せ集めだとしても、構成要素を持つものが多ではないことは可能だからである。すなわち、多と寄せ集めの関係が不明確であるため、多であるが寄せ集めではない存在、多ではないが寄せ集めである存在を認める余地が排除されていないのである。実際、中期のライプニッツはそのような存在として物体的実体を認めていた。この場合、多ではないものが合成体ではなく単純体であることを保証するものがないため、一性は単純性を含意するという前提がなければ、論証は飛躍を含むものになる。さらに、2 は主張としては強すぎる。ライプニッツは無限に関するパラドクスを

2　スティックランドによれば、選帝侯妃ゾフィーおよびゾフィー・シャルロッテ宛書簡全体において「モナド」の語が用いられるのはこの一箇所のみである（Stickland [2011 p.199, n.346]）。

理由にして、ものの集まりがすべて一性を持つことを否定するが、一性を持たないものの集まりがあることから、ものの集まりすべてが一性を持たないことは帰結しない。すべての合成体や物体は多であることを支持する議論もない。リーヴィはこの点も論証の不備と捉える[4]。

また、『モナドロジー』の冒頭 1、2 節も単純実体の存在論証として読むことができる。

1. これから論じられるモナドとは、合成的なもの（les composés）に含まれている単純実体に他ならない。単純とは部分がないということである。
2. 合成的なものがあるのだから、単純実体がなくてはならない。合成的なものは単純なものの集まり、つまり、寄せ集め（aggregatum）に他ならないからである。(GP. VI, 607 = I, 9, 206)

この論証は BRA の系である「寄せ集めは寄せ集めでない構成要素を持つ」という前提、および「合成体は寄せ集めである」という前提を含むものと理解することができる。したがって、以下のように BRA を拡張した単純実体の存在論証となっている。

1. 寄せ集めはすべて寄せ集めではない構成要素を持つ。（BRA の系）
2. 合成体は寄せ集めである。（『モナドロジー』2 節より）
3. よって、合成体はすべて単純である構成要素を持つ。

この論証に関しても合成体が（実体ではなく）寄せ集めであることをライプニッツはいかにして擁護しているかという問題点が指摘できる。したがって、1700年以降の後期のライプニッツ哲学を評価する一つの観点として、合成実体の存

3　たとえば、1706 年 3 月 11 日のデ・ボス宛書簡の「しかし、無限の寄せ集めはひとつの全体ではないこと、量を持たないこと、数え上げられないことを知らなくてはなりません」（GP. II, 304 = I, 9, 133）。

4　しかし、この点に関しては、議論の対象となっているのは無限の部分を持つ物体、すなわち、無限のものの寄せ集めである物体であるから、そのような合成体はやはり一性を持つことはないというライプニッツの前提を擁護することも可能であろう。しかしその場合、すべての物体が実体ではないことを帰結してしまう。

在はいかに排除されたかという点を挙げることができる。リーヴィはこの点に関して、ライプニッツは決定的な論証を提示できていないと診断する。ライプニッツは一性の論証である BRA と MA を拡張する仕方で単純実体の存在を導いていた。しかし、合成実体の存在をめぐる前提が十分に根拠付けられているとは言いがたい。一性の原理としての形相を中心とした形而上学から単純実体説へのこうした展開をリーヴィは「拡げすぎ（over-extending）」と捉え、ライプニッツ哲学全体のバランスを考えると、放棄されるべきは物体的実体の説ではなくモナドロジーであると評価する（Levey［2007 p.97］）[5]。実際、ライプニッツが実体の特徴付けに際しては単純性よりも一性を重要視したと考えることもできるのである（Ishiguro［1998］や Phemister［2005］など）[6]。

8.3　そもそもライプニッツは単純実体の存在論証を必要としたか?

　前節まではライプニッツによる単純実体の存在論証を整理した。1679 年頃のライプニッツは物体的実体が一性を持つために実体的形相が必要であるという論証を PUA として保持していた。やがて、1695 年頃には後にモナドと呼ばれる単純実体を中心とした哲学を構想するようになる。この時期は BRA と

　5　リーヴィは Levey［2012］で各論証のステップを詳細に検証し、「持つ」「借りる」「成る」「分割する」といった論証において用いられる述語の意味論的分析を加えた上で、単純実体の論証としては BRA の拡張ヴァージョンに見込みがあるとする。

　6　ハルツもまたライプニッツのモナドの存在論証を四つのタイプに再構成した上で、物体の存在とモナドの存在という両立不可能な結論を導くとして、論証が不備を持つことを指摘している（Hartz［2007 pp.49-54］）。ハルツはこの事態を実在論と観念論の両立不可能性の問題として捉え、そのどちらかをライプニッツに帰属させるのではなく、ライプニッツは両方の説を理論として保持していたとする「理論多元説（Theory-Pluralism）」を独自の解釈として提示する。実在論と観念論の調停という主題は本章の射程にはないが、ハルツによるモナドの存在論証の再構成はリーヴィによるものと本質的な違いがあるものではない。しかし、ハルツの再構成は、リーヴィのような、まず提示された一性の論証が拡張されて単純実体の存在論証となるという、ライプニッツの哲学的発展に即したかたちにはなっていない。さらに、ハルツの論証では前提としての物体の存在と結論としてのモナドの存在が両立不可能とされるが、その原因を物体の存在という前提のみに帰しているように思われる。しかし、より正確には、リーヴィが指摘するように、合成体と多と寄せ集めの間の不明確な関係に帰せられるべきだろう。ハルツによる再構成のうち、Divisibility Argument と Reality Argument は内容的には PUA と BRA に相当する（ため、単純実体であるモナドの存在論証にはなっていない）が、ハルツはこれもモナドの存在論証に含めている。次節で触れるラザフォードによるモナドの存在論証の再構成もまた同様の不十分さを示している（Rutherford［2008b pp.172-3］）。

MA のタイプの論証により一性が示される。さらに、両者の論証を組み合わせる仕方で、単純実体の存在論証が試みられる。

　他方、そもそもライプニッツはそのような論証自体を必要としなかったという解釈も可能である。この解釈が正当であれば、リーヴィが指摘する論証の欠陥もライプニッツ哲学の瑕疵とはならないだろう。ラザフォードは、リーヴィの解釈を批判し、ライプニッツは単純実体の存在に中期の頃からコミットしていたため、後期になって存在論証を改めて必要とはしなかったと主張する。リーヴィはライプニッツ自身の思考を段階的に追っているように見えて、実は実体の一性や単純性に関する主張の正当化に過度にこだわっている。ライプニッツの哲学的主張を演繹的推論によって論証されるべきものとして捉えるのは適切ではない。ライプニッツは書簡や論文が書かれる文脈に応じて語り方を使いわけており、それゆえに、ライプニッツの書いたものには厳密に論証されている主張とそうではない主張が混在し、モナドロジーは後者として理解すべきである。さらに、ライプニッツは物体的実体とモナドのどちらが基礎的存在者かは演繹的推論によって解かれるべき問題であるとは考えていなかったとするのである（Rutherford [2008a]）。

　ラザフォードのようにライプニッツを実在論者として読み、なおかつ、単純実体の存在論証が不要であることを含意させる別のタイプの解釈もある。中期のライプニッツが物体的実体の存在を認めていた（からこそ、後期の単純実体の存在論に対する正当化の論証がライプニッツにとっても求められる）と考える解釈者は少なくない。しかし、ライプニッツは一貫して物体的実体を中心とした哲学を構想しているとする解釈も不可能ではない。たとえば、フェミスターは、単純で部分を持たず、魂や精神に類されるモナド概念を再検討し、知覚や欲求というモナドの性質や物体的部分をモナドの様態として捉え、魂としてのモナドは常に様態として物体的部分を持ち、それゆえに、ライプニッツ哲学の存在論においては魂や精神ではなく、物体的実体が一貫して基礎とされているという図式を提示する（Phemister [2005]）。魂と第一質料が合わさるモナドは不完全な実体であり、こうした見解が提示される資料がデ・フォルダー宛書簡であることから、魂と第一質料の合成としてのモナドをフェミスターは「デ・フォルダー・モナド」と名付ける（これに対して、物体的部分を持つ魂として理解さ

第 8 章　モナドロジーとはどのような哲学なのか？　　221

れるモナドは「ベルヌイ・モナド」とされる）。アダムスは、魂は質料と一性を持つことによってのみ完全であり、それ自体では不完全であるという、1698年9月20/30日のベルヌイ宛書簡などで披露される見解を重要視し、物体的実体から離れたモナドは不完全ではあるが実体であるとする。したがって、物体的実体には、デ・フォルダー・モナドと、モナドと有機的身体からつくられる物体的実体の二種類の実体が含まれることになる（Adams [1994 pp.265-7]）。前者の実体は部分を持たない精神的実体である。観念論的モナド解釈はライプニッツ解釈史においては主流の一つであるが、これに対して、フェミスターは、ライプニッツが、神により創造されたモナドは、その様態である派生的力を必然的に持ち、それが物体的部分を生み出すため、アダムスのように、魂としてのモナドをひとつの実体として想定することは適切ではないと診断する。確かにライプニッツは、物塊は不完足的事物であると語るが、不完足的実体であるとまでは言っていない（たとえば、GP II, 252-3 = I, 9, 103）。また、魂を実体として捉える理解には、魂と質料は理論上は分離可能であるから、両者は自存する実体であるというデカルト的前提が隠されているが、ライプニッツはそうした前提を認めない。両者が理論的には分離可能でも現実的には（すなわち、神の世界創造以後においては）必然的に結合しているものである以上、魂それ自体を実体とみなすことはできず、物体的部分を持つことで完全な実体となるとみなすべきであるとする。実際、アルノー宛書簡のように、ライプニッツは一性を持たない実体、すなわち、単なる寄せ集めが実体であることは認めないのである。

　フェミスターの解釈は資料の成立事情や想定読者などを考慮に入れた上で成り立つものである。確かに、公刊論文、覚え書き、書簡など、多岐にわたる資料を読み解き、整合的な主張群を取り出すためには、資料の執筆事情を無視することはできない。しかし、フェミスターによるその考慮の仕方は問題なしとはできない。公刊資料と書簡とでライプニッツは自説の提示の仕方を変えているという解釈の大前提にも問題があるし、この図式に当てはまらない記述を相手に合わせた「リップサービス」（Phemister [2005 p.73]）と処理する解釈も場合によっては恣意的であると考えざるをえない。また、「デ・フォルダー・モナド」に関しても、それ自体存在できずにつねに身体的部分との合一で物体的

実体として存在することが必然とされるのに、その要素であるところのものを
モナドと呼ぶことで、観念論的デ・フォルダー・モナドと物体的実体の二つの
タイプのモナドがあるような印象を与えてしまう。しかし、これこそフェミス
ターが批判すべき立場に他ならず、ゆえに、解釈の基本的枠組み自体の妥当性
も慎重に検討されるべきである。さらに、初期から後期に至るライプニッツ哲
学の展開を考慮せずに、資料の執筆年代をさほど重視しない扱いも批判される
べきである。

　フェミスターのようにモナドが有機的身体を持つものと同一視され、ライプ
ニッツが一貫して物体的実体の存在論を取っていたとするならば、なぜライプ
ニッツは1700年以降単純実体の存在論証を試みるようになったのか、整合的
な説明が必要である（もちろんこうした解釈を取らないリーヴィはこの点は立ち
入っては考察していない）。魂と質料はそれぞれ独立した実体であるというデカ
ルト的見解をライプニッツは取らないというフェミスターの解釈であれば、そ
もそも単純実体の存在論証自体が意味を持たない。ラザフォードのように、ラ
イプニッツ哲学には論証されている主張とそうでない主張の二種類の主張が自
覚的に用いられており、モナドロジーは後者であるという解釈を取らざるをえ
ない。また、アーサーのように、ライプニッツは一貫して個体的実体を中心と
した存在論を保持していたと考える解釈も、単純実体の存在論証が幾度となく
試みられる理由を適切に説明することができない。ガーバーやリーヴィのよう
に、ライプニッツは中期は物体的実体の存在論を取っていたが、後期になって
単純実体であるモナドの一元論的存在論を取るようになったとするならば、
1700年以降に単純実体の存在論証が登場する理由も説明できる。しかしこの
場合でも、ライプニッツに単純実体中心の存在論への展開を促した要因を明ら
かにする必要がある上に、二種類の論証のいずれにも不備があるという点を受
け入れなくてはならない。つまり、ライプニッツ哲学における単純実体の存在
論証の位置付けは解釈上のジレンマをもたらすのである。[7] あるいは、デ・リー

7　こうしたジレンマが解釈上の問題であるという整理に対しては以下のような反論が考えら
　　れる。ライプニッツが外界の存在証明それ自体に重要性を見出していないことは『実在的
　　現象を想像的現象から区別する方法について』からも明らかである。懐疑論者が主張する
　　ようにわれわれが知覚しているこの世界が夢であるとしても、そのことがわれわれの学問
　　的知識の確かさを壊すことにはならない。重要なのは世界についての科学的説明として、

ジのように、カント的な現象主義をライプニッツに読み込むことで、延長空間も物体的実体も単純実体であるモナド相互の表象の帰結として説明する解釈も可能である（De Risi [2007]）。この解釈に基づくと、モナドの存在論証はいわば物自体の存在論証である。デ・リージの解釈は一見するとラディカルであるが、実は、空間の構成要素としてのモナドと延長体の構成要素としてのモナドという、空間と実体の構成要素を特定する議論が共に 1700 年以降になって登場することを説明することができるという点で、ライプニッツ哲学の整合的な解釈としての資格は十分に持つ。

　以下では、モナドの存在は論証によって提示されているとするリーヴィの路線に従って、しかし彼の悲観的な評価には従わず、できるかぎりライプニッツのモナドロジーを救う方向の解釈の枠組みを提示する。おそらく、解釈上の難点のいくつかについては、今後アカデミー版全集の刊行により何らかの解答が与えられる可能性がある。たとえば、ハノーヴァー選帝侯妃ゾフィー宛書簡で提示された MA の拡張ヴァージョンの前提である、多と寄せ集めの不明確な関係については、2011 年にスティクランドにより英訳が公刊され（Stickland [2011 pp.340-343]）、2017 年にアカデミー版全集第 1 系列に収録された、1705 年 11 月 24 日のハノーヴァー選帝侯妃ゾフィー宛の書簡において、物体は多であり群れ（amas）であるとする記述が見られる（A. I, 25, 328）。1693 年 12 月 5 日のランファン宛書簡でライプニッツが群れと寄せ集めを交換可能で用いていることから（A. II, 2, 752）、多と寄せ集めも交換可能であると推察することも不可能ではないだろう。したがって、以下では決定的な解釈を提示するのではなく、今後の全集刊行も見据えた上での仮説ないし大まかな見取り図を提示し、現時点でのその妥当性を示すことで留めたい。本章の結論としては、1700 年以降の単純実体の存在論証は、基礎的存在者の変更に対応する形で、物体と基礎的存在者であるモナドとの間の還元・構成の構造を明示化するためになさ

現象に適合した法則を与えることにあるからである。したがって、モナドの存在も論証すべきものではなく、科学における理論的対象のように、その存在を措定することで諸々の現象の体系的な説明が得られるという仕方で導入されるものなのである。こうした反論に対しては、モナドの存在論証が、自然現象の法則的説明を与えるためのものではなく、さまざまなタイプの存在者の間の還元・構成関係を解明するためになされたものである、と資料に即して示すことによって応答できるだろう。

れたものである。したがって、この解釈は、ライプニッツが物体の基礎的存在者への「還元」として何を意図していたかが1695年から1700年の間に変更された可能性が高いことを明らかにすることで部分的に裏付けられる。

8.4　何を何に還元するのか？

モナドのみの存在を認める観念論的解釈、物体的実体の存在を中心とする実在論的解釈、モナドを基礎的存在者としつつも物体にも実在性を認める解釈など、ライプニッツの存在論に関する解釈が多様である要因の一つとして、解釈者によって、ライプニッツが基礎的存在者として何を想定しているかが異なるという点を挙げることができる。たとえば、ルークは実体に一性を与えるものを基礎の存在者とみなし、それが魂ないしモナドであることから、中期以降ライプニッツは一貫して観念論的見解を保持していたとする（Look［2010]）。他方で上述のフェミスターは、魂と身体的部分は概念的には分離可能であるが、現実には両者が合成された物体的実体として不可分に存在する以上、ライプニッツ哲学における基礎的存在者として物体的実体を想定する。両者では基礎的存在者の意味合いが、（こうした言葉遣いが正確に両者の違いを捉えているかはともかく）一方は概念的、他方は現実的と、異なっているのである。

1706年2月14日のデ・ボス宛書簡の下書きにあるように[8]、ライプニッツが物体の合成問題は説明が必要な難問であることを自覚していたことは疑い得ないだろう。他方、BRAはそれ自体では「実在性を他から借りない存在者」の存在を保証しない。リーヴィはライプニッツが論証で用いるmutuor（借りる）やobtenir（得る）という言い回しにはそういった基礎的存在者の導出に関連する「何か」を論証に付加する役割を持つと推測し、そうした「何か」を特定しない限り論証は不首尾に終わると評価する（Levey［2012 p.108]）[9]。まさし

8　「説明に困難を感じる統一とは、われわれの身体において存在する異なる単純実体ないしモナドをつなぎ合わせて、そこからひとつのものがつくられるようにすること、です」（LB, 22）。

9　リーヴィはそうした「何か」を公理の集合論における正則性の公理（axiom of regularity）ないし基礎の公理（axiom of foundation）になぞらえて理解する（Levey［2012 p.110]）。現代形而上学の分野で、存在者としてこの世界のみを認める存在論的一元論を主張するシャファーもまた、存在論における基礎的存在者の存在を想定する直観はアリストテレス

くモナドの存在論証はこの「何か」を特定する役割を担っていると捉えられる。すなわち、リーヴィの整理のように、一性の論証と合成体が多であるというテーゼと単純性の論証が揃ってこそモナドロジーの論証となるのであれば、1700年代以降に登場する単純実体の存在論証は、延長体や空間の構成要素としてのモナドをライプニッツが特定し始めることと何らかの関連を持つと見なすことができるだろう。

　この点を「還元」という側面から敷衍したい。ライプニッツはモナドと物体の関係を「還元する（revocare, redigere, reducere, renenir）」という言葉を用いて、後者が前者に還元されると表現する。[10] もちろん還元の意味をケーキをナイフで分割するというような外延的な分割として理解することはできない。ケーキを分割し続けてもモナドには到達できない。ではライプニッツは物体を基礎的存在者に還元することで何を意図していたのか。以下では中期と後期の資料からこの点を（十分な跡付けではないが）確認したい。まず、1695 年のフーシェへの反論の備考を参照する。

　　しかし、実在的なものにおいては現実的に行われた分割しか入っていないが、全体は羊の群れのように結果ないし集まりにすぎない。確かに、塊の中に入っている単純実体の数は、それがどれだけ小さくとも、無限である。なぜなら、動物の実在的一性をなす魂を除いては、（たとえば）羊の身体は現実的に細かく分割されている、すなわち、それはさらに目に見えない動物や植物の集まりであり、それら動物や植物も、その実在的一性をなすものを除けば同様に合成されたものであり、これは無限に続き、結局のところはすべてはこの一性に還元されるからである。他のものや結果はよく基礎付けられた現象でしかないので

やライプニッツに遡ることができると、デ・フォルダー宛書簡（GP. II, 261）を参照し、同じく基礎の公理に言及する（Schaffer［2009 p.376 n.35］［2010 p.37 n.12］）。さらに、シャファーはライプニッツが無限に分割可能な対象である Gunk の存在を否定する論証を行った証拠として、1687 年 4 月 30 日のアルノー宛書簡を参照している（Schaffer［2010 p.63 n.41］）。

10　たとえば、デ・フォルダー宛書簡の 1699 年 9 月 1 日（GP. II, 189）、1704 年 6 月 30 日（GP. II, 271）、1705 年 1 月（GP. II, 275）を見よ。また、物体や運動の実在性は現象でしかないという主張として「還元」という語が使われる箇所としては、デ・ボス宛書簡の 1712 年 5 月 26 日（GP. II, 444=I, 9, 165）、6 月 16 日（GP. II, 452 = I, 9, 168）、10 月 10 日（GP. II, 461）などを見よ。

ある。 (GP. IV, 492 傍点引用者)

　この箇所は物体の単純実体への還元を主張しており、後のモナドロジーを先取り的に述べている箇所として読むことができる。しかし、ガーバーは異なる解釈を提案している（Garber [2009 pp.333-5]）。フーシェの反論が向けられた『新たな説』に登場する「実体的事物の分析の究極の要素」である形而上学的点は確かに後のモナドとして捉えることができる（GP IV, 482 = I, 8, 82）。しかしガーバーはこうした読み方ではなく、むしろアルノー宛書簡に近付けて読むべきであるとする。すなわち、「実体的事物の分析の究極の要素」とは物体の構成要素としての部分を欠く点（モナド）ではなく、それがなければ寄せ集めでしかないものに一性を与えて物体的実体に変形する（transform）形相ないし魂として理解するべきである。備考の引用箇所も同様で、「究極の要素」が単純実体であるとは、物体が単純実体から成るということではなく、寄せ集めに形相が一性を与えるという意味で読むべきである。したがって、「すべてを一性に還元する」とは寄せ集めが形相によって物体的実体となる構造を明示すること、と解すべきである。

　ガーバー自身はこの資料にモナドロジーを読み込むべきではない理由を提示してはいないが、こうした読み方の妥当性は以下のように示すことができる。確かに単純実体へのコミットメントは1695年頃から見られるが、『モナドロジー』のような基礎的存在者としての単純実体の存在と物体の単純実体への還元という論点が登場するのは既に引いた1700年のハノーヴァー選帝侯妃ゾフィー宛書簡である。1698年の『自然そのものについて』ではモナドは「実体を構成する永続的なもの」（GP. IV, 512）とされる。そこではモナドは物質とともに実体を構成する精神と同義であるとされており、物体の構成要素としての側面が積極的に主張されているのではない。[11]実際、この時期のライプニッツはモナドが身体的部分を持つかどうかも確定させていない。この時期のモナドは『モナドロジー』におけるモナドに相当する特徴付けがなされているとは

11　フェミスターはこの箇所を物体の構成要素が物体的実体であることを主張しているものと理解しているように見える（Phemister [2005 p.90]）。

第8章　モナドロジーとはどのような哲学なのか？　　227

考えられないのである[12]。

　次に、以下の1705年1月のデ・フォルダー宛書簡を参照したい。

　　私は物体なしですませようとしているのではなく、それを存在するもの（id
　　quod est）に還元しようとするのです。というのも、単純実体の他に何かを持
　　つと信じられている物体の塊は実体ではなく、それのみで一性と絶対的な実在
　　性を持つ単純実体から結果する現象であることを私は示したからです。

（GP. II, 275）

　この一節では、一性と実在性を持つ実体として存在するのは単純実体のみであ
り、それ以外はすべて単純実体の結果としての現象であることが述べられてい
る。既に見たように、物体の究極の構成要素としてのモナドは、まずその存在
が実体の一性を保証するために「要請」され、さらに、その単純性が導かれる。
もちろん、延長を持たないモナドがいかにして延長世界を構成するのかという
問題は説明が必要であるが、これに対しては、延長はモナドから結果する現象
であるとされるのである。すなわち、この時期のライプニッツは、物体の構成
要素としてのモナドという見解を保持しており、それを「要請」としての物体
のモナドへの還元、「結果」としてのモナドによる物体の構成として敷衍して
いるものと考えることができる。

　この二つの資料から、中期から後期にかけて、ライプニッツが物体のモナド
への「還元」として示す内容は、物体的実体が寄せ集めと形相からつくられる
という構造から、単純実体から結果するという構造へと推移していることが推
察できる。もちろん、この二つの見解は排他的ではない。むしろ、中期の見解
にさらに検討を加えたものが後期の見解であると整理することもできる。ロッ
ジも指摘するように、有機体が物体的実体に還元されることとモナドに還元さ
れることは排他的な主張ではない。ライプニッツが、モナドの集まりとしての

---

[12] 1693年1月にライプニッツがゾフィー妃との会話の内容を書き残した記録には、MAの論
　証が登場する。「単純なものがなければ合成されたものがないこと、一性がなければ多数
　性（pluralités）がないことは明白である」（A. I, 9, 16）。しかし、この記録では真なる一
　性を持つ実体として人間が挙げられており、単純実体へのコミットメントを読み取ること
　は難しい。

228

物体的身体の集まりとしての有機体という考えを持たないとする積極的な根拠はないのである（Lodge［2013 p.349 n.67］）。

こうした中期から後期への「還元」をめぐる議論の展開は、物体と基礎的存在者であるモナドとの間の還元・構成の関係を解明する試みを示していると整理することができる。デ・フォルダーやデ・ボスへの書簡にはそうした還元に言及する箇所が多く登場するし（本章註10を見よ）、実体の構成要素としてのモナドという側面は既に『自然そのものについて』で提示されていた。ラザフォードは、ライプニッツにとっての課題は「自然の真のアトム」（GP. VI, 607 = I, 9, 206）である基礎的存在者を特定することそれ自体ではなく、むしろ、実体、物体、塊、魂など、異なるタイプの存在者の間をつなぐ還元・構成関係の説明の構築であるとする（Rutherford［2008b p.188］）。この解釈は、物体的実体からモナドに基礎的存在者が変更するに応じて、還元・構成関係の再構築もまたなされたと捉えることで、1700年以降の単純実体の存在論証の位置付けも整合的に説明できるというメリットを持つ。また、還元と構成の構造を明示することそれ自体は物体が現象であること、実在性を持たないことを含意しない。したがって、最晩年でも維持されるモナド一元論的傾向と通常の意味での物体を認める傾向の両方をライプニッツ哲学に整合的に維持できる見込みがある。実際、ライプニッツには、物体を基礎的存在者に還元する議論と基礎的存在者から延長を構成する議論の二つの方向が（どちらかに肩入れをするのではなく）常に入り混じっているのである。[13]

リーヴィはモナドロジーの中心的存在者は物体的実体かモナドかのいずれかであると捉えているが、両者ともに実在性を持つと考えてもよいはずである。リーヴィがモナドの存在論証の妥当性を脅かすとする合成体を寄せ集めとする前提に関しても、その主張をライプニッツがどう正当化し得ているか（あるいはし得ていないか）という論点と合成体が実在性を持つかどうかという論点は

---

13 ライプニッツは生涯を通じて物体的実体を中心とする見解を保持していたとするフェミスターの主張は、ライプニッツの「還元」をめぐる議論の進展を適切に位置付けることができていない。スミスが正当に指摘するように、フェミスターの解釈では物体的実体と単純実体のどちらに存在論的プライオリティがあるかは説明されないのである（Smith［2006 p.83］）。

区別されなくてはならない。BRA と MA はライプニッツが最晩年でも保持した論証であるが、このことが両者の論点は区別されていないという解釈を取らねばならない積極的な根拠であるとみなすことはできないだろう。むしろ、最晩年の資料は両立説を裏付けているように思われる。たとえば、以下の 1711 年のビールリンク宛書簡では一見すると物体的実体とモナドのどちらが基礎的存在者なのかが判明としない。

> さらに、物体は物体的実体であるか、物体的実体が集まった塊であるか、です。私が物体的実体と呼ぶのは、単純実体ないしモナド（つまり魂ないし魂に類比的なもの）と一性を持つ有機的物体にあるものです。しかし、塊は物体的実体の寄せ集めです。チーズが虫が合流したものであるように。さらに、モナドないし単純実体は類において表象と欲求を含み、第一のモナドすなわち神は、そこにおいて事物の究極の理由があるものです。［……］そして、塊は無数のモナドを含みます。なぜなら、どんな有機的物体も、本性において、それに対応したモナドを含み、その部分において、同様の仕方で有機的物体を授けられ、第一のモナドに従属する他のモナドを持つのです。自然全体はそれ以外のものではありません。なぜなら、すべての寄せ集めは、真の要素としての単純実体の結果であるからです。　　　　　　　　　　　　　　　　　　　　　　　　(GP. VII, 501-2)

フェミスターはこの資料をライプニッツが哲学的キャリアを通じて物体を物体的実体の寄せ集めと捉える見解を保持していた証拠と解釈する(Phemister[2005 p.84])。しかし、この記述それ自体は、物体の基礎的構成要素についての議論を示唆してはおらず、物体と物体的実体と単純実体の三つの存在者の還元と構成の関係を述べているものと捉えるべきであろう。1700 年以降に単純実体の

14　モナドの存在論証のうち、実在性が関与するのは BRA のみである。BRA は根拠付け関係（grounding relation）とも密接な関連を持っている。なぜなら、物体が基礎的存在者と借用関係に立つことで根拠付けられると考えることができるからである。しかし、BRA における実在性の借用関係を根拠付け関係として捉えることと、借用関係で結ばれる存在者がどの程度実在性を持つかは独立のことである。したがって、BRA を拡張したモナドの存在論証が妥当かどうかという点と、物体の実在性の有無もまた独立である。

15　前章でも触れたように、1712 年に書かれたと推測される『理性の原理の形而上学的帰結』での複数の見解が混在する記述を、この時期のライプニッツでも物体的実体の位置付けに

存在論証が登場する背景としては、既に指摘した、物体の還元先としての基礎的存在者に関する見解の変更という点の他にも、力概念の位置付けの変遷を挙げることができる。ここでは略述するに留めるが、能動的力は物体の運動を、受動的力は物体の抵抗や不可入性をそれぞれ生み出すという中期までの枠組みが、すべてモナドの表象としての力に置き換えられる。1670 年代には抵抗や不可入性といった受動的力の担い手は形相とされたが、『自然そのものについて』では物体に変更され、物体における受動的力の担い手としてモナド概念が導入される。すなわち、力の概念の位置付けの変遷とライプニッツにとっての基礎的存在者の変遷はパラレルなのである。

モナドの存在論証に関してはリーヴィと対立しているラザフォードも、自身の存在論証解釈を提示している。それは、リーヴィの整理を借りるならば、MA と BRA を区別せずにひとつの論証と捉えるものである。この点では、資料で提示されている論証の構造をより精密に取り出すリーヴィの解釈に正当性を認めるべきであるが、ラザフォードは物体がモナドに還元されることから物体が実在性を持たないことは帰結せず、むしろライプニッツは物体はモナドによって基礎付けられた実在性を持つ存在者であると考えていたとする。ライプニッツにとっての課題は、基礎的存在者を特定することではなく、基礎的存在者とそれ以外の存在者を繋ぐ説明を試みることにあるというラザフォードの解釈は、ライプニッツがデカルト的物体概念を批判する中で延長概念に代わる基礎概念の特定に難渋したという事実を軽視しているものの、モナドと物体との間の還元と構成の関係のうち、前者を強調すると観念論的解釈に、後者を強調すると実在論的解釈につながるというライプニッツ哲学の読み方の見取り図を（単純化しているとはいえ）示すことができている。

単純実体の存在論証の提示、力概念の位置付け、空間や延長体の構成要素としてのモナドの特定というように、1700 年頃を境に、ライプニッツの思考に変化が見られることは確かである。これらの変化を促した要因の解明については今後の資料の公刊を待つほかないが、少なくとも、物体的実体を基礎とした

不確定なところがあることを示すものとして読み取ることも可能だが、むしろ、ビールリンク宛書簡のように、さまざまな存在者の間の還元・構成関係を叙述しているものと読むこともできる（C, 13-4）。

第 8 章　モナドロジーとはどのような哲学なのか？　　231

形而上学からシフトした単純実体中心の形而上学に対応した、還元と構成の概念整備としてモナドロジーを捉えることもできるだろう。

8.5　本章のまとめ

　以上、本章ではライプニッツが単純実体のモナドの存在をどのように正当化しているのかという観点から、一性に関する論証と単純性に関する論証を再構成し、それらに部分的肯定（あるいは部分的否定）の評価を与える解釈に対して、そもそもそのような論証自体をライプニッツは必要としなかったという解釈を検討した。その上で、物体のモナドへの「還元」に着目し、ライプニッツの試みは、基礎的存在者の特定ではなく、物体や物体的実体や単純実体といった異なる種類の存在者の間に成立する還元・構成関係の解明にあるとする解釈を提示した。ライプニッツ哲学は 1700 年頃から力概念の位置付けを変更したり空間や延長体の構成要素を特定するといった展開を見せているが、こうした思考の展開は基礎的存在者としての単純実体を要請するものであると考えられる。1700 年以降のライプニッツによる単純実体の存在論証は、新しい存在論に対応するものであったと位置付けることが可能だろう。物体的実体と単純実体の関係について論じられている資料において、ライプニッツはしばしば「実体の分析」というフレーズを用いる（GP. IV, 482 = I, 8, 82 や C, 14）。実体の分析は基礎的存在者を特定することのみにあるわけではない。1700 年以降のライプニッツ哲学は、「根拠付け（grounding）を持たない世界、無限に複雑で無限に遡行する世界」に「世界のある種の絶対的な根拠付け、それ自体はさらなる一性を含まない真の形而上学的一性の領域」（Garber ［2009 p.90, p.317]）を付加するという展開を見せたと整理することができるだろう。[16] もちろん、展開を促

16　ガーバーやリーヴィが「根拠付け（grounding）」という語でライプニッツ哲学を特徴付けていることをただの用語法の一致として捉えずに、現代の分析的形而上学と関連させることも不可能ではないだろう。シャッファーは、形而上学の目的を「何が存在するか」の解明にあるとするクワイン的アプローチと「何が何を根拠付けるのか」の解明にあるとするアリストテレス的アプローチを比較し、後者が形而上学にふさわしいとし、根拠付け関係を用いた世界の構造の解明というネオ・アリストテレス的アプローチを形而上学として提唱する（Schaffer ［2009]）。本章註 9 で触れたように、根拠付け関係を自らの形而上学に求めた哲学者として、シャッファーが挙げるのはアリストテレスとライプニッツである。本章

した要因や展開の細部は今後出版されるであろう全集の検討を待たねばならないが、少なくとも、モナドロジーを放棄すべき形而上学とみなすのは性急に過ぎると言ってよいだろう。

で描出したライプニッツのモナドロジーはまさにシャファーの理解の正しさを裏付けると思われる。ただし、シャファーの場合は基礎的存在者の探究も形而上学に含まれる。

第8章　モナドロジーとはどのような哲学なのか？　　233

終　章

哲学と数学の交差点の先へ

　本書ではライプニッツの幾何学的記号法の詳細とその哲学的意義、空間概念とモナド概念との関連、モナド概念自体の変遷、モナド概念の正当化をめぐる論証について検討を行った。第Ⅰ部でも明らかにしたように、伝統的な幾何学であるユークリッド幾何学に対してライプニッツが抱く批判には、図形の質的側面（図形の形）が考慮されていないという点や幾何学の公理もまた証明されなくてはならないという点がある。これらは従来の研究でもよく指摘される点だが、これに加えて、本書では、想像力概念と図形を用いた知識獲得との間にある折り合いの悪さという点を指摘した。さらに、幾何学的記号法が数学理論として持つ特徴や無限小解析研究との関係を検討し、幾何学研究をライプニッツの哲学全体に位置付けることを目指した。

　また、本書の第Ⅱ部が提示した解釈上の見取り図によれば、ライプニッツは1700 年頃にいくつかの重要な概念規定に関する変更を行っている。力概念の担い手、モナド概念の導入、同質概念、などである。これらの規定変更がほぼ同じ時期に起こったのは単なる偶然なのか、あるいは、背後に共通する要因を認めることができるのか、本書は明確な主張を提示するに至っていない。[1]この点を解明するためには現在公開されている資料に加えて、アカデミー版全集の刊行を待たねばならない。現時点では本書でも言及したボーデンハウゼンと

1　第6章でも明らかにしたように、ライプニッツの実体論と空間論は独立に展開されたものではなく、「空間を構成する要素」と「実体の最小構成単位」との間には平行関係が見られる。第6章と第8章の議論の関連をより広い視野のもとで捉える議論は Inaoka［2016］でも試みている。

の往復書簡のような重要資料がまだ本格的な研究を待っている。

　ライプニッツの空間論という主題については本書全体を通じて批判的に参照したデ・リージによる研究が「超越論哲学としてのライプニッツ空間論」という解釈を提示している。すなわち、空間を感性の直観形式とみなすカントのように、ライプニッツの（とりわけクラークとの往復書簡において提示される）空間論もまた、物自体としてのモナドによる表現作用のネットワークによって現象としての空間が構成されるという図式を取るとする。デ・リージの研究書が出版された2007年以降もアカデミー版全集の刊行は進んでおり、われわれには順次刊行される全集を検討し、これらの研究成果を批判的にアップデートすることが求められている。記号による空間の表現も、モナドによる物質世界（現象）の表現も、ともに、ライプニッツが若い頃から抱いていた普遍記号法の中心的アイデアの一つである「表現（expressio）」の適用事例として捉えることができる。後期のライプニッツが構想したモナド中心の哲学であるモナドロジーもまた、表現概念という観点から、空間概念に対する関心と連動させて読むことができるはずである。ライプニッツの幾何学研究と実体論の展開をより精密に解明し、それを本書が提示した解釈上の基本構図にしたがってどの程度ライプニッツの知的仕事全体に位置付けることが可能なのかは、本書の延長線上で今後試みられるべき重要課題の一つであるだろう。

　本書において試みられた研究は哲学史研究として分類される。哲学史研究の要点は、過去の哲学者のテキストを読み解き、そこに見られる概念や主張をより明確なものにし、歴史的な影響関係もまた考慮したうえで、現代のわれわれにとっても有益となるような哲学的帰結を引き出すことができるかどうかにかかっている。本書はこの課題に対して、ライプニッツの幾何学研究を数理哲学として読むことで答えるという方法を取った。「数理哲学として読む」とは、具体的には、数学という学問において用いられる概念間の論理的関係や対象の存在論的基礎についての問い、記号を用いる学問としての幾何学が他ならぬ「空間の探究」であると考えられるのはいかなる理由においてなのかという問い、およびこれらに対するライプニッツなりの解答を見出すことを意味している。

　ライプニッツ自身はこれらの問題に対して、空間概念の構造の分析（空間とはどのような構造を持つのか）と空間概念の表現の分析（空間は記号によってどの

ように表現されるのか）という二つの課題を設定した上で、記号が表現する空間の構成要素としての実体についての議論を組み込むかたちで答えようとしたという解釈が、本書の提示する空間と実体をめぐるライプニッツの数理哲学である。こうした哲学的議論が持つ重要性については本書の第5章で触れた。近年、ユークリッド幾何学における図形を用いた推論を形式化する研究や過去の数学者や哲学者が図形をどう捉え、どう用いていたのかを探る研究が進められているが（Avigad et al.［2009］Macbeth［2014］など）、ライプニッツの数理哲学からはこうした研究動向につながる問題関心を読み取ることができる。ゆえに、本書は現代の研究状況も意識した上で、ライプニッツの幾何学研究を「数学的推論の道具としての図形」の歴史的な変遷を明らかにするための準備作業として位置付ける意義も有している。また、より広い哲学史・数学史的パースペクティブからこうした論点を見ると、本書では十分に果たすことのできなかった課題として、たとえば、哲学史や数学史における想像力概念の規定と図形の機能の関連を辿る作業などを挙げることができるだろう[2]。

　このように、本書が提示した解釈上の基本構図に基づいてさらなる課題への取り組みを進めることで、ライプニッツの数理哲学的思考をより精密に再構成し、そこから現代の議論に寄与できる論点を取り出すことが可能となるはずである。幾何学研究はライプニッツにとってもライプニッツを読むわれわれにとっても決して周辺的分野ではなく、むしろ、実体論や空間論といった主要な論点と分かちがたく結びついており、その全貌の解明を待ち続けているのである。

2　たとえば、ラブアンがすでにこうした観点での研究に取り組んでいる。前者に関しては、「想像力の論理学」としての普遍数学の概念史研究を（Rabouin［2009］）、後者に関しては、デカルトやライプニッツの想像力概念と現代数学との関連を（Rabouin［2017, forthcoming］）、公刊している。

おわりに

　本書の題名を見て、手を取って目次をご覧になり、中身をぱらぱらとめくって、不思議に感じられた方もおられよう。『ライプニッツの数理哲学』という題名なのに、数式も図もほとんど出てこないなんて、いったいこれはどんな本なのだ、と。そして、最後までお読みいただいた方であれば、なるほどこれは題名通りの、哲学と数学がともに関わる主題についての本である、と納得していただけると著者としては信じたいところである。本書は、ライプニッツが数学者として生涯取り組み続けた新しい幾何学を彼の知的業績全体に位置付け、その哲学的に興味深い点を明らかにする目的を持っている。私が本書につながる研究を始めたのは、大学院博士課程在籍時のことであった。当時、博士論文のテーマをどうするか、考えあぐねていたところ、たまたまハビエル・エチェヴェリアの論文を読み、ライプニッツの位置解析の着想の先駆性に興味を持ち、エチェヴェリア・パルマンティエ幾何学的記号法断片集を入手して読み、内容の理解には自信を持てずにはいたものの、ここにはなにか探求に値するべきものが隠れているという直感を抱き、博士論文のテーマにライプニッツの幾何学研究を取り上げることになったのである。そうした選択には、幾何学関連の一次資料の少なさ、および、二次文献の乏しさといった、当時の大学院生の目からすれば、「これは比較的楽に研究ができそうだ」という甘い考えがなかったとは言い切れないだろう。いずれにせよ、2008 年 3 月に博士論文「ライプニッツの幾何学的記号法に関する研究——「幾何学の哲学」としての幾何学的記号法」によって博士号を取得し、その後も継続して幾何学研究を続けることになった。本書はそうして完成した博士論文を大幅に改訂した上でそれ以降の研究とともにまとめ、ひとつの視野のもとで一冊としたものである。

　博士論文の構想を練っている段階では、ライプニッツの幾何学研究はきわめてマイナーな領域であり、無限小解析研究と比べると、二次文献の量と質は雲泥の差であった。公刊されている研究論文のほぼすべてを検討し終え、さてど

うやって新規性を打ち出そうかと思案していたまさにそのとき、ヴィンチェンツォ・デ・リージの大著『幾何学とモナドロジー：ライプニッツの位置解析と空間の哲学』（2007年）が出版された。この著書を手に取ったときの衝撃は今でもはっきりと覚えている。自分がやろうとしていたことが、自分ができるよりも遥かに高い水準で成し遂げられてしまったことへの驚きと焦りは、しばらくは脳裏から離れることはなかった。主に経済的な事情から、翌年3月の博士論文提出を先延ばしにすることはできなかったので、博士論文の構想を練り直し、デ・リージが論じ残している、中期の幾何学研究に着目し、『光り輝く幾何学の範例』の読解を進めることにした。その成果は本書の第4章に反映されているが、さらに、カント的超越論哲学への接近としてライプニッツを読むデ・リージに対抗するために、ライプニッツの幾何学研究を数理哲学の観点から読み解く方向で検討を進めた。これは本書第5章に反映されている。結果として、ライプニッツの幾何学を数理哲学として読むというアプローチは、博士論文完成以降、主に数理哲学（数学の哲学）の領域で、図形推論研究が活発となりつつあるという偶然と合わせて、その後の私の研究の方向性を牽引するものになっている。デ・リージ以降のライプニッツ幾何学研究は、数学史・哲学史の観点で、少しずつ拡散の兆しが見られる。未公刊のままだった一次資料がアカデミー版全集に収録される見通しがついたという知らせも聞いている。著者もまたこの動きに乗り遅れずにいたいと考えている。

　ここで、本書の元になる研究を示しておく。いずれも一冊にまとめるに際しては大幅に改訂を施している。それぞれの論文や発表に対してコメントなどを寄せてくださった方々には心から感謝したい。

　　「ライプニッツの幾何学的記号法に関する研究——幾何学の哲学としての幾何
　　　　学的記号法」，課程博士学位論文（学術），神戸大学大学院文化学研究科，
　　　　2008年3月提出.
　　「幾何学における記号と抽象——ライプニッツの「幾何学の哲学」の可能性」，『哲
　　　　學』第61号，日本哲学会，2010年，165-79頁.
　　「点と最小者——ライプニッツの中期幾何学研究について」，『アルケー』第18
　　　　号，関西哲学会，2010年，77-88頁.

「実体の位置と空間の構成——ライプニッツ空間論の展開の解明に向けて」,『ライプニッツ研究』第 3 号,日本ライプニッツ協会,2014 年,111-28 頁.

「モナドロジー前史——中期ライプニッツ哲学における点とモナドをめぐって」,『アルケー』第 23 号,関西哲学会,2015 年,1-13 頁.

「モナドロジーは放棄されるべき形而上学か?——後期ライプニッツ哲学におけるモナドと合成実体の問題」,日本ライプニッツ協会春季シンポジウム「『モナドロジー』300 年」,学習院大学,2015 年 3 月 27 日.

　私のライプニッツ研究が拙いながらもようやく一冊の研究書として成立することに至った過程では、もちろん、数多くの方々に多くを負っている。

　まず、なによりも、私が神戸大学大学院文学研究科に入学以降指導いただいている松田毅先生の存在なしには本書はありえなかった。私が博士論文の核となる構想を先生に伝えたとき、「空間表象の問題とも関連するので幾何学に着目することは面白い」と言ってくださったが、その言葉はいまでも私の中で研究の後押しとなっている（結果的にまさにその言葉通りの展開を私の研究はたどっている）。ライプニッツ研究者としても、認識論、形而上学、生物学の哲学、といった多様な視点からの研究論文を公刊され、また、ライプニッツ研究の枠内にとどまることなく、科学哲学や応用倫理学といったさまざまな領域で、フィールドワークを含む多様な研究活動に携わられる先生の姿は、私の目には、「実践を伴う理論（Theoria cum praxi）」を自身の活動のモットーに掲げるライプニッツそのものとして映っている。現在、私はライプニッツ研究を主軸に据えつつも、数学の哲学、ポピュラーカルチャーの哲学など、興味のおもむくまま、さまざまな領域に手を伸ばしているが、こうした研究スタイルは、（ライプニッツから学んでいることは言うまでもないとして）先生の哲学者としてのスタンスから見習ったところが大きいように思う。

　また、2009 年に設立された日本ライプニッツ協会は、私に専門家との学術的交流の機会を与えてくれた。会長の酒井潔先生もまた、多様な関心からライプニッツを研究されているが、国内外の研究者との交流の機会を与えてくださるだけでなく、私の研究にもアドバイスと激励をくださった。2014 年には私の研究が日本ライプニッツ協会から研究奨励賞を頂戴するという幸運に恵まれ

おわりに　　241

たが、これは私の中で大きな自信となっている。学問の細分化が著しい今日、専門学会があるということはどれだけ心強いか、私はいくたびも噛み締めている。本書が日本のライプニッツ研究に多少なりとも貢献することができるならば、大きな喜びである。

いくつかの研究会や勉強会で本書の一部となる内容を発表させてもらうことができたが、その際に多くの批判や疑問を出してくださった方々にも感謝したい。

さらに、すでに述べたように、本書の成立にはデ・リージの研究が大きく関わっているが、2011年9月にドイツのハノーヴァーで開催された第9回国際ライプニッツ学会に私が研究発表をするために参加したところ、デ・リージ博士も参加されており、そこで面識を持つことができた。2017年11月には博士を日本に招聘し、神戸と東京で講演会と研究会を開催し、本書の内容の一部についても議論することができた（スケジュールの合間を縫って、ともに京都の古寺をめぐりながら、お互いの研究について意見交換したことは忘れがたい思い出である）。デ・リージ博士とはその後も主に電子メールで研究上の交流を続けている。本書の刊行が決まったことを博士にメールで伝えると、即座にお祝いのメッセージを返信してくださった。本書はデ・リージ博士の研究および博士との議論なしにはありえないものであることもまた記しておきたい。

私が大学院生の頃から参加している、主に関西地方に在住していた若手哲学者（当時）が集まった「デイヴィドソン勉強会」のみなさんにも心からのお礼を伝えたい。この勉強会から学んだことは数多いが、特に、メンバーの多くが分析哲学や科学哲学を専門とする中、17世紀のヨーロッパの哲学を勉強することにどのような意味があるのかという問いは常に念頭にあった。本書がその答えであると胸を張って言ってしまいたい気持ちと、まだまだこれでは答えとしては不十分であるという気持ちが今もなお混在しているが、ひとまずの中間報告として本書を提出したい。

また、本書につながる研究を遂行するに際しては、日本学術振興会から科学研究費補助金をいただくことができた（研究課題番号：22720009、24720013、15K02002）。先述のデ・リージ博士の招聘に際してもこの補助金を使わせていただいた。本書の出版に際しても、同じく日本学術振興会から研究成果公開促

進費の助成を受けている（研究課題番号：18HP5020）。人文科学のみならず、学術全体をめぐる環境が望ましい方向には進んでいるとは言い難い今日の日本において、過去の哲学者が書いた論文やメモや書簡をひたすら読み続ける研究に十分な支援をいただいていることは、心しておかなければならないことであると痛感している。改めて、関係機関に感謝したい。

　昭和堂の松井久見子さんには本書の出版を引き受けてくださっただけではなく、初めての単著の出版のために不慣れなところばかりの私をさまざまなかたちで助けていただいた（本書の「はじめに」は松井さんのアドバイスを受けて書かれたものである）。無名の研究者が研究成果を世に送る機会を与えてくださったことに、心から感謝したい。

　最後に、本書を父と母に捧げたい。学術の道を選んだこと自体には一切の悔いはないが、そのことが親不孝となっていることからは目を逸らすことはできない。長く病を得た父はすでにこの世にはない。おそらく西洋哲学には深い関心を持ってはいなかったであろう父が、本書を手にとって読んでくれたなら、どんな感想を持っただろう。本書刊行のための作業を終えようとしている今、私はそのことに思いを巡らせている。

　　2018 年 12 月 10 日

著　　者

文 献 表

Avigad, Jeremy. Dean, Edward. Mumma, John., "A formal system for Euclid's Elements", *Review of Symbolic Logic*, 2, 2009, pp.700-68.

Adams, Robert. *Leibniz: Determinist, Theist, Idealist*, Oxford University Press, 1994.

Alcantara, Jean-Pascal. *Sur le second labyrinthe de Leibniz: mécanisme et continuité au XVIIe siècle*, Editions L'Harmattan, 2003.

Angelelli, Ignacio. "Abstraction, looking-around and semantics", *Studia Leibnitiana*, 8, 1979, pp.108-23.

Arthur, Richard. T. W., "Leibniz on Continuity", *PSA: Proceedings of the Biennial Meeting of the Philosophy of Science Association*, Vol. 1, 1986, pp.107-15.

——, "Space and relativity in Newton and Leibniz", *British Journal for the Philosophy of Science*, 45, 1994, pp.219-40.

——, "Introduction", *The Labyrinth of the Continuum. Writings of 1672 to 1686*, Yale University Press, 2001, pp. xxiii-lxxxviii.

——, " Actual Infinitesimals in Leibniz's Early Thought", *The Philosophy of the Young Leibniz*, Mark Kulstad, Mogens Laerke, David Snyder (eds.), Studia Leibnitiana Sonderhefte, Bd. 35, 2009, pp.11-28.

——, "Leibniz's Theory of Space", *Foundations of Science*, Vol. 18, 2013, pp.499-528.

——, *Leibniz*, Polity Press, 2014.

——, "Leibniz's Actual Infinite in Relation to His Analysis of Matter", *G. W. Leibniz, Interrelations between Mathematics and Philosophy*, Goethe, Norma B., Beeley, Philip, Rabouin, David (Eds.), Springer, 2015, pp.137-56.

——, "A Complete Denial of the Continuous? Leibniz's Law of Continuity", *Synthese*, forthcoming.

(http: //www. humanities. mcmaster. ca/ rarthur/papers/DenialContinuous. 2. pdf で入手可能)

Atiyah, Michael. "What is Geometry?", *The Mathematical Gazette*, Vol. 66, No. 437, 1982, pp.179-84.

Belaval, Yvon. "Note Sur la pluralité des espaces possibles d'après la philosophie de Leibniz", *Perspektiven der Philosophie*, Vol. 4, 1978, pp.9-19. Reprint; *Leibniz: De l'age classique aux Lumières : Lectures Leibniziennes*, Broché, 1997, pp.165-77.

Brunschvicg, Léon. *Les étapes de la philosophie mathématique*, Alcan, 1912.

Burkhardt, Hans. and Degen, Wolfgang., "Mereology in Leibniz's Logic and Philosophy", *Topoi*, 9, 1990, pp.3-13.

Cook, Roy T. "Monads and Mathematics: The Logic of Leibniz's Mereology", *Studia Leibnitiana*, Bd. 32, H. 1, 2000, pp.1-20.

Couturat, Louis. *La logique de Leibniz d'apres des documents inedits*, Felix Alcan, 1901. Reprint, Hildesheim, 1969.

Crockett, Timothy. "Continuity in Leibniz's mature Metaphysics", *Philosophical Studies*, 94, 1999, pp.119-38.

Dascal, Marcelo. "On Knowing Truths of Reason", *Studia Leibnitiana*, Sonderheft, 15, 1988, pp.27-37.

Debuiche, Valérie. "Perspective in Leibniz's invention of Characteristica Geometrica: The problem of Desargues' influence", *Historia Mathematica*, Volume 40, Issue 4, 2013, pp.359–385.

――, "L'invention d'une géométrie pure au 17ᵉ siècle: Pascal et son lecteur Leibniz", *Studia Leibnitiana*, Bd. 48, H. 1, 2016, pp.42-67.

Debuiche, Valérie. and Rabouin, David., "Pluralité ou unité de l'espace chez Leibniz", *Archiv für Geschichte der Philosophie*, forthcoming.

De Risi, Vincenzo. *Geometry and Monadology: Leibniz's Analysis Situs and Philosophy of Space*, Birkhauser, 2007.

――, "Leibniz's *analysis situs* and the Localization of Monads", *Natur und Subjekt: IX. Internationaler Leibniz-Kongress*, ed. H. Breger, J. Herbst and S. Erdner, Hannover: Gottfried-Wilhelm-Leibniz-Gesellschaft, 2011, pp.208-16.

――, *Leibniz on the Parallel Postulate and the Foundations of Geometry: The Unpublished Manuscripts*, Birkhäuser, 2016a.

――, "Leibniz on the Continuity of Space", *"Für unser Glück oder das Glück anderer". Vorträge des X. Internationalen Leibniz-Kongresses*, Band V, pp.179-91, 2016b.

Echeverría, Javier. "L'Analyse Géométrique de Grassmann et ses rapports avec la Caractéristique Géométrique de Leibniz", *Studia Leibnitiana*, Bd. 11, H. 2, 1979, pp.223-73.

――, "Recherches inconnues de Leibniz sur la géométrie perspective", *Studia Leibnitiana Supplementa*, 23, 1983, pp.191-202.

――, "Géométrie et Topologie chez Leibniz", *V. Internationaler Leibniz-Kongress: Vortrage*, Leibniz-Gesellschaft, 1988, pp.213-20.

――, "Infini et continu dans les fragments géométriques de Leibniz", *L'infinio in Leibniz Problemi e terminologia*, Edizioni dell'Ateneo, 1990, pp.69-79.

——, "Introduction", in CG, pp.7-44.

——, "Leibniz, critique d'Euclide: La demonstration des axiomes d'Euclid", *Synthesis Philosophica*, 24, 1997, pp.363-69.

Fichant, Michel. *Science et metaphysique dans Descartes et Leibniz*, PUF, 1998.

——, "Leibniz et les machines de la nature", *Studia Leibnitiana*, Bd. 35, H. 1, 2003, pp.1-28.

——, "Introduction", *Discours de metaphysique Monadologie*, Gallimard, 2004, pp.7-140.

——, "La constitution du concept de monade", *La monadologie de Leibniz*, édités par Enrico Pasini, Mimesis, 2005, pp.31-54.

Freudenthal, Hans. "Leibniz und die Analysis Situs", *Studia Leibnitiana*, 4, 1972, pp.61-9.

Futch, Michael J., *Leibniz's Metaphysics of Time and Space*, Springer, 2008.

Garber, Daniel. *Leibniz: Body, Substance, Monad*, Oxford University Press, 2009.

——, "Review of Vincenzo De Risi's *Geometry and Monadology: Leibniz's Analysis Situs and Philosophy of Space*", *Mind*, Vol. 119, issue 474, 2010, pp.472-8.

Granger, Gilles-Gaston. "Philosophie et mathematique leibniziennes", *Revue de metaphysique et de morale*, 86, pp.1-37, 1981. (= *Formes, Operations, Objets*, Vrin, 1994, pp.199-240.)

Gueroult, Martial. "L'espace, le point et le vide chez Leibniz", *Revue Philosophique de la France et de l'étranger*, 136 (10/12), 1946, pp.429-52.

Guisti, Enrico. "La géométrie du meilleur des mondes possibles: Leibniz critique d'Euclide", *Studia Leibnitiana*, Sonderheft, 21, 1992, pp.215-32.

Harari, Orna. "The concept of existence and the role of constructions in Euclid's Elements", *Archive for History of Exact Sciences*, 2003, Vol. 57, pp.1-23.

Hartz, Glenn A., *Leibniz's Final System: Monads, Matter and Animals*, Routledge, 2007.

Hartz, Glenn A., and Cover. J. A., "Space and Time in the Leibnizian Metaphysic", *Noûs*, vol. 22, No. 4, 1988, pp.493-519.

Hayashi, Tomohiro. "Introducing Movement into Geometry: Roberval's Infuence on Leibniz's Analysis Situs", *Historia Scientiarum*, Vol. 8, No. 1, 1998, pp.53-69.

Hilbert, David. *Grundlagen der Geometrie*, 1899. (邦訳: D・ヒルベルト, 中村幸四郎訳, 『幾何学基礎論』, ちくま学芸文庫, 2005 年)

Ishiguro, Hidé. "Unity Without Simplicity", *Monist*, Vol. 81, No. 4, 1998, pp.534-52.

Jesseph, Douglas M., "Leibniz on The Elimination of Infinitestimal", *G. W. Leibniz, Interrelations between Mathematics and Philosophy*, Goethe, Norma B., Beeley, Philip, Rabouin, David (Eds.), Springer, 2015, pp.189-205.

Khamara, E. J. "Leibniz's Theory of Space: A Reconstruction", *Philosophical Quarterly*, vol. 43, 1993, pp.472-88.

——, *Space, Time, and Theology in the Leibniz-Newton Controversy*, Ontos Verlag, 2006.

Knecht, Herbert H. "Leibniz et Euclide", *Studia Leibnitiana*, 6, 1974, pp.131-43.

Knobloch, Eberhard. "Leibniz's Rigorous Foundation of Infinitesimal Geometry by means of Riemannian Sums", *Synthese*, 133, 2002, pp.59-73.

Levey, Samuel. "Leibniz on Mathematics and the Actually Infinite Division of Matter", *Philosophical Review*, Vol. 107, No. 1, 1998, pp.49-96.

——, "Leibniz's Constructivism and Infinitely Folded Matter", *New Essays on the Rationalists*, Oxford Univercity Press, 1999, pp.134-63.

——, "On Unity and Simple Substance in Leibniz", *The Leibniz Review*, Vol. 17, 2007, pp.61-106.

——, "Why Simples?: A Reply to Donald Rutherford", *The Leibniz Review*, Vol. 18, 2008, pp.225-47.

——, "On Two Theories of Substance in Leibniz: Critical Notice of Daniel Garber, *Leibniz: Body, Substance, Monad*", *Philosophical Review*, Vol. 120, No. 2, 2011, pp.285-320.

——, "On Unity, Borrowed Reality and Multitude in Leibniz", *The Leibniz Review*, Vol. 22, 2012, pp.97-134.

Lodge, Paul. "Introduction", *The Leibniz-De Volder Correspondence: With Selections from the Correspondence Between Leibniz and Johann Bernoulli*, Yale University Press, 2013, pp. xxiii-ci.

Loemker, Leroy E. *Philosophical papers and letters*, 2nd, Dordrecht, 1969.

Look, Brandon C, "Leibniz's Metaphysics and Metametaphysics: Idealism, Realism, and the Nature of Substance", *Philosophy Compass*, Vol. 5, No. 11, 2010, pp.871-9.

Lorenz, Kuno. "Die Begrundung des principium identitatis indiscernibilium", *Studia Leibnitiana*, Supplementa, 3, 1969, pp.149-59.

Macbeth, Danielle. *Realizing Reason: A Narrative of Truth and Knowing*, Oxford University Press, 2014.

Manders, Kenneth. "Diagram-Based Geometric Practice", Paolo Mancosu, ed, *The Philosophy of Mathematical Practice*, Oxford University Press, 2008a, pp.65-

79.

———, "The Euclidean diagram (1995)", Paolo Mancosu, ed, *The Philosophy of Mathematical Practice*, Oxford University Press, 2008b, pp.80-133.

Martin, Dennis Joseph. *Leibniz's Conception of Analysis Situs and its Relevance to the Problem of the Relationship between Mathematics and Philosophy*, Ph. D dissertation, Emory University, 1983.

Mates, Benson. *The Philosophy of Leibniz: Metaphysics and Language*, Oxford University Press, 1986.

Mercer, Christia. *Leibniz's Metaphysics: Its Origins and Development*, Cambridge University Press, 2001.

Mugnai, Massimo. *Leibniz' Theory of Relation*, Studia Leibnitiana Supplementa, 28, 1992.

Munzenmayer, Hans Peter. "Der Calculus Situs und die Grundlagen der Geometrie bei Leibniz", *Studia Leibnitiana*, Bd. 11, H. 2, 1979, pp.274-300.

Nerlich, Graham. "How Euclidean Geometry has misled Metaphysics", *Journal of Philosophy*, Vol. 88, No. 4, 1991, pp.169-89.

Otte, Michael. "The Ideas of Hermann Grassmann in the Context of the Mathematical and Philosophical Tradition Since Leibniz", *Historia Mathematica*, 16, 1989, pp.1-35.

Parmentier, Marc. "Postface", in CG, pp.341-9.

Parkinson, G. H. R., "Introduction", *De Summa Rerum: Metaphysical Papers, 1675-1676*, Yale University Press, 1992, pp. xi-liii.

Pasini, Enrico. "The Organic Versus the Living in the Light of Leibniz's Aristotelianism", *Machines of Nature and Corporeal Substances in Leibniz*, edited by Justin E. H. Smith, Ohad Nachtomy, Springer, 2011, pp.81-94.

———, "Complete Concepts as Histories", *Studia Leibnitiana* 42. 2, 2010, pp.229-43.

Phemister, Pauline. *Leibniz and the Natural World: Activity, Passivity and Corporeal Substances in Leibniz's Philosophy*, Springer, 2005.

Rabouin, David. *Mathesis Universalis: L'idée de ⟨mathématique universelle⟩ d'Aristote á Descartes*, Epiméthée, 2009.

———, "Proclus' Conception of Geometric Space and Its Actuality", Vincenzo De Risi, ed., *Mathematizing Space The Objects of Geometry from Antiquity to the Early Modern Age*, Springer, 2015, pp105-42.

———, "Les mathématiques comme logique de l'imagination : Une proposition leibnizienne et son actualité", *Bulletin d'analyse phénoménologique*, XIII 2, pp.222-51, 2017.

——, "Logic of imagination. Echoes of Cartesian epistemology in contemporary philosophy of mathematics and beyond", *Synthese*, forthcoming.

Rauzy, Jean-Baptiste. "Quid sit natura prius? La conception leibnizienne de l'ordre", *Revue de Metaphysique et de Morale*, 1995, Vol. 100, No. 1, pp.31-48.

Rescher, Nicholas. "Leibniz' Conception of Quantity, Number, and Infinity", *The Philosophical Review*, Vol. 64, 1955, pp.108-114.

——, "Leibniz on Possible Worlds", *Studia Leibnitiana*, Vol. 28, No. 2, 1996, pp.129-62.

——, *Studies in Leibniz's Cosmology*, ontos verlag, 2006.

——, *On Leibniz Expanded Edition*, University of Pittsburgh Press, 2013.

Rodriguez-Pereyra, Gonzalo. *Leibniz's Principle of Identity of Indiscernibles*, Oxford University Press, 2014.

Rutherford, Donald. *Leibniz and the Rational Order of Nature*, Cambridge University Press, 1995.

——, "Unity, Reality and Simple Substance: A Reply to Samuel Levey", *The Leibniz Review*, Vol. 18, 2008a, pp.207-24.

——, "Leibniz as Idealist", *Oxford Studies in Early Modern Philosophy*, Vol. 4, 2008b, pp.141-90.

Russell, Bertrand. *A Critical Exposition of the Philosophy of Leibniz*, Cambridge University Press, 1900.

Ryckman, Thomas. "Geometry, Philosophical issue in", *Routledge Encyclopedia of Philosophy*, general editor: Edward Craig, Vol. 3, Routledge, 1998, pp.28-34.

Schaffer. Jonathan, "On What Grounds What", *Metametaphysics: New Essays on the Foundations of Ontology*, edited by David Chalmers, David Manley, and Ryan Wasserma, Oxford University Press, 2009, pp.347-83.

——, "Monism: The Priority of the Whole", *Philosophical Review*. Vol. 119, No. 1, 2010, pp.31-76.

Schneider, Martin. "Funktion und Grundlegung der Mathesis Universalis im Leibnizschen Wissenschaftsystem", *Studia Leibntiana*, Sonderheft, 15, 1988, pp.162-81.

Schupp, Franz. *Generales Inquisitiones de Analysi Notionum et Veritatum*, Philosophische Bibliothek, Felix Meiner Verlag, 1982.

Solomon, Graham. *Leibniz's Analysis Situs In Mathematical Context*, Ph. D dissertation, The University of Western Ontario, 1990.

——, "Leibniz and Topological Equivalence", *Dialogue*, 32, 1993, pp.721-4.

Smith, Justin E. H. "Review of Pauline Phemister, *Leibniz and the Natural World*

Activity, Passivity and Corporeal Substances in Leibniz s Philosophy", *Leibniz Review*, Vol. 16, 2006, pp.73-84.

Stickland, Lloyd. *Leibniz and the Two Sophies: The Philosophical Correspondense*, Centre for Reformation and Renaissance Studies, 2011.

Storrie, Stefan. "Kant's 1768 attack on Leibniz' conception of space", *Kant-Studien*, Vol. 104, No. 2, 2013, pp.145-66.

Vailati, Ezio. *Leibniz and Clarke: A Study of Their Correspondence*, Oxford University Press, 1998.

White, Michael J. "On Continuity: Aristotle versus Topology?, *History and Philosophy of Logic*, 9, 1988, pp.1-12.

Yakira, Elhanan. "Time and Space, Science and Philosophy in the Leibniz-Clarke Correspondence", *Studia Leibnitiana*, Vol. 44, No. 1, 2012, pp.14-32.

アリストテレス，中畑正志訳，『魂について』，『アリストテレス全集』7 巻，岩波書店，2014 年.

エウクレイデス，斎藤憲訳，『エウクレイデス全集』1 巻, 東京大学出版会, 2008 年.

エンリコ・ジュスティ，斉藤憲訳，『数はどこから来たのか――数学の対象の本性に関する仮説』，共立出版，1999 年.

ルネ・デカルト，山田弘明，中澤聡，池田真治，武田裕紀，三浦伸夫訳，『デカルト 数学・自然学論集』，法政大学出版局，2018 年.

ロビン・ハーツホーン，難波誠訳，『幾何学 I』，シュプリンガー・ジャパン，2007 年.

ミシェル・フィシャン，馬場郁訳，「「予定調和の体系」と機会原因論の批判」，『思想』2001 年 10 月号，岩波書店，105-25 頁.

ニコラ・ブルバキ，村田全，清水達雄，杉浦光夫訳，『ブルバキ数学史』，ちくま学芸文庫，2006 年.

トマス・ホッブズ，本田裕志訳，『物体論』，京都大学学術出版会，2015 年.

ジョン・ロック，大槻春彦訳，『人間知性論』，岩波文庫，1977 年.

阿部皓介,「記号と空間――ライプニッツ幾何学への予備的考察」『論集』第 34 号，東京大学哲学研究室，2015 年，178-91 頁.

池田真治，「想像と秩序――ライプニッツの想像力の理論に向けての試論」，『ライプニッツ研究』1 号，日本ライプニッツ協会，2010 年，37-58 頁.

石黒ひで，「ライプニッツにおける原初的思考対象（プロトノエマ)の問題」，鈴木泉訳，『思想』2001 年 10 月号，岩波書店，33-46 頁.

――，『ライプニッツの哲学――論理と言語を中心に』，岩波書店，2003 年.

稲岡大志 (Hiroyuki Inaoka),"Leibniz's Conception of Diagram and Intuitive Knowledge in Mathematical Reasoning", *Natur und Subjekt：Akten des IX. Internationalen Leibniz-Kongresses*, ed. H. Breger, J. Herbst and S. Erdner, Hannover：Hartmann, 2011, pp.504-12.

──,「数学の哲学としてのライプニッツ哲学──幾何学・記号・想像力」,『ライプニッツ読本』, 酒井潔, 佐々木能章, 長綱啓典編, 法政大学出版局, 2012 年, 113-123 頁.

──,「図形推論と数学の哲学──最近の研究から」,『科学哲学』47 巻 1 号, 日本科学哲学会, 67-82 頁, 2014 年.

──,「最初の幾何学者はいかにして恣意性の鉛筆を折ることができたか？」,『フッサール研究』第 12 号, フッサール研究会, 2015 年, 159-71 頁.

──, "What Constitutes Space?：The Development of Leibniz's Theory of Constituting Space", *"Für unser Glück oder das Glück anderer". Vorträge des X. Internationalen Leibniz-Kongresses*, Band III, Georg Olms, 2016, pp.427-39.

──,「ライプニッツ的空間はいかにして構成されるか？──クラーク宛第 5 書簡 104 節における「抽象的空間」をめぐって」,『日本カント研究』第 18 号, 日本カント協会, 2017 年, 90-104 頁.

内井惣七,『空間の謎・時間の謎』, 中公新書, 2006 年.

──,『ライプニッツの情報物理学──実体と現象をコードでつなぐ』, 中央公論新社, 2016 年.

岡部英男,「ライプニッツにおける記号的認識と普遍記号法」,『思想』2001 年 10 月号, 165-81 頁.

神崎繁,『プラトンと反遠近法』, 新書館, 1999 年.

小平邦彦,『幾何への誘い』, 岩波書店, 1991 年.

小林道夫,「ライプニッツにおける数理と自然の概念と形而上学（下）」,『哲学研究』第 582 号, 2006 年, 1-24 頁.

近藤洋逸,『新幾何学思想史』, ちくま学芸文庫, 2008 年.

酒井潔,『世界と自我──ライプニッツ形而上学論攷』, 創文社, 1987 年.

佐々木力,『デカルトの数学思想』, 東京大学出版会, 2003 年.

佐々木能章,『ライプニッツ術──モナドは世界を編集する』, 工作舎, 2002 年.

清水富雄,「圖形と表象──ライプニッツの位置解析に就いて」,『哲学論叢』第 16 号, 東京教育大学哲学会, 1954 年, 61-73 頁.

清水義夫,『圏論による論理学──高階論理とトポス』, 東京大学出版会, 2007 年.

鈴木俊洋,『数学の現象学──数学的直観を扱うために生まれたフッサール現象学』, 法政大学出版局, 2013 年.

園田義道,「ライプニッツの位置解析学」,『白山哲学』第 10 号, 1976 年, 4-24 頁.

砂田利一,『現代幾何学への道──ユークリッドの蒔いた種』, 岩波書店, 2010 年.

田村祐三,『数学の哲学』, 現代数学社, 1981 年.

永井博,「ライプニッツの Analysis Situs について」,『基礎科学』第 16 号, 弘文堂, 1950 年, 1-9, 20 頁.

林知宏,『ライプニッツ——普遍数学の夢』, 東京大学出版会, 2003 年.

深谷賢治,「現代数学の空間像」,『現代思想』2006 年 7 月号, 102-15 頁.

松田毅,「ライプニッツ哲学の形成における懐疑主義の役割——『観念』の存在性格をめぐるシモン・フーシェのマルブランシュ批判から」,『神戸大学文学部紀要』第 28 号, 2001 年, 1-57 頁.

——,『ライプニッツの認識論——懐疑主義との対決』, 創文社, 2003 年.

——,「真理と根拠の多様性と統一性——『同一性』の論理と認識のトポス」,『真理の探究』, 村上勝三編, 知泉書館, 2005 年, 179-212 頁.

山本信,『ライプニッツ哲学研究』, 東京大学出版会, 1953 年.

ライプニッツの著作・書簡の索引

　以下は本書で引用・参照したライプニッツの著作・書簡を年代順に並べたものである（書誌の表記は凡例にしたがっている）。テキストを引用したものだけではなく、テキストは引用せずに著作・書簡名だけを挙げたものや該当箇所だけを示したものも含めている。

1663年6月9日　『個体の原理に関する形而上学的討論（Disputatio metaphysica de principio individui）』（A. VI, 1, 3-19）　53　198

1666年3月末　『結合法論（Dissertatio de arte combinatoria）』（A. VI, 1, 162-230 = I, 1, 11-52（抄訳））　50-3　185

1671年秋 - 72年初旬　『第一命題の証明（Demonstratio Propositionum Primarun）』（A. VI, 1, 479-86）　2

1671年末　『第一質料について（De materia prima）』（A. VI, 2, 279-80）　198

1673年春 - 夏　『幾何学的記号法：線と角について（Characteristica Geometrica. De lineis et angulis）』（A.VII, 1, 109-19）　7

1674年夏 - 秋　『作図について（De constructione）』（A. VI, 3, 414-21）　36

1674年10月　ホイヘンス宛書簡（A. III, 1, 154-69 = I, 2, 134-45）　122

1675/76年冬 - 76年春　『デカルト『哲学原理』について（Zu Descartes' principia philosophiae）』（A. VI, 3, 213-17）　188

1675年12月後半　『精神・世界・神について（De mente, de universo, de deo）』（A. VI, 3, 461-65）　34-5　51　82　86

1675年　フーシェ宛書簡（A. II, 1, 386-92）　28-30　123

1675年 - 76年『事物の総体について（De summa rerum）』　181

1676年春 - 夏　『幾何学の使用について（De usu geometriae）』（A. VI, 3, 437-50）　133

1676年4月　『単純な形相について（De Formis Simplicibus）』（A. VI, 3, 522-3）　91

1676年4月15日　『真理・精神・神・世界について（De veritatibus, de mente, de deo, de universo）』（A. VI, 3, 507-13）　56

1676年4月前半　『無限数（Numeri infiniti）』（A. VI, 3, 495-504）　64-5　141　145

1676年10月29日 - 11月10日　『パキディウスからフィラレートへ（Pacidius Philalethi）』（A. VI, 3, 528-71）　152

1676年　『直線と円の生成について（Génération de la droite et du cercle）』（CG, 66-71）　64　94　134

1677 年前半　『真の方法（La vraie méthode）』（A. VI, 4, 3-7）　2

1677 年 1 月　『幾何学的記号法（Characteristica Geometrica）』（CG, 50-65）45　76

1677 年 8 月　『対話（Dialogus）』（A. VI, 4, 20-25 = I, 8, 9-17）　28　58　63　162

1677 年 9 月　ガロア宛書簡（A. II, 1, 566-71）　64　101　164-5

1677 年秋　『観念とは何か（Quid sit idea）』（A. VI, 4, 1369-71 = I, 8, 19-24）　31

1678 年 5 月　チルンハウス宛書簡（A. II, 1, 621-4）　163

1678 年 8 月 - 9 月　『定義：点、線分、意志、表象、感覚（Definitiones: punctum, linea, voluntas, perceptio, sentire）』（A. VI, 4, 72-7）　100　113　170

1678 年夏 - 78/79 年冬　『自然学の基礎についての小さな本の概要（Conspectus libelli elementorum physicae）』（A. VI, 4, 1986-91）　182　212

1678 年　『ベネディクトゥス・デ・スピノザの『エチカ』について（Ad Ethicam Benedicti de Spinoza）』（A. VI, 4, 1764-76, 1705-26 = II, 1, 103-27）　81

1679 年 2 月 - 8 月　『ユークリッドの公理と命題を記号に還元するための試論（Essais pour réduire quelques axiomes et proposons d' Euclide aux caractères）』（CG, 72-81）134

1679 年春 - 夏　『〈本性上の先行〉とは何か（Quid sit natura prius）』（A. VI, 4, 180-1）81

1679 年春 - 夏　『普遍計算の範例（Specimen Calculi universalis）』（A. VI, 4, 280-8 = I, 1, 115-26）　52　80

1679 年 3 月 4 日　『ユークリッドの公理の証明（Demonstratio Axiomatum Euclidis）』（A. VI, 4, 165-79）　6　23　53　71-2　76　95　100　113　115　127　152　170

1679 年 6 月　クラーネン宛書簡（A. II, 1, 712-6）　122

1679 年 8 月 1/11 日　『幾何学的記号法に関する断片 1』（CG, 82-93）72　102　126　134

1679 年 8 月 1/11 日　『幾何学的記号法に関する断片 2』（CG, 94-119）76　113-4　134

1679 年 8 月 1/11 日　『幾何学的記号法に関する断片 4』（CG, 124-141）76　134

1679 年 8 月 10 日　『幾何学的記号法（Characteristica Geometrica）』（GM. V, 141-168 = I, 1, 317-62）　6　26　43　53　64　71　76　100-1　104　108-10　113-4　118-9　127　130　134-5　138　151-2　160　163-4　170　182-5

1679 年 8 月 10 日『幾何学的記号法（Characteristica Geometrica）』［ゲルハルト版数学著作集 5 巻に収録のものには含まれていない部分を含む］（CG, 142-233）170

1679 年 9 月 18 日　ホイヘンス宛書簡（A. III, 2, 840-50）　24

1679 年 9 月 18 日　ホイヘンス宛書簡の補遺（A. III, 2, 851-60）　2-4　6　65　68-9　102-4

1679 年 9 月　ホイヘンス宛書簡のラテン語下書き（CG, 234-45）100

1679 年　『正 三 角 形 の 作 図（Constitutio triangulum aequilaterum）』（CG, 266-75）

44-5 134 171

1679 年 『普遍的綜合と普遍的解析、すなわち発見と判断の技法について（De synthesi et analysi universali seu arte inveniendi et judicandi）』（A. VI, 4, 538-45 = I, 2, 12-23） 52　85

1679 年 - 80 年 『幾何学一般について（Circa Geometrica Generalia）』（Mugnai［1992 pp.139-47］） 6　100　110　124　130　134　136　152

1680 年 1 月 『幾何学の第一の要素について（De primis Geometriae Elementis）』（CG, 276-85） 108　171

1680 年 1 月 『進められるべき幾何学における哲学言語の範例（Linguae philosophicae Specimen in Geometria edendum）』（A. VI, 4, 384-5） 100

1680 年 1 月 『代数計算と線の作図の最良の仲介者について（De Calculo algebraico et Constructiones lineares optime conciliandis）』（CG,286-99） 76

1680 年 4 月後半 - 5 月前半　シェーズ宛書簡（A. II, 1, 796-9） 123

1680 年夏 - 84 年夏 『計算や図形なしの数学の基礎についての範例（Specimen ratiocinationum mathematicarum, sine calculo et figuris）』（A. VI, 4, 417-22） 6　52　100　113　128-9　170

1682 年 『数学の基礎（Initia Mathematica）』（GM. VII, 29-49） 100　110　127

1682 年秋 『物体の変形についての数学的考察（Reflexio mathematica de transformatione corporum）』（A. VI, 4, 507-8） 125　131

1682/83 年冬 『物体は単なる現象かどうか（An corpora sint mera phaenomena）』（A. VI, 4, 1464-65） 197

1682 年頃　幾何学的記号法に関する無題の断片（CG, 300-9） 134　156-7

1683 年夏 『新普遍数学原論（Elementa nova matheseos universalis）』（A. VI, 4, 513-24） 25

1683 年夏 - 85 年初旬 『項の分解と属性の列挙（Divisio terminorum ac enumeratio attributorum）』（A. VI, 4, 558-66） 182　184

1683 年夏 - 85 年初旬 『普遍学の分類について（De divisione orbis scientiarum universi）』（A. VI, 4, 524-5） 64

1683 年夏 - 85/86 年冬 『実在的現象を想像的現象から区別する方法について（De modo distinguendi phaenomena realia ab imaginariis）』（GP. VII, 319-22 = I, 8, 63-69） 223

1684 年春 - 85/86 年冬 『現前する世界について（De mundo praesenti）』（A. VI, 4, 1505-13） 202-3

1684 年夏 - 11 月 『認識・真理・観念についての省察（Meditationes de cognitione, veritate et ideis）』（A. VI, 4, 585-92 = I, 8, 25-33） 35　55　72

1685 年 2 月 - 9 月 『幾何学計算の基礎について（De calculi geometrici elementis）』（A.

ライプニッツの著作・書簡の索引　257

VI, 4, 604-7) 139 145

1685 年 『空間と点について』（De Risi［2007 p.624]) 184

1685 年 - 86 年 『代数学の起源、発展そして本性、さらに代数学に関して発見された
その他若干の特質について（De ortu, progressu et natara Algebrae, nonnullisque
aliorum et propriis circa eam inventis)』（GM. VII, 203-16) 64 69

1685 年中旬 『形而上学的・論理学的概念の定義（Definitiones notionum metaphysi-
carum atque logicarum)』（A. VI, 4, 624-30) 100 130 147

1685 年末 - 87 年中旬 『真理の本性、偶然と無関心、自由と予めの決定について（De
natura veritatis, contingentiae et indifferentiae atque de libertate et praedeter-
minatione)』（A. VI, 4, 1514-24) 96

1686 年初旬 - 2 月 11 日 『形而上学叙説（Discours de Métaphysique)』（A. VI, 4,
1529-88 = I, 8, 137-211) 20 35 53 72 91-3 148 183 188 194-5 202 206
209

1686 年春 - 年末 『概念と真理の解析についての一般的探求（Generales Inquisitiones
de Analysi Notionum et Veritatum)』（A. VI, 4, 739-88 = I, 1, 147-214) 17 33-4
51 54 55

1686 年 4 月 - 10 月 『諸学問を進展させるための格率（Recommandation pour in-
stituer la science generale)』（A. VI, 4, 692-713 = I, 10, 237-61) 44

1686 年 - 90 年 アルノーとの往復書簡 34 53 56 183 193-5 197-8 202-3 206
211 213-6 222

1687 年 7 月 『自然の法則の説明原理──神の知恵の考察によって自然の法則を説明
するために有用な普遍的原理についてのライプニッツ氏の書簡。マルブランシュ
師の返答への回答として（Extrait d'une lettre de M. Leibniz sur un principe
général utile à l'explication des loix de la nature par la considération de la sag-
esse divine, pour servir de réplique à la réponse du R. P. D. Malebranche)』（GP.
III, 51-55 = I, 8, 35-41) 65 122 126 129 157

1687 年末 『定義・概念・記号（Definitiones. Notiones. Characteres)』（A. VI, 4, 870-
9) 100 125 130

1688 年 8 月 - 89 年 1 月 『定義：何か、無、反対、可能（Definitiones: Aliquid, nihil,
opposita, possibile)』（A. VI, 4, 937) 82

1688 年 9 月 - 12 月 『偶有性の実在性（De realitate accidentium)』（A. VI, 4, 994-6)
68

1689 年春 - 秋 『論理 - 形而上学的原理（Principia logico-metaphysica)』（A. VI, 4,
1643-9) 17 32-3 56 62

1689 年 11 月 - 12 月 『物体的自然の力能と法則に関する動力学（Dynamica de po-
tentia et legibus naturae corporeae)』（GM. VI, 281-514) 183 186

1689 年 12 月 13 日 - 1694 年　アルベルティとの往復書簡（GP. VII, 443-9）　213

1689 年 - 98 年　ボーデンハウゼンとの往復書簡　178　190　235-6

1690 年 3 月　『ファルデッラとの討論の記録（Communicata ex disputationibus cum Fardella)』（A. VI, 4, 1666-74) 201　207　217

1691 年　『デカルト『哲学原理』の註解（Animadversiones in partem generalem principiorum Cartesianorum)』（GP. IV, 354-92) 29

1692 年 12 月 29 日 /1693 年 1 月 8 日　ハノーヴァー選帝侯妃ゾフィーとの会話の記録（A. I, 9, 14-6）　228

1693 年 6 月　フーシェ宛書簡（A. II, 2, 711-3）140

1693 年 12 月 5 日　ランファン宛書簡（A. II, 2, 751-4）　224

1693 年　『位置解析について（De analysi situs)』（GM. V, 178-83 = I, 3, 47-54）　6　27　43　65　84　89　100-1　104-5　113　170

1694 年 3 月　『第一哲学の改善と実体概念（De primae philosophiae emendatione)』（GP. IV, 468-70）188

1694 年 12 月 27 日　ロピタル宛書簡（A. III, 6, 249-57）　4

1695 年 4 月　『物体の力と相互作用に関する驚嘆すべき自然法則を発見し、かつその原因に遡るための力学提要（Specimen dynamicum pro admirandis naturae legibus circa corporum vires, & mutuas actiones detegendis et ad suas causas revocandis)』（GM. VI, 234-46）　198

1695 年 6 月 12/22 日　ロピタル宛書簡（A, III, 6, 449-51）192

1695 年 6 月 27 日　『実体の本性と実体相互の交渉ならびに心身の結合についての新たな　説（Système nouveau de la nature et de la communication des substances, aussi bien que de l'union qu'il y a entre l'âme et le corps)』（GP. IV, 477-87 = I, 8, 73-88）　150　187　192　195-7　199　201　205-6　216　227　232

1695 年 7 月　『微分法ないし無限小に関してベルナルド・ニーウェンテイト氏が提起したいくつかの困難に対する応答（Responsio ad nonnullas difficultates a Dn. Bernardo Niewentiit circa Methodum differentialem seu inlfinitesimalem motas)』（GM. V, 320-6）136

1695 年 9 月 12 日以降　『フーシェ氏の反論への備考（Remarques sur les Objections de M. Foucher)』（GP. IV, 490-3）　150　202　226-7

1695 年　『光り輝く幾何学の範例（Specimen geometriae luciferae)』（GM. VII, 260-99）　6　54　100-101　108　115-6　121　125　127-32　137　140　142-4　147-8　153　169-71　178　187

1695 年　『幾何学に関するメモ（Hic memorabilia)』（[De Risi 2007 pp.586-7]）56

1696 年　『不可識別の原理について（Sur le principe des indiscernables)』（C, 8-10）183　187

ライプニッツの著作・書簡の索引　259

1696 年 9 月 3/13 日　ファルデッラ宛書簡（A. II, 3, 191-4）　193

1698 年 1 月　『真の幾何学的解析（Analysis Geometrica Propria）』（GM. V, 172-8 = I, 3, 166-75）　6　113　137-8　145　170-1　187

1698 年 9 月 20/30 日　ベルヌイ宛書簡（A. III, 7, 907-13）198-9　217　222

1698 年 9 月　『自然そのものについて（De ipsa natura）』（GP. IV, 504-16）　193　197-200　227　231

1698 年 11 月 18/28 日　ベルヌイ宛書簡（A. III, 7, 942-7）　193

1698 年末　ヴェルジュ宛書簡（A. I, 16, 375-6）　5

1698 年 -1706 年　デ・フォルダーとの往復書簡　144　150　153-5　188-91　200-1　204　207-8　214　216　221-2　226　228-9

1700 年 5 月以降　『デカルトの神の存在証明批判』（GP. IV, 401-4）36　57

1700 年 6 月 12 日　ハノーヴァー選帝侯妃ゾフィー宛書簡（A. I, 18, 113-7 = II, 1, 307-12）　217-8　227

1701 年 2 月 26 日　『数についての新しい学問試論（Essay d'une nouvelle science des nombres）』（HD, 250-61 = I, 3, 177-90）　5

1701 年　『微分計算に関する感想についてのライブニッツ氏の覚え書き（Mémoires de M. Leibniz touchant son sentiment sur le calcul differentiel）』（GM. V, 350）146

1702 年 5 月　『和と求積に関する無限の学問における解析新例（Specimen novum analyseos pro scientia infiniti circa simmas et quadraturas）』（GM. V, 350-61 = I, 3, 207-21）　155

1702 年 5 月　『感覚と物体を通るものについての書簡（Lettre sur ce qui passe les sens et la matière）』（GP. VI, 491-9）21

1702 年 5 月　『感覚と物質とから独立なものについて――プロイセン王妃ゾフィー・シャルロッテへの手紙（Lettre touchant ce qui est independant les sens et la matière）』（GP. VI, 499-508 = I, 8, 105-17）　31

1702 年 6 月 20 日　ヴァリニョン宛書簡（GM. IV, 106-10）　141

1703 年夏 -05 年夏　『人間知性新論（Nouveaux essais sur l'entendement humain）』（A. VI, 6, 39-527）　18-20　22　30　37　41　46　52　60　73　82　171　184

1704 年 9 月 16 日　マサム宛書簡（GP. III, 361-4）　67　75　199

1705 年 5 月　『生命の原理と形成的自然についての考察（Considérations sur les principes de vie, et sur les natures plastiques, par l'Auteur du système de l'harmonie préétablie）』（GP. VI, 539-46 = I, 9, 9-19）　200

1705 年 11 月 24 日　ハノーヴァー選帝侯妃ゾフィー宛書簡（A. I, 25, 327-30）　224

1706 年 -16 年　デ・ボスとの往復書簡　89-90　140　150　155　179　182　187　189　191　209　219　225-6　229

1709 年 6 月　『『新たな説』の補遺（Addition à l'explication du système nouveau

260

touchant l'union de l'âme et du corp)』（GP. IV, 572-7）　200

1710 年　『動物の魂（Commentatio de anima brutorum）』（GP. VII, 328-32 = I, 9, 23-30)　200

1710 年　『弁神論（Essais de Théodicée sur la bonté de dieu, la liberte de l'homme et l'origine du mal)』（GP. VI, 21-462 = I, 6-7)　20-1　57　59　91　133　193

1711 年 8 月 12 日　ビールリンク宛書簡（GP. VII, 500-2）200　230-1

1712 年 1 月 17 日　ビールリンク宛書簡（GP. VII, 502-3）　54

1712 年 11 月 12 日　シェンク宛書簡（De Risi［2007 pp.620-1］）　75

1712 年　『ユークリッドの基礎について（In Euclides PROTA)』（GM. V, 183-211 = I, 3, 245-93)　6　112　134-5　138-9　145

1712 年　『理性の原理の形而上学的帰結［名称はパーキンソンによる］』（C, 11-6）　209　230　232

1713 年　『フィラレートとアリストとの対話（Entretien de Philarète et d'Ariste)』（GP. VI, 579-94 = I, 9, 33-55)　182

1714 年 6/7 月　『理性に基づく自然と恩寵の原理（Principes de la nature et de la grâce, fondés en raison)』（GP. VI, 598-606 = I, 9, 245-59)　191　194　200-1　205-6　209　213　217-8

1714 年 7 月　『モナドロジー（Monadologie)』（GP. VI, 607-23 = I, 9, 205-41)　9　23　148　178　191-2　194-5　197　200-2　204-7　209　213　219　229

1715 年 4 月　『数学の形而上学的基礎（Initia rerum mathematicarum metaphysica)』（GM. VII, 17-29 = I, 2, 67-84)　6　24　52　84　95　100　110-2　127-30　138　148　156　164　169

1715 年　『直線の定義』（De Risi［2007 pp.612-5］）　177　180

1715 年　『位置計算の基礎』（De Risi［2007 pp.616-9］）　177　180

1715 年 8 月 5 日　ブルゲ宛書簡（GP. III, 578-83）　54

1715 年 -16 年　『位置計算について（De calculo situum)』（C, 548-56）　6　77　113　177

1715 年 -16 年　クラークとの往復書簡　8-9　56　68　90　92-3　97　108　177　179-82　185　236

1716 年 9 月 11 日　ダンジクール宛書簡（D. III, 499-502）　134

1716 年　マッソン宛書簡（GP. VI, 624-9）　133

年代不明　『哲学は複合的な学問である（Philosophia est complexus Doctrinarum)』（C, 524-9）101

年代不明　『加法と減法やそれらの記号＋と－の使用法において証明された量の計算の第一原理（Prima calculi magnitudinum elementa demonstrata in additione et subtractione, usuque pro ipsis signorum + et -)』（GM. VII, 77-82）　25

年代不明　『公理の数は無限である（Le nombre des axioms est infini)』（C, 186-7) 27

年代不明　数学的概念の定義に関する無題の断片（C, 546-7）　134

事項索引

あ行

アトム　2, 54, 192-3, 195-7, 215, 229

アルキメデス量　141-3

位　置　1-2, 4-9, 23-5, 27-8, 32, 36, 43-5, 65, 69, 74, 77, 84, 87-9, 91-4, 96-7, 101-2, 104-5, 112-3, 115, 125, 134-5, 138-9, 144-5, 160, 164, 177-80, 182-91, 200

イメージ　34-5, 38, 65, 67, 75, 106, 200

運　動　2, 79, 91, 109, 121, 129, 134-6, 152, 186-7, 192, 198, 208, 226, 231

『エチカ』（スピノザ）　40, 81

エルランゲン・プログラム　107, 161, 164

円　28-31, 34-6, 44-5, 54, 56-9, 62-5, 71, 75, 81, 96, 102-3, 110, 121-3, 125, 158, 135, 141, 150, 160, 162, 170-1

延長　23, 67, 90, 109, 112, 133, 134, 137, 138, 142, 144, 145, 148, 150, 152, 154, 155, 177-80, 182-4, 187-90, 194, 197-8, 200-2, 206, 208, 210-1, 213, 216, 224, 226, 228-9, 231-2, 236

エンテレケイア　193, 203-5

オイラーの多面体定理　161

か行

下位の準則　91-2, 96

カテゴリー直観　167

可能世界　17-8, 87-9, 91, 192

　　──意味論　17, 87

神

　　──の意志　87, 96-7

　　──の知性　16, 20-2, 26, 28, 30-1, 34-5, 37, 39-40, 46, 49, 66, 68, 82-3, 96, 162

関数　39, 57, 75, 87, 117-8, 124, 130-1, 138-9, 149, 170

　距離──　75, 139

　スコーレム──　170

完全概念　33, 53

観念　8, 16, 18-22, 26, 28, 30-2, 34-5, 37, 39, 46, 49, 51, 56, 59-60, 62-6, 72, 75, 82, 85, 90-1, 94, 96, 112, 133-4, 145-6, 148-54, 162-3, 178, 180, 188, 199, 202, 220, 222-3, 225, 231

　生得──　19-21

機械論　192-5, 198, 205

幾何学

　アフィン──　161

　位　相　──　7, 97, 107, 111-2, 117-9, 126, 148-9, 161-2, 167

　位相──的──観　118

　位置解析　1, 5-8, 27, 36, 43, 65, 84, 101, 104-5, 164, 177, 179, 190

　位置記号学　1

　　──的記号法　随所

　記号計算　1

　クライン的──観　109, 116, 118, 161-4

　公理的──　42, 106, 131, 167

263

射影——　7, 161

数論——　167-8

代数——　3, 62, 104, 167

微分——　167

非ユークリッド——　36, 38, 49, 86-7, 91, 93-4, 96, 98, 131, 160-1, 165, 167

ブランシュヴィク的——観　168

無限小——　17, 123

ユークリッド——　iv, 1-3, 7, 9-10, 15-7, 25-7, 32, 34, 36, 38-47, 49, 55-6, 58-9, 61-2, 64-6, 71, 73-5, 77-8, 82-3, 86-7, 91-100, 105-6, 130-1, 139, 151-2, 155, 159-61, 163, 165-72, 177, 235, 237

『幾何学とモナドロジー：ライプニッツの位置解析と空間の哲学』（デ・リージ）　8, 250

『幾何学の基礎』（ヒルベルト）　15, 39, 41-2, 106, 166, 181

『幾何学への序論』（パスカル）　160

『幾何学要綱』（ファブリ）　7

帰納　20-2, 31, 46, 60

球　34, 68, 71, 77, 96, 102, 125

求積問題　1, 65, 122, 126, 131

境界　45, 83, 90, 133, 137-9, 143, 145, 148, 171

共通尺度　128-32, 142, 147-8

極限移行　207

曲率　77-8, 95, 139, 164

空間

アフィン——　95, 112

位相——　107, 113-4, 117, 138, 165

関係——（説）　9, 56, 88, 93, 96, 178, 186, 190

絶対——（説）　56, 89, 93, 134, 137, 179, 181, 197

抽象的——　97

非ユークリッド——　88-9, 93, 97

ユークリッド——　38, 43, 74-5, 77-8, 86-9, 91, 93-8, 107, 112, 131, 138, 159

経験主義　16, 18, 19, 21, 34, 46, 60

形式主義　166

形而上学　6, 10, 24, 32, 37, 52-3, 56, 72, 84, 87, 91-3, 95, 101, 110-2, 115, 122, 128-30, 133, 138, 147-9, 152-3, 156-7, 164, 169, 178, 181-4, 188-9, 191-2, 194-8, 202, 205-6, 209-11, 216, 220, 225, 227, 230, 232-3, 246, 251

決定方法　iii, iv, 76, 99, 101, 113-9, 121, 151, 156-8, 160, 166, 170

原子→アトム

原始単純概念　50, 52, 55

圏論　116, 162, 165, 169, 247

——的数学観　162, 165, 169

『原論』（ユークリッド）　i, ii, 1, 15, 32, 36-7, 42, 44-5, 75, 77, 103, 122, 130-1, 135, 138-40, 147, 160, 164, 171-2

構造主義　166

合同　3, 25, 55, 71, 77, 79, 83-4, 94-5, 99-103, 107-10, 112-4, 116-7, 121, 126-7, 130, 132, 135, 142, 147, 151-3, 159, 161, 164, 169-71, 182

公理的集合論　50, 162, 225

個体概念　80-1, 183, 194

このもの性　53

さ行

最小者　124-6, 132-4, 136-7, 139-48, 154-5, 250

最大者　134, 137

最単純者　124, 134, 145

三角形 i-iii, 18-9, 21-2, 26, 33, 44-5, 96, 110, 117, 121-2, 126, 132, 160
算術的求積 127, 129, 149

実体
(非) 延長—— 67, 90, 148, 189, 200, 202, 206, 211
合成——（合成体） 9, 194, 201-2, 205-10, 213, 216-20, 226, 229, 251
個体的—— 32-3, 81, 178, 189-90, 199, 202, 223
——的形相 182, 188, 192-5, 198, 202-3, 210, 220
——的紐帯 209
単純——（単純体） 9, 67, 139, 153, 179-80, 185, 189-90, 193-4, 200-2, 204-13, 216- 32
質料
第一—— 194, 198, 200, 204-5, 221
第二—— 194, 198, 204-5
写像 107, 111-9, 126, 148, 152, 156-7, 160, 162, 165-6, 180
集合論的数学観 165
充足理由律（十分な理由の原理） 92, 149
順序 25-6, 51-2, 79-82, 84, 86, 90, 98, 112, 150
『純粋理性批判』（カント） 70
心身結合 194, 209
心身問題 192
心像（像）→イメージ
新フレーゲ主義 57
真理
永遠—— 16-23, 26, 28, 30-1, 34, 37, 39, 41, 46, 49, 61, 154
仮定的—— 29
偶然的—— 17-9, 27, 88

事実の—— 17, 20
事実の第一—— 27, 29-30, 55
必然的—— 17-22, 27, 29, 35, 87, 96

数学基礎論 25, 166
『数理哲学の諸段階』（ブランシュヴィク） 10
図形推論 122, 172-3

『精神指導の規則』（デカルト） 27
ゼノンのパラドクス 135

相関項 100
綜合 50, 68-9, 80, 85, 97, 165, 183-4
相似 i-iii, 3, 23, 25-6, 33-5, 39, 46, 55, 60, 76-7, 79, 84, 89, 93-5, 99-102, 110-1, 113-4, 121, 125, 127, 129-32, 146, 159, 164, 169, 171, 196-7
相似性原理 33-5, 39, 46, 60
想像力 3, 17, 41-3, 56, 62-70, 94, 105, 159, 164-5, 172, 235, 237

た行

タイプ 40, 100, 115-6, 147, 163, 167, 194, 197, 208, 213, 215-6, 220-1, 223-4, 229
『魂について』（アリストテレス） 66
多様体 167

力
原始的—— 192-3, 198
受動的—— 187, 200, 208, 231
能動的—— 231
派生的—— 208, 222
置換則 2, 70, 86, 95
秩序 28, 58, 87-8, 90-3, 95-7, 122, 150, 154, 156-7, 179, 189, 200

事項索引　265

抽象原理　57

稠密性　109, 112, 149, 151-3

超越論的演繹　70

超越論的論証　70, 77

直線　i, 23, 38, 44, 54, 57, 71-9, 81, 88, 93, 95-6, 98, 102, 109, 111, 113, 125-7, 135, 138, 142, 147, 152, 155, 160, 164, 169-71, 177, 180, 185

直観　3, 22, 28, 32, 38-9, 45-7, 49, 53, 56-8, 60-3, 66-7, 69, 71, 77-8, 86, 95, 97-8, 100-11, 106, 112, 125-6, 131-2, 137, 149, 151-2, 160-1, 163, 165-9, 181, 225, 236, 247

直観主義　166

定義

　因果的——　35, 37, 62, 72, 83, 98

　実在的——　35-7, 39, 46, 70, 72, 83, 170

　抽象による——　107, 132, 182

　本質的——　72

　名目的——　35, 46

『哲学原理』（デカルト）　188

点　23, 25, 38, 43-4, 51, 53-4, 56-7, 62, 67, 71-2, 74-9, 81, 83, 88-9, 94-5, 102-3, 107, 109, 111-3, 115, 117, 124, 126-7, 132-40, 142-5, 147-50, 152, 155, 160, 164, 170, 179, 183-4, 186-7, 189, 193-4, 196-7, 199, 201, 207, 210, 215, 227

形而上学的点　189, 192, 195-7, 211, 216, 227

数学的点　150, 189, 193, 196-7, 201, 210, 215

物理的点　189, 197, 215

点 – 集合論的空間観　152

同一律　2, 17-8, 27, 38, 45, 70, 73-4, 86, 92, 95-6, 151

同質　52, 100-1, 107-13, 117, 121, 125, 127-32, 135-7, 145-7, 152, 160, 163, 169, 184, 235

同時表象　26-7, 79, 83-4, 86, 100, 103-4, 182-4, 186

同相写像　114, 117

同等　25, 100-1, 109-13, 121, 127, 129, 136, 142, 148, 171, 182

取り尽くし法　122, 129, 132, 141-2, 146-7

な行

内属原理　80-1

二進法　5, 128

『人間知性論』（ロック）　19, 245

認識

　記号的——　16, 27, 38, 40, 63

　数学的——　66

　盲目的——　2

は行

場所　33, 56, 71, 90-1, 108, 135, 138, 151, 179, 180, 183, 185, 187

パンタシアー　66

非決定方法　170

ピタゴラスの定理　22

表出　31-2, 35, 38, 40, 43, 46, 61, 63, 65, 105, 115, 196

表象　10-1, 23-7, 29-30, 32, 34-9, 55-6, 59, 61, 66-7, 69, 73, 75, 79, 83-4, 86, 89, 91-3, 100, 103-4, 178, 180, 182-6, 194, 196-8, 202-3, 210, 217-8, 224, 230-1, 247, 251

不可識別者同一の原理　33, 83, 187, 196,

197

不可入性　188, 194, 198, 203, 208, 231

『物体論』（ホッブズ）　185

普遍記号法　2-3, 5, 22, 40, 46, 50, 85, 97, 104, 159, 165-6, 169, 236

不変項　115, 146, 148

普遍数学　25, 101, 158, 237

分析　2, 9, 10, 17, 20, 22, 42-3, 45, 50-1, 55, 66-8, 72, 74-7, 79-80, 85, 93-8, 101, 124, 130, 132, 134-5, 139, 143, 148, 150-1, 153, 160, 162-5, 168, 170, 172, 181, 190, 196-7, 220, 227, 232, 236, 252

平行線公理　38, 73, 96-7, 161

平　面　25, 44-5, 63, 71, 73, 76, 79, 83, 102, 125, 127, 130-1, 134-5, 138, 147, 150, 154, 186

変換

　アフィン──　112

　──定理　122-4, 126-7, 129-30, 133

　連続──　107-9, 112, 116-7, 124-6, 149, 152-4, 158, 161

　ユークリッド──（合同変換）　109, 116, 161

包括原理　50

本性上の先行　80-1, 91

ま行

無限

　可能──　141

　共義的──　155

　自義的──　155

　実──　140-1, 155

　ハイパーカテゴリマティックな──　155

不定に小さい　140, 142-4, 147

　──小　65, 119, 121-2, 124, 126, 129, 132, 136, 140-6, 149, 151, 154, 160

無限小解析　iv, 9-10, 43, 110, 121-4, 126, 129, 132, 136-7, 140, 143-4, 146, 148-51, 153, 155-6, 158, 160, 207, 235, 249

面積　110, 121-4, 126, 129-33, 141, 145-9, 154-6, 158, 163

モ　ナ　ド　8-9, 23, 54, 87, 90, 148, 153, 175, 177-84, 185-95, 197-213, 215-6, 218-33, 235-6, 247, 250-1

物自体　163, 177, 180-1, 199, 224, 236

や行

唯名論　51-53

『ユークリッド「原論」第1巻の注釈』（プロクロス）　75

ユークリッドの互除法　128-9

要項（要請）　53-4, 77, 79, 203

よく基礎付けられた現象　56, 178, 181, 226

寄　せ　集　め　90, 142, 153-4, 193, 196, 198, 201-2, 204-9, 213-5, 218-20, 222, 224, 227-30

欲求　192, 194-5, 198, 210, 221, 230

予定調和　10, 133, 192, 195, 209, 245

ら行

ライプニッツの級数　122

『ライプニッツの論理学』（クーチュラ）　7

リーマン積分　145

事項索引　267

理 性　17, 19, 21-2, 27, 31, 34, 36, 53-4, 56, 67, 70, 95, 97, 150, 164, 191, 209, 230

理性によりつくられたもの　150

『立体の諸要素について』（デカルト）　161

連続体合成の迷宮　82, 90, 109-10, 124, 133, 135-6, 144, 152

連続律　122, 125, 129, 136, 143-4, 149, 151, 156-8

論理学　7, 17, 19-20, 27, 29, 33, 40, 85, 92-3, 103, 107, 147, 162, 170, 237

論理主義　166

人名索引

ア行

アーサー（Richard T.W. Arthur）　68, 97, 133, 141, 155, 178, 181-7, 190-2, 200, 223

アヴィガド（Jeremy Avigad）　237

アダムス（Robert Adams）　181, 205, 222

アティヤ（Michael Atiyah）　167

阿部皓介　8

アリストテレス（Aristoteles）　32, 66, 80, 192, 194-5, 198, 225, 232

アルカンタラ（Jean-Pascal Alcantara）　7, 54, 112-3, 121, 149

アルキメデス（Archimedes）　122, 129, 141-3, 145-6, 156

アルノー（Antoine Arnauld）　4, 34, 53, 56, 68, 183, 189, 193-5, 197-8, 202-3, 206, 211, 213-6, 222, 226-7

アルベルティ（Antonio Alberli）　213

アンジェレリ（Ignacio Angelelli）　107

池田真治　66, 161

石黒ひで　29, 54, 141, 220

稲岡大志　27, 32, 97, 168, 172, 190, 235

ヴァイエルシュトラウス（Karl Theodor Wilhelm Weierstraß）　39

ヴァイラティ（Ezio Vailati）　181

ヴァリニョン（Pierre Varignon）　141

ヴェルジュ（Antoine Verjus）　5

内井惣七　8, 87, 93

エウクレイデス→ユークリッド

エチェヴェリア（Javier Echeverría）　5, 7-8, 16, 42, 44, 66, 69, 71, 117, 123, 149, 178

エピクロス（Epikouros）　193

オイラー（Leonhard Euler）　161

オーテ（Michael Otte）　7, 118

岡部英男　40

小平邦彦　106

カ行

ガーバー（Daniel Garber）　178, 180, 189, 191, 200, 202, 205, 207, 223, 227, 232

カヴァー（Jan A. Cover）　56, 153, 178

カマラ（Edward J. Khamara） 89
ガリレオ（Galileo Galilei） 123, 152
神崎繁 32
カント（Immanuel Kant） 8, 10, 69-70, 86,
　91, 147-8, 158, 167-77, 180-1, 224, 236

クーチュラ（Louis Couturat） 5, 7, 65,
　114
クック（Roy T. Cook） 25
クネヒト（Herbert H. Knecht） 7, 71
クノーブロッホ（Eberhard Knobloch）
　65, 145
クラーク（Samuel Clarke） 8, 9, 56, 68,
　88, 90, 92-3, 97, 108, 177, 179-82, 185,
　236
クラーネン（Theodor Craanen） 122
クライン（Felix Christian Klein） 107, 109,
　116, 118, 161-4
グラスマン（Hermann Günther Graßmann） 7
グランジェ（Gilles Gaston Granger） 64,
　122, 146, 149
クロケット（Timothy Crockett） 112, 149
クワイン（Willard van Orman Quine） 232

ゲルー（Martial Gueroult） 182
ゲルハルト（Carl Immanuel Gerhardt） 5,
　24, 204

康熙帝 4
コーシー（Augustin Louis Cauchy） 122
小林道夫 39
コルドモア（Louis Géraud de Cordemoy） 193,
　196
近藤洋逸 1

サ行

酒井潔 55, 72
佐々木力 161
佐々木能章 197

シェーズ（François de la Chaise） 123
ジェスティ（Enrico Guisti） 42, 76, 107,
　137
シェンク（Friedrich Ernst Schenk） 75
清水富雄 8
清水義夫 165
シャファー（Jonathan Schaffer） 225-6,
　232-3
シュップ（Franz Schupp） 33
シュナイダー（Martin Schneider） 101,
　114
シュベリウル（Johannes Scheubel） 37

鈴木俊洋 168
スティックランド（Lloyd Stickland） 218,
　224
ストーリー（Stefan Storrie） 69
砂田利一 117
スピノザ（Baruch De Spinoza） 40, 81,
　91, 181, 192
スミス（Justin E. H. Smith） 229

ゼノン（Zeno） 135

園田義道 8
ゾフィー（Sophie von der Pfalz） 31, 217-
　8, 224, 227-8
ゾフィー・シャルロッテ（Sophie Charlotte
　von Hannover） 31, 218

人名索引　269

ソロモン（Graham Solomon） 8, 112, 117, 164

タ行

ダスカル（Marcelo Dascal） 20, 27-8
田村祐三　78, 84
タレス（Thales） 75
ダンジクール（Pierre Dangicourt） 134

チルンハウス（Ehrenfried Walther von Tschirnhaus） 91, 163

ディオファントス（Diophantus） 106
デカルト（René Descartes） 3, 27, 62, 66, 97, 104, 123, 130, 161, 188-9, 192, 194, 196-9, 210, 216-8, 222-3, 231, 237
デ・フォルダー（Burchard de Volder） 144, 153, 155, 188-91, 200-1, 204-5, 207-8, 214, 216, 221-3, 226, 228-9
デ・ボス（Bartholomew Des Bosses） 89, 140, 179, 182, 187, 189, 191, 209, 219, 225-6, 229
デモクリトス（Democritus） 196
デ・リージ（Vincenzo De Risi） 1, 4, 6, 8, 24, 45, 56, 66, 76-7, 87-9, 117-8, 121, 123, 138-40, 148-9, 158, 160, 177-87, 223-4, 236

ドゥビュイッシュ（Valérie Debuiche） 92-3, 160, 178

ナ行

永井博　8

ニーウェンテイト（Bernard Nieuwentijt） 136
ニュートン（Isaac Newton） 89, 197

ネルリッヒ（Graham Nerlich） 89

ハ行

パーキンソン（George Henry Radcliffe Parkinson） 181
ハーツホーン（Robin Hartshorne） 37, 44, 130-1, 181
パスカル（Blaise Pascal） 121, 160
パッシーニ（Enrico Pasini） 18, 202-3, 205
林知宏　2, 8, 25, 45, 71, 102, 135-6
ハラリ（Orna Harari） 36
ハルツ（Glenn A. Hartz） 56, 153, 178, 211, 220
パルマンティエ（Marc Parmantier） 5, 7, 112, 116, 123

ビールリンク（Friedrich Wilhelm Bierling） 54, 200, 230-1
ビスターフェルト（Johann Heinrich Bisterfeld） 192
ヒューム（David Hume） 19
ヒルベルト（David Hilbert） 42, 45, 106, 130-1, 166-7

ファブリ（Honoré Fabri） 7
ファルデッラ（Michelangelo Fardella） 193, 201, 207, 217
フィシャン（Michel Fichant） 52, 148, 166, 191, 193-4, 207-8
フーシェ（Simon Foucher） 28-30, 123, 140, 150, 195, 202, 226-7, 247

フェミスター（Pauline Phemister） 191, 220-3, 225, 227, 229-30

深谷賢治 167

フッサール（Edmund Gustav Albrecht Husserl） 167-8

フッチ（Michael J. Futch） 181

ブラウワー（Luitzen Egbertus Jan Brouwer） 166

ブランシュヴィク（Leon Brunschvicg） 10-1, 61, 102, 147, 168, 240

ブルゲ（Louis Bourguet） 54

ブルバキ（Nicolas Bourbaki） 114, 166

フレーゲ（Friedrich Ludwig Gottlob Frege） 52, 57, 167

フロイデンタール（Hans Freudenthal） 7, 118

プロクロス（Proklos） 75, 172

ベラヴァル（Belaval） 87, 91-3

ベルヌイ（Jakob Bernoulli） 4, 188-9, 193, 198-9, 217, 222

ホイヘンス（Christiaan Huygens） 2, 4, 5-6, 8, 15, 24, 65, 68, 102-4, 106, 121-2, 136, 177, 210

ボーデンハウゼン（Rudolf Christian von Bodenhausen） 178, 190, 235

ホッブズ（Thomas Hobbes） 28, 35, 40, 185

ボヤイ（Bolyai János） 161

ホラティウス（Quintus Horatius Flaccus） 195

マ行

マーサー（Christia Mercer） 56,191

マクベス（Danielle Macbeth） 237

マサム（Damaris Cudworth Masham） 67, 75, 199

マッソン（Jean Masson） 133

松田毅 33, 52, 55, 70

マルティン（Dennis Joseph Martin） 8

マンダース（Kenneth Manders） 172

ムニャイ（Massimo Mugnai） 6, 84, 100, 110, 118, 124, 130, 134, 136, 152

ムンチェンマイヤー（Hans Peter Munzenmayer） 7

メイツ（Benson Mates） 51, 103-4, 117

モラヌス（Gerhard Wolter Molanus） 218

ヤ行

ヤキラ（Elhanan Yakira） 97

山本信 69, 72, 91, 197

ユークリッド（Euclides） i-iv, 1-3, 6-7, 9-10, 15-7, 23, 25-7, 29, 32, 34, 36-47, 49, 52-3, 55-6, 58-9, 61-2, 64-6, 70-1, 73-8, 105-9, 112, 115-6, 122, 128-31, 134-5, 138-40, 142, 145, 151-2, 155, 159-61, 163-72, 177, 235

ラ行

ライプニッツ（Gottfried Wilhelm Leibniz） 随所

ラザフォード（Donald Rutherford） 181, 208-9, 220-1, 223, 229, 231

ラッセル（Bertrand Russell） 80, 84

ラブアン（David Rabouin） 92, 172, 237

ランファン（Jacques Lenfant） 224

リーヴィ（Samuel Levey）97, 133, 135, 141, 154, 189, 191, 206-10, 212-6, 219-21, 223-6, 229, 231-2

リックマン（Thomas Ryckman）167

ルーク（Brandon C. Look）213, 225, 242

レッシャー（Nicholas Rescher）52, 87-9, 91-2

レムカー（Leroy E. Loemker）51

レモン（Nicolas François Rémond）210

ロウジー（Jean-Baptiste Rauzy）80-1

ロック（John Locke）16, 18-21, 46, 60, 245

ロッジ（Paul Lodge）188, 204, 228-9

ロドリゲス-ペレイラ（Gonzalo Rodriguez-Pereyra）197

ロバチェフスキー（Nikolai Ivanovich Lobachevsky）161

ロピタル（Guillaume François Antoine, Marquis de l'Hôpital）4, 192

ロベルヴァル（Gilles Personne de Roberval）45, 135

ローレンツ（Kuno Lorenz）33

■著者紹介

稲岡大志（いなおか ひろゆき）

神戸大学大学院文化学研究科博士課程修了。博士（学術）。
現在、神戸大学大学院人文学研究科研究員、および、神戸
大学、関西大学など非常勤講師。
専門はヨーロッパ初期近代の哲学、数学の哲学、ポピュラー
カルチャーの哲学
おもな業績は『信頼を考える──リヴァイアサンから人工
知能まで』（共著，勁草書房，2018年）、『ライプニッツ著作
集　第Ⅱ期　第3巻　技術・医学・社会システム』（共訳,
工作舎，2018年）、「堀江由衣をめぐる試論──音声・キャ
ラクター・同一性」（『フィルカル』Vol.1, No.2, 2016年）など。

ライプニッツの数理哲学──空間・幾何学・実体をめぐって

2019年2月28日　初版第1刷発行

2019年3月25日　初版第2刷発行

著　者　稲　岡　大　志

発行者　杉　田　啓　三

〒607-8494　京都市山科区日ノ岡堤谷町 3-1
発行所　株式会社　昭和堂
振替口座　01060-5-9347
TEL（075）502-7500／FAX（075）502-7501
ホームページ　http://www.showado-kyoto.jp

© 稲岡大志 2019　　　　　　　　　印刷　モリモト印刷

ISBN978-4-8122-1803-7

＊乱丁・落丁本はお取り替えいたします。

Printed in Japan

本書のコピー、スキャン、デジタル化等の無断複製は著作権法上での例外を
除き禁じられています。本書を代行業者等の第三者に依頼してスキャンやデ
ジタル化することは、たとえ個人や家庭内での利用でも著作権法違反です。

シュレーダー゠
フレチェット 著
松田 毅 監訳
環境リスクと合理的意思決定
市民参加の哲学
本体4300円

松田 毅 監訳
イルガング 著
解釈学的倫理学
科学技術社会を生きるために
本体5500円

富田涼都 著
自然再生の環境倫理
復元から再生へ
本体3500円

菅原 潤 著
3・11以後の環境倫理
風景論から世代間倫理へ
本体2800円

中川萌子 著
脱‐底 ハイデガーにおける被投的企投
本体4500円

伊勢田哲治
神崎宣次
呉羽 真 編
宇宙倫理学
本体4000円

昭和堂
（表示価格は税別）